バイオテクノロジー

基礎原理から
工業生産の実際まで

第2版

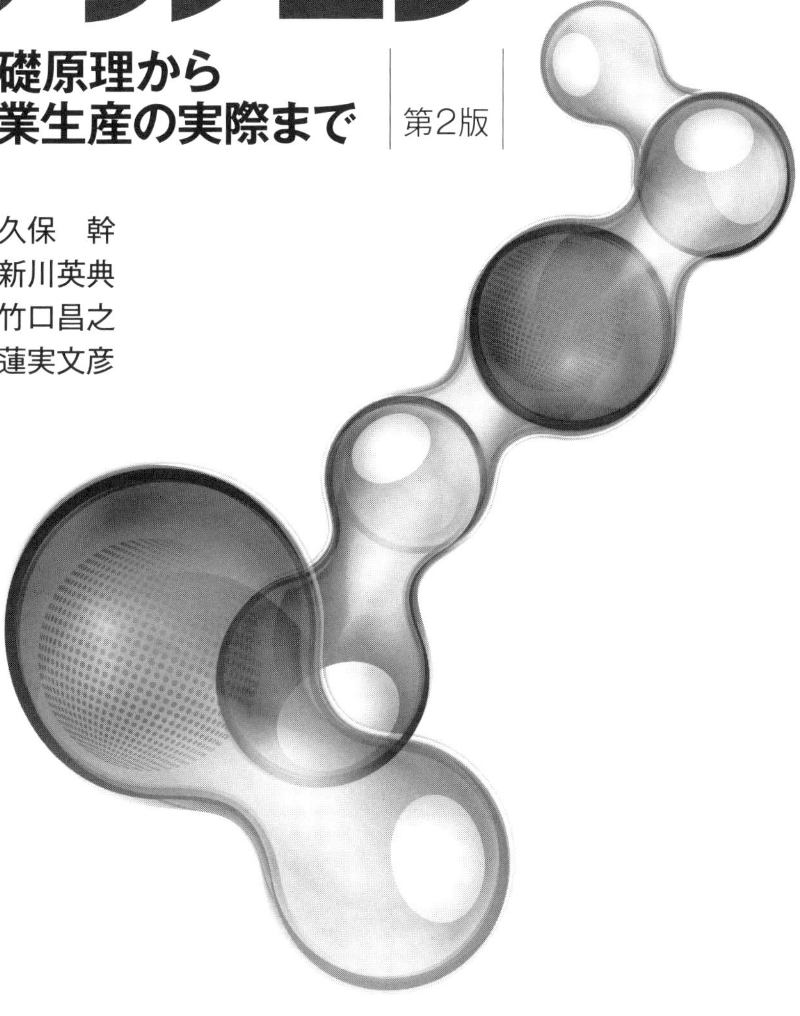

久保　幹
新川英典
竹口昌之
蓮実文彦

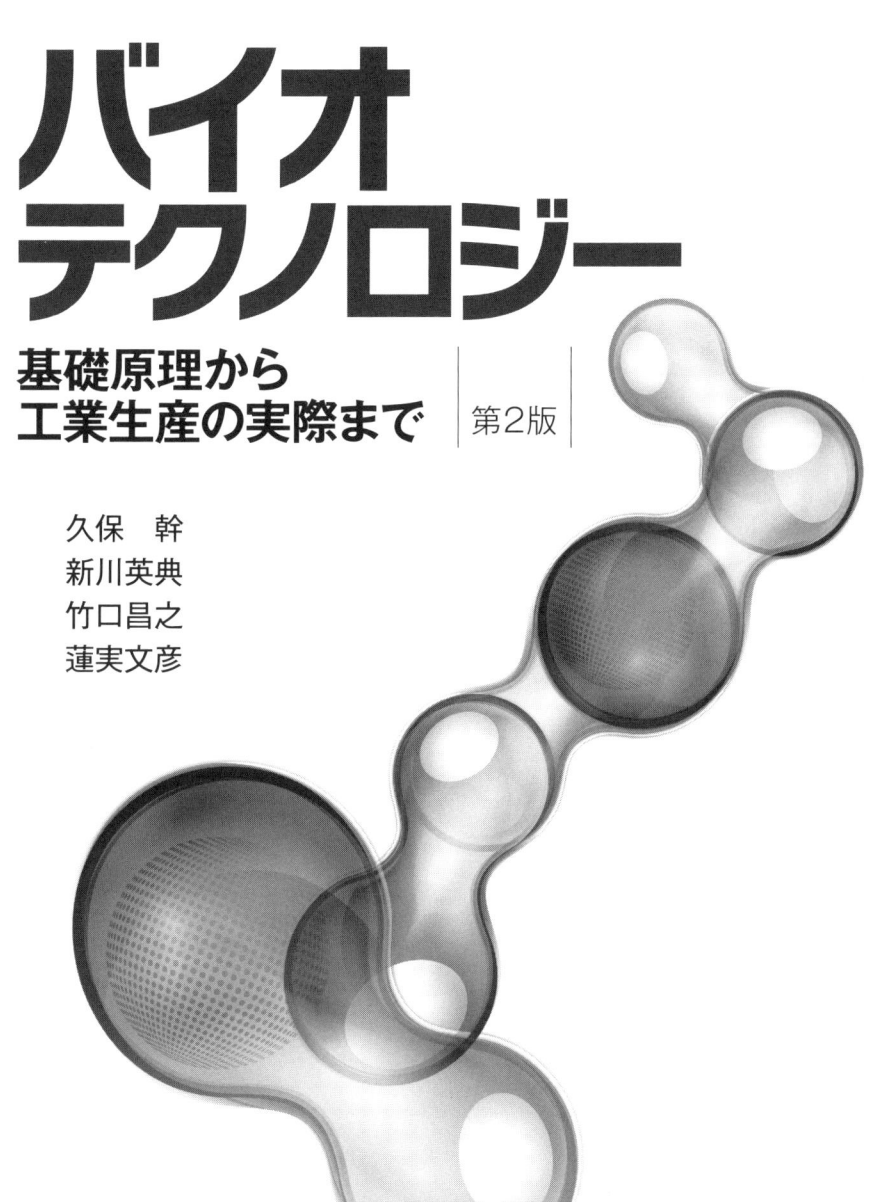

大学教育出版

はじめに

――『バイオテクノロジー 第2版』を出版するにあたり――

将来，日本を支えるバイオ技術者・研究者を目指す学生諸君に対し，バイオテクノロジーの領域において基礎的な項目だけでなく，より実践に近い技術や産業動向を学んでもらうため，1999年『バイオテクノロジー』を出版した．以来，前書は5刷りの増刷を重ね，大学等の教科書や各方面の図書館蔵書等として使われてきた．このように前書は，ある程度の貢献ができたのではと考えている．

その後，13年が経過した今，同領域において新しい技術や産業が登場し，また社会情勢も大きく変化した．このような状況の下，新しい技術や知見，また最新の企業情報を加味した改訂版『バイオテクノロジー 第2版』を出版することとした．

前書『バイオテクノロジー』の中では，我が国のバイオテクノロジーの展開に関し，「バブル期とは違ったバイオテクノロジー産業の発展」を予測していた．この間を振り返ってみると，バイオテクノロジーに関する新たな知見や技術は，以前ほどではないが，継続して確実に進歩しており，また新たな産業も登場している．しかしながら，バイオテクノロジーの新技術や新産業が，世界経済や景気に影響を及ぼす段階には至っていない．

世界に目を転じると，アメリカは「異分野統合による新領域の開拓・創生」を旗印に，官民を挙げて強力に推し進めている．また，ヨーロッパにおいては，主要な大学にイノベーションセンターを新設し，ライフサイエンスやバイオテクノロジーに関連する新たな産業創出の拠点を構築している．

我が国の大学においては，生命系や環境系学部の新設が行われ，「融合的な領域の教育・研究基盤」ができつつあるように思われる．従来の食品系，化学系，医薬系以外の産業分野からも，バイオテクノロジーに関連する人材の供給要請が活発になっており，この分野における社会的な人材ニーズも高まっている．

21世紀に入り，グローバル化は一段と加速している．2008年アメリカに端を発したリーマンショックは，アメリカ経済に対する不安を与え，世界的な金融危機へと連鎖していった．今なお欧州では，厳しい財政危機に直面している国々があるなか，我が国も例外ではなく，債務問題，消費税問題，また環太平洋戦略的経済連携協定（TPP）等に関する国内外の大きな課題を抱えている．

2011年3月11日に起こった東日本大震災や大津波，またそれに伴う福島の原子力発電所事故は，日本国民だけでなく世界中の人々の考え方に大きな変化をもたらしたように思える．特に健康，食料，環境，そしてエネルギーに対する意識は間違いなく高まった．これらの分野・領域は，今後研究面だけでなく産業面においても非常に重要になるであろう．

産業界においては，長引く円高に伴い企業収益は停滞し，日本の経済活動はかつての勢いがなくなった．しかしながら，企業努力により財務体質は大きく改善し，徐々にではあるが，新たな製品開発や取り組みが目に見えるようになってきた．また，バイオテクノロジーに関する基盤技術として，超高速シークエンス技術による多くの生物種における膨大なゲノム情報が蓄積され，遺伝情報に関するデータベースが飛躍的に充実してきた．また日本から発信されたiPS細胞技術（山中教授のノーベル賞受賞）など，バイオテクノロジーに関連する新たな知見や技術が現れ，実用化に向けた研究開発が進められていることも明るい材料であろう．

今後，バイオテクノロジーは，異分野との融合や統合により，新たな展開を迎えようとしている．特に，医療，食料，環境，バイオエネルギーの各分野においては，世界的な課題を解決するため，これまでに構築されたバイオテクノロジーの基盤に基づく新産業が創出されていくであろう．

21世紀の中盤に活躍する若い学生諸君には，クリエイティビィティーを常に意識し，未来を発見してもらいたい．そして，新たな産業創出に貢献できる人材になることを目指して欲しい．

本書をまとめるにあたり，アサヒビール㈱，江崎グリコ㈱，花王㈱，協和発酵キリン㈱，㈱熊谷組，JAこしみず，JX日鉱日石エネルギー㈱，大和化成㈱，東洋紡㈱，東ソー㈱，日工㈱，浜松ホトニクス㈱，日立造船㈱，および三菱化学㈱の方々にご協力をいただいた．心から感謝申し上げる．

最後に，大学教育出版の佐藤守氏および安田愛氏には，前書の出版から今回の改訂版の企画・出版に至るまで，長年にわたりご支援を頂戴した．併せて厚くお礼申し上げる．

2013年1月

久保　幹
新川英典
竹口昌之
蓮実文彦

バイオテクノロジー 第2版
—— 基礎原理から工業生産の実際まで ——

目 次

バイオテクノロジー 第2版

── 基礎原理から工業生産の実際まで ──

第1章

バイオテクノロジーとは

現代の産業を支える重要なものとして，ハイテクという言葉を耳にする機会が多い．そのハイテクの双璧が，通信・情報などを含むエレクトロニクス分野とバイオテクノロジーであり，そのような新しい技術を基盤に持つ産業をハイテク産業などと呼ぶのである．本書では，そのハイテクの一翼を担うバイオテクノロジーについて紹介する．

それでは，バイオテクノロジーとはどういうものであろうか？　バイオテクノロジー（biotechnology）は，英語で生命・生物を意味するbio-と科学技術・工芸（工学）を意味するtechnologyからなる造語である．この言葉に対する日本語訳として，一般に生物工学あるいは生命工学が用いられるが，この言葉は初めてバイオテクノロジー分野を勉強する人々にはピンとこないであろう．簡単に表現すれば，バイオテクノロジーとは「生物の機能を利用する技術」の総称である．人によってどこまでをバイオテクノロジーの範疇に加えるかは異なるが，生物そのものや酵素などの生体物質を利用するものおよび，アミノ酸や抗生物質など代謝産物を利用するものはバイオテクノロジーの範疇に入る．バイオテクノロジーは，理工学・農学・医学・環境など広い分野にまたがる応用とそのための基礎分野を含むものなのである．したがって，有用物質の発見・開発およびその生産技術，人口増加による食糧問題，病気の原因解明とその診断・治療法の開発，様々な汚染や地球温暖化などの環境問題など，現代の人類および地球環境が抱える諸問題を解決するのはバイオテクノロジーであると期待されているのである．

本書では，そのようなバイオテクノロジーの基礎と実際を解説する．さらに，生物の情報処理システム（例えば遺伝的アルゴリズムなど）を模倣する試みや，生体素材を用いたバイオチップ（生物素子）を作ってコンピューターに応用することなどが現在研究されており，これらもバイオテクノロジーの延長と考えられるが，それは別の書を参照してほしい．

1-1　生命とは ― 生命の起源と生物の多様性 ―

「“生命”あるいは“生物”とは何か」と質問されてどう答えるのであろうか？　質問の意図によって解答は幾つかあるだろうし，「生」と「死」の定義と同様に自然科学的立場や宗教・精神論的立場などその観点の違いによっても定義は異なってくるだろう．明確な解答を示すことは難しいが，生物学的な必要最小条件を示すなら「生物は自己の複製を行う機能を備えたもの」であり，「そのような活動を行っている単位を生命」というのではないだろうか．それでは，“生命”はいつどのように発生したのだろうか？　生命の起源については諸説があるが，大きく3つの説がある．第1の説は，神によって超自然現象的に生命は創られたとするものである．第2の説は，起源となる生命体（有機物）が地球外から来たとするパンスペルミア説（pansperumia，胚種広布説ともいう）．第3の説は，1920年代に発表されたオパーリン（Alexander Ivanovich Oparin, 1893–1980）のコアセルベート説に端を発する，物質の化学進化によって生命体が出現したとする説である．原始の地球をとりまく大気は窒素（N_2），水（H_2O），二酸化炭素（CO_2）が主成分で，その他微量の一酸化炭素（CO），メタン（CH_4），アンモニア（NH_3），二酸化イオウ（SO_2），水素（H_2）などが存在していたと考えられ（これらの物質は宇宙空間にも存在することが分かっている），紫外線，γ線，熱，放電などによって様々な化学反応を起こし，生体構成成分となる物質ができたと考える説である（図 1-1）．

現在まで，いずれの説にもそれを完全に証明あるいは否定する実験データや証拠はないが，第 3 の説が最も有力視されている．第 3 の説を支持するものとして，1953 年にミラー（Stanley Lloyd Miller, 1930–2007）とユーリー（Harold Clayton Urey, 1893–1981）が行った実験が有名である．それは，原始地球環境モデル（当時主成分と考えられていたH_2O，CH_4，NH_3，H_2）を封入したフラスコ内で加熱や放電を繰り返すと，アミノ酸や有機酸などが合成されたというものであった．

その後，はじめに挙げた原始地球大気の主成分（N_2, H_2O, CO_2, CO）でも同様な実験が多く行われ，アミノ酸以外にも核酸塩基，糖，炭化水素など，生体構成物質が原始地球環境モデル下で合成されることが示された．もちろんいまだ第 1 と第 2 の説を支持する人も多い．第 1 の説に科学的根拠は皆無であるので論外だが，第 2 の説は可能性があり，それを追い求める研究者も少なくはない．なぜなら，地球に飛来した隕石に地球外で生成したと考えられるアミノ酸などが含まれていたことや，火星から飛来した隕石（ALH84001）に細菌のような微生物の化石痕跡が発見されたからである．しかし，決定的な証拠があるものではなく議論は続いている．

近年の宇宙開発により，宇宙空間での実験や，火星や彗星の調査も進められており，新たな知見が得られるかもしれない．一方，生命の起源とともに残されている疑問は，なぜ生物はL-体のアミノ酸のみを利用するのか，なぜ天然の糖はほとんどがD-体なのかということである．ミラーらの実験では，光学異性体はほぼ同量生成する．アミノ酸が宇宙空間である種の星から発生する光にさらされると，光学異性体の片方のみが分解されるとも言われているが確証に乏しい．地球上でも方解石の結晶面で光学

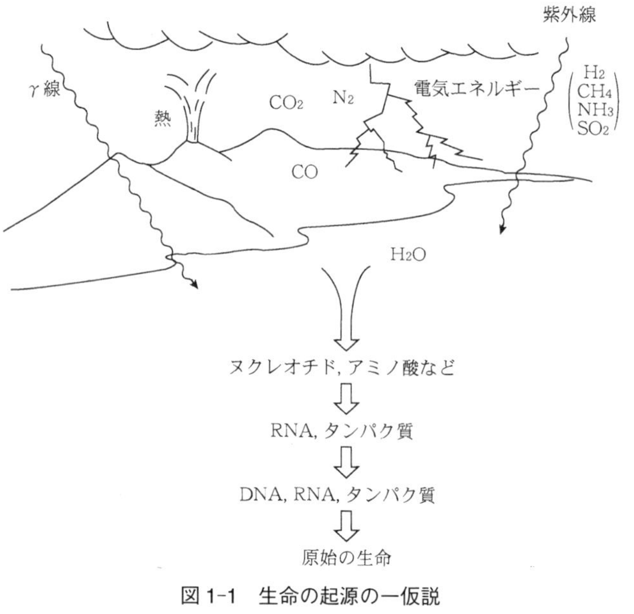

図 1-1　生命の起源の一仮説

分割が起きることが知られており，生物はそのような環境で誕生したのではないかと考える学説もある．

生命を構成する物質（あるいは微生物のような生命体）が作られたのは，地球上か地球外か明らかになったわけではない．また，それらがどちらか一方で生成したと考える必要もない．いずれにしても生命は地球上に誕生したのである．化石の調査によると，今から約 35 億年前には原始の細菌の類が存在していたのである．したがって，生命の誕生はそれより少し前になると考えられる（現在，生命の誕生は約 38 億年前とされている）．約 27 億年前に出現した藍藻類は酸素（O_2）の発生を伴う光合成を行う生物であるから，藍藻類の誕生により地球大気中に酸素が生まれ，そして酸素を利用する生物が出現したと考えられている．

酸素を利用する生物は，酸素を利用しない生物よりはるかに効率よくエネルギーを生産することができるので，やがて生物の主流となっていった．そして，原始の生物は環境変化に適応し，おそらくダーウィン（Charles Robert Darwin, 1809–1882）などの自然選択説に従って進化した．その結果，現在図 1-2 に示すような多種多様な生物が誕生したと考えられる．生物の多様性は，すなわちその機能の多様性である．そして，その多様な機能を有効に利用しようというのがバイオテクノロジーなのである．目

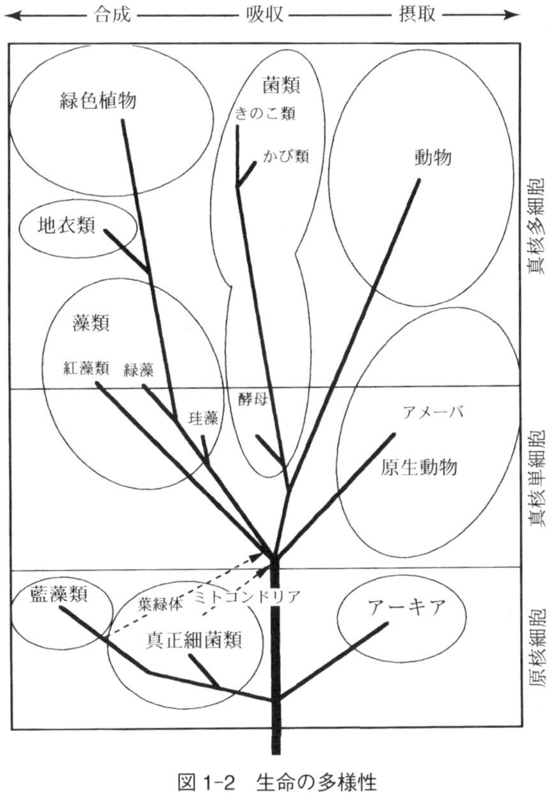

図 1-2　生命の多様性

この図は，ウイルス類を除くすべての生物の共通の祖先を仮定し，そこからどれくらい遺伝子が変化したかを指標に生物を分類したもので，系統樹（phylogenetic tree）という．アーキアは，真正細菌や藍藻類とは異なる生物群で，便宜上摂取側に記載してあるが，生態的には吸収あるいは合成の方に属する．詳しくは第 2 章を参照．

に見えない微生物はとりわけ多様であり，バイオテクノロジーに大きく貢献している．

1-2　バイオテクノロジーの始まり

微生物学などの学問的背景のない時代から，人間は微生物を利用するバイオテクノロジーを実践してきた．それは，伝統的な発酵食品である清酒（日本酒），ビール，ワイン，味噌，醤油，納豆，ヨーグルト，チーズ，パンの製造などである．これらは，微生物発見（1674年）のはるか以前（古いものは紀元前）から経験的技術で生産されてきた．図1-3は江戸時代（おそらく中期頃）の清酒の醸造風景である．この時代の日本には微生物学などなかったが，現在のものと大差ない清酒が造られていた．

ヨーロッパでは19世紀後半から微生物の研究が活発に始まった．ワイン醸造においてパスツールが微生物の働きを明らかにし（1864年）フランスワイン業界に貢献したように，他の発酵食品でも微生物の果たす役割が次第に解明されるにつれ，効率的かつ安定的に生産が行われるようになり，これまでの家内工業的なものから大規模な発酵工業へと発展した．

「発酵」と「腐敗」は同次元の現象である．いずれも微生物の営み（代謝という）の結果であるが，前者は美味しいものを提供したり健康に役立ち人間に有益であるが，後者は味が悪くなったり食中毒を起こし人間に有害である．しかし，微生物に罪はない．ただ微生物の種類や生育条件が違うだけである．詳しくは第2章の微生物の項を参照してほしい．

現在の発酵工業は，アルコールや乳酸発酵にとどまらず，パン酵母・菌体タンパク質などの菌体生産や，アミノ酸・核酸・抗生物質・酵素など微生物の生産物を広く利用している．さらに，遺伝子を操作する組換えDNA技術の発展により発酵工業にも新たな展開があるが，それは後の章に譲ることにする．それとともに，この分野では従来の発酵工業の枠には収まらないことまで扱うこととなり，発酵という古いイメージの言葉はバイオテクノロジーという新しい言葉へと変わってきたのである．バイオテクノロジーという言葉のカバーする領域は，微生物を扱うもののみならず，動植物の細胞や個体を扱う

図1-3　江戸時代の酒造り
人類は大昔からバイオテクノロジーを実践していた．
この絵は，東京農業大学醸造博物館所蔵のもので作者不詳．

ものまで範囲は広い．動植物のバイオテクノロジーの源流は，作物や花のような植物の栽培や品種改良などと，家畜動物の育種などではないだろうか．日本の稲作技術は，面積当たりの収穫量では世界に類を見ないほど秀でたものであるし，バラやランの品種改良はよく知られている．乳牛と食肉牛の品種改良など，動物にしてもしかりである．このような分野にも，現在では遺伝子や細胞レベルの技術が導入されてきている．

バイオテクノロジーの源をたどると，始まりはおそらく偶然からであろう．例えば，山羊や牛の乳が古くなるとヨーグルトやチーズのようなものができたり，煮豆をわらで包んで持ち歩いていると糸引き納豆のようなものができたのではないだろうか．その後，試行錯誤の経験に基づく技術で発酵工業という伝統産業が生まれた．交配による動植物の品種改良にしても偶然に頼る部分が多く，自ずと限界がある．このような経験的技術に依存するプロトタイプのバイオテクノロジーも，周辺の科学技術の進歩に伴って発展している．それでは，そのバイオテクノロジーを支える学問的背景を以下に少し紹介しておこう．

1-3　バイオテクノロジーを支える科学と技術

バイオテクノロジーという言葉が用いられるようになったのは1970年代後半頃からで，遺伝子組換えの技術が誕生し，それを導入した新たな物質生産技術が始まった頃である．種々の生命現象（生物機能の発現）は，究極的には遺伝子によって支配されている．今日のバイオテクノロジーは遺伝子の研究成果に立脚しているといっても過言ではない．遺伝子（gene）の概念は，1865年に発表されたメンデル（Gregor Johann Mende1, 1822–1884）の実験に始まる．1866年に論文として発表された“メンデルの法則”は，約半世紀の間誰も関心を寄せなかった．この重要な発見は，1900年に複数の研究者（H. de Vries, C. E. Correns, E. Tschermark）によって独立に再発見された．ここから遺伝学（genetics）が始まり，それまで「カエルの子はカエル」ということわざのように漠然ととらえられていた遺伝（inheritance, heredity）という現象が，学問的に理解され始めたのである．

遺伝子という言葉は，1909年にデンマークの遺伝学者ヨハンセン（Wilhelm Ludvig Johannsen, 1857–1927）によって導入された．その後モーガン（Thomas Hunt Morgan, 1866–1945）とその共同研究者たちは，ショウジョウバエの染色体地図を作製し（1911年），遺伝子が染色体上にあることを示した．さらにモーガンの弟子である遺伝学者ビードル（Geroge Wells Beadle, 1903–1989）と生化学者であるテータム（Edward Lawrie Tatum, 1909–1975）は，アカパンカビの突然変異株を作製してその生化学的な研究を行い，1つの遺伝子が1つの酵素に対応すること（一遺伝子一酵素説，後に一遺伝子一ポリペプチド説に修正）を1941年に提唱した．これが遺伝生化学の始まりである．

生化学（biochemistry）は，1897年にドイツの化学者ブフナー（Eduard Buchner, 1860–1917）が酵素を発見して以来，それ以前から調べられていた生体関連物質と酵素化学を中心に遺伝学とは独立して発展していた学問領域である．やがて1944年にロックフェラー研究所のエイブリー（Oswald Theodore Avery, 1877–1955）とその共同研究者が，肺炎双球菌の形質転換実験によって遺伝物質（遺伝子）がデオキシリボ核酸（deoxyribonucleic acid, DNA）であることを初めて証明した．

1952年にハーシー（Alfred Day Hershey, 1908–1997）とチェース（Martha Chase, 1927–2003）の

バクテリオファージ感染機構の研究によってDNAが遺伝子の正体であることが広く認知されたが，この時点ではまだそれを疑問視する研究者も少なくはなかった．

DNAはスイスの生化学者ミーシャー（Friedrich Miescher, 1844–1895）によって1869年に発見されていた物質で，1950年頃には上記以外にもDNAに関する様々なデータが蓄積されていた．アメリカの遺伝学者ワトソン（James Dewey Watson, 1928–）とイギリスの生物物理学者クリック（Francis Harry Compton Crick, 1916–2004）は，1953年にそれらをまとめてDNA構造のモデル仮説を提唱した．これが有名なワトソン・クリックのDNA二重らせんモデルである．このDNA構造モデルに当てはめて考えると，それまでばらばらに蓄積されていたデータをうまく説明できることから，このモデルは急速に受け入れられてDNAが遺伝子の本体であることが一般に認められたのである．生物物理学（biophysics）とは，生体物質や生命現象を，物理学的手法あるいは物理学的理論背景をもって研究する学問領域である．また，ワトソン・クリックのDNA二重らせんモデルは，イギリスの科学雑誌ネイチャーに発表されているので，一度その論文を読んでみることを奨める（Nature, Vol.171, 737–738, 1953）．

さらにDNAに似た核酸分子であるRNAの研究などが進み，1958年にクリックは生物学のセントラルドグマ（central dogma，中心教義あるいは中心命題）を提唱した（図1–4）．それはDNAの遺伝情報がRNAを介してタンパク質へと発現し，DNAはその遺伝情報を子孫に伝えるため複製するという考え方である．

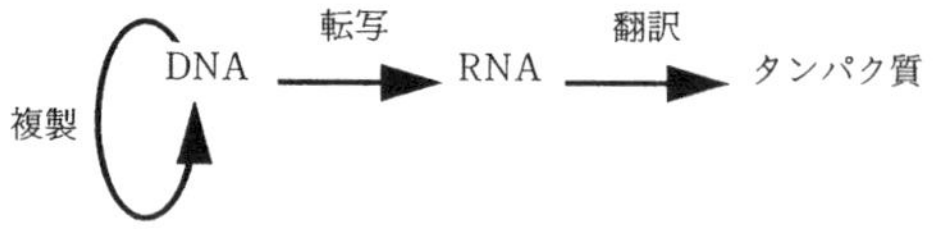

図1–4　クリックのセントラルドグマ

これによってそれまでばらばらだった研究の方向が集約し，生命の研究が加速的に進んだのである．このころから，物理や化学の手法と理論を持ち込んで，生命現象を分子レベルで理解しようとする研究が主流になり，分子生物学（molecular biology）という言葉が用いられるようになった．1961年にはジャコブ（Francos Jaçob, 1920–）とモノー（Jacques Lucien Monod, 1910–1976）によるオペロン説によって遺伝子発現調節機構を理解する方向が示された．さらに同年，ニーレンバーグ（Marshall Warren Nirenberg, 1927–2010）らによる遺伝暗号（genetic code）の解読が始まり，遺伝子の言葉（塩基配列）をタンパク質の言葉（アミノ酸配列）に読み換えることができるようになった．

1970年代に入ってエポックとなる技術が誕生した．それは遺伝子操作（gene manipulation），遺伝子工学（genetic engineering, gene engineering），組換えDNA技術（recombinant DNA technique）などとも呼ばれる試験管内での遺伝子組換え技術である．この技術によって，どのような生物からでも遺伝子を単離（遺伝子クローニング，gene cloning，ともいう）して直接解析することが可能となり，生命の仕組みが急速に解明されつつある．さらにこの技術は，ヒトの遺伝子を大腸菌で発現させることも可能にし，インスリンなどのホルモンを大腸菌に作らせることもできるようになった．さらに，マリス（Kary Banks Mullis, 1944– ）が開発したポリメラーゼ連鎖反応（PCR）法は，DNA鑑定などさまざまな分野で利用されている．また，遺伝子を改変することで，そこにコードされるタンパク質の機能を変えるタンパク質工学（protein engineering）も誕生した．

一方で，動植物の細胞を微生物同様に培養して増やす技術（細胞培養cell culture，組織培養tissue culture）や2つの異なる細胞を融合させる細胞融合（cell fusion）など，細胞工学（cell technology）と呼ばれる技術が進歩して，遺伝子組換え技術と合わせて動植物の育種を分子レベルで行うようになってきた．すなわち，遺伝子を改変したトランスジェニック植物（transgenic plant），トランスジェニック動物（transgenic animal）などが作製されている．さらに，それらを増やすためのクローン技術（cloning technique）なども開発されている．さらに，ヒトの人工多能性幹細胞（iPS細胞）が作製され，再生医療に向けた研究が進められている．また，酵素タンパクや菌体（細胞）を固定化して，化学プラントのように物質生産を行ったり，生物センサーとして利用する技術も開発されている．物質生産や食品生産，農業・水畜産分野，病気の診断・治療法開発，環境保全などの応用分野だけでなく，病気の原因究明や生命の仕組みを解明することなど，基礎的な分野にもバイオテクノロジーは活躍しているのである．

現在，さまざまな生物のゲノム解読が進められており，生命のしくみが解明されつつある．2003年，ヒトのゲノム（全遺伝情報）配列が解読された．病気や脳の機能などと遺伝子の関係を明らかにする研究も進められている。今後，ますます新たなバイオテクノロジーが発展していくであろう．

1-4　まとめ

以上のように，バイオテクノロジーの始まりから科学技術の進歩に伴う現在のバイオテクノロジーまでの流れを述べたが，昔のバイオテクノロジーと現在のものを比較したイメージを図1-5に示す．発酵食品などの昔のバイオテクノロジーは，それぞれが偶然から始まり経験と努力を積み重ねて成り立っているのに対し，現在のバイオテクノロジーは，しっかりとした科学的な基礎（土台）の上に様々な先端技術に支えられて成り立っている．現在のバイオテクノロジーを支える三本柱は，細胞工学，遺伝子工学，タンパク質工学であるが，ここでは狭義の意味のそれではなく，それぞれ細胞を扱う技術，遺伝子を扱う技術，タンパク質を扱う技術すべてを指している．すなわち，前者は職人のカンと経験が支配するが，後者は科学技術的な裏付けがあって計画的に進められているのである．

本書では，この後の第2章と第3章で現在のバイオテクノロジーを支える土台と柱の部分を，第4

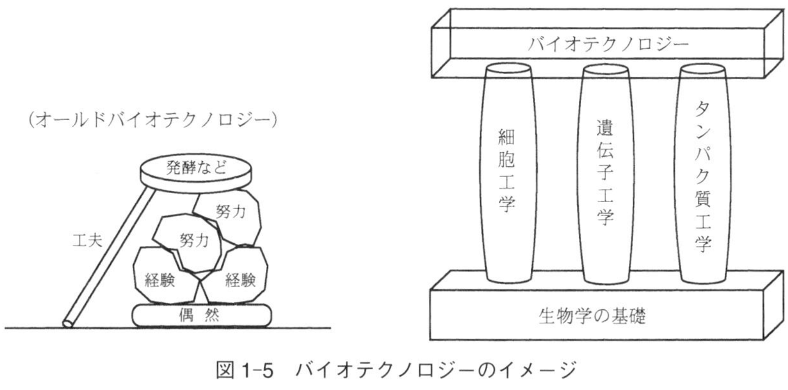

図1-5　バイオテクノロジーのイメージ

章でバイオテクノロジーの現状を解説している．本章の最後として，バイオテクノロジーの研究者・技術者を志す学生諸君に以下のことを認識しておいてほしい．生物学およびバイオテクノロジーの分野は急速に進歩している分野であり，教科書に記述される内容はすぐに古くなるのである．したがって，基礎的な事柄を修得した後は，絶えず最新の研究動向を把握しておくことが不可欠で，関連の学術雑誌などに目を通すことが必要である．情報に敏感でありかつそれを正しく解釈・評価できることが肝要である．また柔軟な発想は工学の基本であり，様々な問題を解決するには柔軟な発想が必要である．そのためには異分野の理論・技術にも関心を寄せておくべきであろう．

もう一つ付け加えると，バイオテクノロジーは生命を操作する技術であり，「生命の起源」の第１番目の説を唱える人々からすれば，神の領域を侵すものと批判されるかもしれない．利用方法次第では，公害や核開発の二の舞になる恐れがあるものも含まれる．新しい技術を利用するときには，倫理的・道義的にも十分考慮することが重要なのである．

第2章

バイオテクノロジーの基本原理

2-1 微生物

オランダのレーヴェンフック（Antonie van Leeuwenhoek, 1632–1723）は，自作の顕微鏡で水たまりの中にうごめくものを観察し，小さな動物という意味の「animalcules」と名付けた（1674）．これが最初の微生物の発見といわれている．この時代，生物は無生物から偶然に発生するという自然発生説が主流で，学問的には化学が隆盛であったことから，微生物の自然界での働きが明らかにされるまでその後200年近くかかった．スパランツァーニ（L. Spallanzani, 1729–1799）の研究を経て，パスツール（Louis Pasteur, 1822–1895）のスワンネックフラスコ（白鳥の首のような形をしたフラスコ，図2-1）を用いた実験によって，生物の自然発生説は否定された．

パスツールは，ワインの生物発酵説を証明し（1854–1864），フランス醸造業界に大いに貢献した．その後，1870年代にティンドール（John Tyndall, 1820–1893）による滅菌法の発明や，コッホ（Robert Koch, 1843–1910），ブレフェルド（Oscar Brefeld, 1839–1925），ハンセン（Emil C. Hansen, 1842–1909）等による微生物の純粋培養技術が確立され，現代の微生物学の基本技術が確立した．ちなみに，微生物（microbe）という言葉が用いられるようになったのは1878年からである．微生物が認知されて現在まで1世紀余の間に，微生物学および微生物を利用するテクノロジー（バイオテクノロジー）は急速に発展している．表2-1に，微生物の発見から現在までの歴史を簡単に示す．

バイオテクノロジーという言葉のカバーする領域は，微生物を扱うもののみならず，動植物の細胞や個体を扱うものまで範囲は広い．しかし，組換えDNAの道具として，あるいは破壊された環境修復など，微生物の役割はこれからも重要である．したがって，ここでは微生物の基本について解説する．

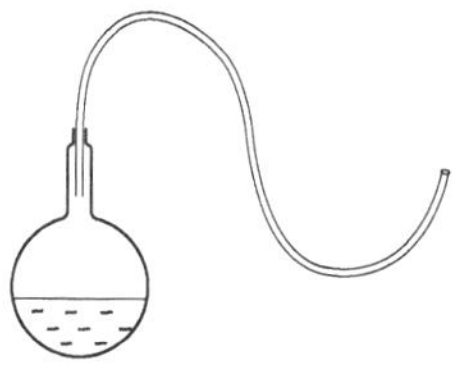

図2-1　パスツールのスワンネックフラスコ
空気中の雑菌は，湾曲した細長いガラス管から侵入できないため，フラスコ中の煮沸殺菌したブイヨンには微生物は増殖しない．これによって，微生物の自然発生説は否定された．

表 2-1　微生物の研究と利用の歴史

1674 年	Leeuwenhoek	顕微鏡による最初の微生物の観察
1776 年	Spallanzani	肉汁の密封加熱によって生物の自然発生説を否定
（1859 年	Darwin	“種の起源”の初版：生物の進化論）
1864 年	Pasteur	スワンネックフラスコによって生物の自然発生説を完全に否定 ワインの生物発酵説
1860 年～	Brefeld	ゼラチン固形培地の発明・開発
1865 年	Pasteur	滅菌法の発明（低温殺菌法 pasteurization）
1870 年～	Brefeld, Koch, Hansen ら	によって微生物の純粋培養が始まる
1874 年	Tyndall	滅菌法 tyndallization の発明（芽胞の存在を示唆）
1878 年	Sedillot	“微生物（microbe）”という言葉を提唱
1896 年～ 1927 年		微生物のマニュアル編集が始まる
（1923 年 Bergey's Manual of Determinative Bacteriology の初版）		
1897 年	Buchner	酵素の発見
	微生物学の基本技術が確立	
1929 年	Fleming	*Penicillium notatum* からペニシリンの発見
1940 年	Florey ら	ペニシリンの再発見，実用化
1944 年	Waksman	*Streptomyces griseus* からストレプトマイシンの発見
	以降抗生物質のスクリーニングが始まる（応用微生物学の隆盛）	
1950 年～	アミノ酸発酵の工業化（微生物の育種）	
1953 年	Watson, Crick	DNA の二重らせん構造モデルの提唱
1963 年	Nirenberg ら	遺伝暗号の解読:3 個の DNA 塩基が 1 個のアミノ酸を規定（コドン）
1968 年～	Arber, Smith, Nathans ら	制限酵素の発見
1972 年	Berg ら	試験管内で初めて DNA の組換え分子作製
1973 年	Cohen ら	組換え DNA の基礎技術を確立
1970 年後半～		バイオテクノロジーという言葉が使われ始める
	以降遺伝子組換えを取り入れたバイオテクノロジーが盛んに行われる	

2-1-1　微生物とは

微生物は地球上のいたるところに多種多様に存在している．我々の非常に身近な存在であるが，時として動植物に重篤な感染症を引き起こすこともあり，負のイメージが強いかもしれない．しかし，微生物は地球の物質循環に重要な役割を果たし，環境や生態系の維持には欠かせない生物である．

ところで，バイキン（黴菌）という言葉は何を指すか知っているだろうか？　ある国語辞典によれば，「（人体に有害な）細菌などの俗称」とある．別の辞書では「細菌・バクテリア」としか書いていない．バイキンのバイ（黴）はかび，キン（菌）は主に細菌のことである．バイキンという言葉は，（人体に有害な）かびや細菌のことを指すのであって，多くの国語辞典の記述は正確ではない．本章の内容を理解すれば，かびと細菌がいかに異なるのか分かるであろう．

微生物は（その定義はあいまいであるが），大まかにウイルス・細菌・アーキア・酵母・かび・きのこ・藻類・原生動物と呼ばれるグループに分けられる．これらの大きさの比較を図 2-2 に示すが，微生物は微小であるため，通常きのこの子実体（しじつたい）以外は肉眼で観察できない．したがって，微生物の観察には顕微鏡が必要である．微生物を肉眼で見ることができる（存在が確認できる）ようにするためには，培養を行い微生物の数を増やさなければならない．培養は微生物研究の中で最も基本的な操作なのである．

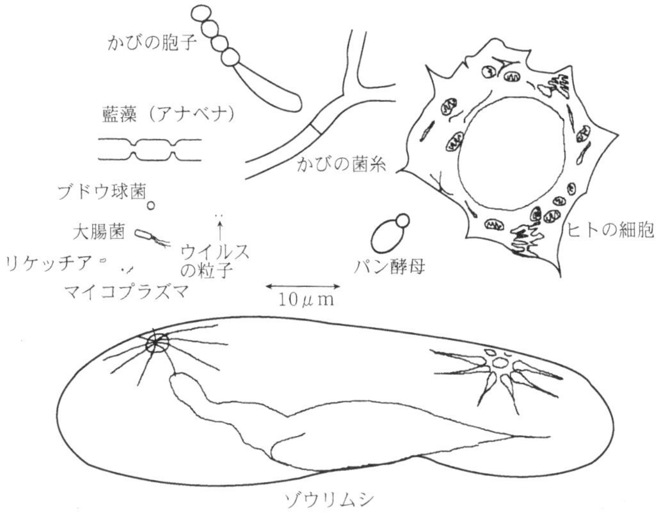

図 2-2　微生物の大きさ

2-1-2　微生物の培養：増殖と環境条件

食品にかびを生やした経験は誰しもあるだろう．これも一種の培養である．よく観察してみると，食品の種類や保存環境によって，生えたかびの色や形態や臭いが違うだろう．また，かびと違うドロっとした酵母や細菌が繁殖したものもあるだろう．微生物にも食べ物の好き嫌い（資化性の違い）があり，生育環境を選り好みをするのである．したがって，目的の微生物を分離するときには，その微生物の好む栄養源などを考慮して培養培地を作製し，温度などの生育環境を整えてやる．培地の種類や使い方は多種多様で，大きく分けて，寒天などで固めた固体培地と液体培地がある．目的に応じて培地を選択し用いる．よく用いられる培地の例を表 2-2 に示す．固体培地上に現れた微生物の集団をコロニー（colony，図 2-3）と呼び，単一な微生物のコロニーを作ることが純粋培養である．

微生物の増殖にはエネルギー源が必要である．微生物は多種多様であり，エネルギー源は，光や無機物であったり，グルコースなどの炭素源であったりする．またエネルギー源のほかに，窒素源，ビタミン，微量の金属なども必要になる．これらの栄養源（生育因子）は，微生物の種類によって要求する物質・化学形態などが様々である．これらのことをふまえて，増殖に必要なものが最少限含まれる培地（最少培地）があれば，微生物の培養はできる．実際の実験では，増殖速度や物質生産を考慮して，目的に応じた最適な培地を作製する．微生物の多様性を反映して，微生物それぞれの最適な培地組成が異なるのである．

微生物を新しい培地に接種すると細胞分裂が始まり増殖する．経過時間ごとの菌体数をプロットすると増殖曲線（growth curve）が得られる．図 2-4 に細菌の増殖曲線の一例を示す．この増殖曲線は以下のような 6 つの時期（growth phase）に分けられる．

①遅延期：新しい環境に適応し，細胞分裂に必要な物質の合成が行われる準備期間で，誘導期ともいう．微生物の種類，細胞の新旧，培養の培地や方法などによりこの時間は異なる．細胞分裂の活発な（対数増殖期）細胞を接種すると遅延期がほとんどない．

②加速期：対数増殖期に入る直前の細胞が増える速度が増加している時期．

表 2-2　微生物培養に用いられる培地（medium）

（細菌用液体培地）			
LB（Luria-Bertani）培地		M9 培地（最少培地）	
トリプトン	1　%	炭素源（グルコースなど）	5　%
酵母エキス	0.5 %	$Na_2HPO4 \cdot 7H_20$	1.28%
NaCl	1　%*	KH_2PO_4	0.3　%
（pH7.0）		NaCl	0.05%
		NH_4Cl	0.1　%
		（必要に応じてビタミンやアミノ酸などを加える）	
（酵母用固体培地）			
YPD 培地		SD 培地（最小培地）	
酵母エキス	1%	Yeast Nitrogen Base（アミノ酸不含）	0.67%
ペプトン	2%	グルコース	2　%
グルコース	2%	寒天	2　%
寒天	2%	（必要に応じてビタミンやアミノ酸などを加える）	
（かび用固体培地）		（放線菌用固体培地）	
ザペック寒天（Czapek's agar）培地		YM（ISP No.2）培地	
$NaNO_3$	0.3　%	グルコース	0.4　%
K_2HPO_4	0.1　%	麦芽エキス	1　%
$MgSO_4 \cdot 7H_20$	0.05　%	酵母エキス	0.4　%
KCI	0.05　%	寒天	1.5　%
$FeSO_4 \cdot 7H_2O$	0.001%	（pH7.3）	
スクロース	1.5　%		
寒大	1.5　%		

培地組成は（w/v）で表示してある．蒸留水で溶解し，オートクレーブ（高圧蒸気滅菌）して使用する．*LB 培地の NaCl は 0.5% で用いることもある．

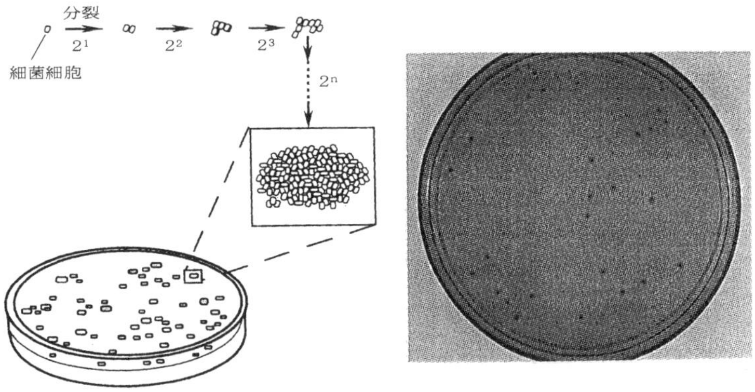

図 2-3　細菌のコロニー

③対数増殖期：細胞が一定の速度で対数的増殖（2^n）を繰り返す時期であり，微生物の種類により細胞分裂の時間が異なる．この時期の細胞は生物活性が高く，その細胞の代表的性質を表しているとして多くの実験に供される．また，物理的・化学的因子に対する感受性も高い．

④減速期：細胞の増える速度が減衰し定常期に入る直前．この時期，細胞内の生理状態が大きく変化する時期である．

⑤定常期：栄養源の枯渇，菌体密度の増加や代謝産物の蓄積により，生育環境が劣化して分裂・増殖が停止する．この時期の細胞は，細胞成分の合成と分解が釣り合った状態で，対数増殖期の細胞に比べ

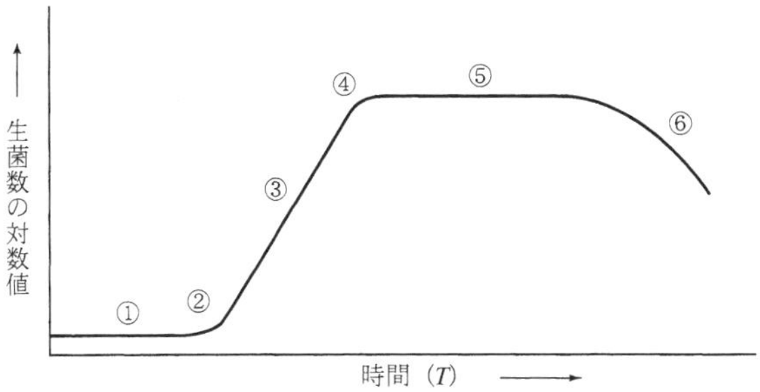

図2-4　増殖曲線
①遅延期　②加速期　③対数増殖期　④減速期　⑤定常期　⑥死滅期

ると，生物活性が落ち，物理的・化学的因子に対する感受性が低い．
⑥死滅期：細胞内貯蔵物質が失われ，生存菌数は減少する．初めは，生存菌体と死滅菌体が混在しており個体数は変化しないが，次第に死滅菌体内では溶菌酵素が誘導され自己消化が行われる．

微生物の生育に及ぼす環境因子は，栄養源のほかに，温度，酸素，浸透圧，pHなどの環境要因があげられる．以下にそれらについて解説する．

［温　度］

微生物の生育に必要な最適温度は，微生物の種類によって異なる．最適温度が20℃以下のものを低温菌，20から40℃のものを中温菌，それ以上のものを好温菌と3群に分けるが，最近では100℃以上の超好熱菌も発見されているので4群に分けるのが妥当かもしれない．一部の細菌胞子など120℃でも死滅しないものもあるが，熱耐性と高温で増殖できることは違う．生育に最適な温度というのは，微生物の生育に重要な酵素（DNA合成酵素など）の温度感受性に依存すると考えられている．好温菌由来の耐熱性DNA合成酵素は，現在組換えDNA技術の中で欠かせない存在になっている．

［酸　素］

酸素は，実は生物にとって有毒である．酸素の強い酸化力により，好気的代謝（酸素代謝）は嫌気的代謝（無酸素代謝）より能率良くエネルギーを獲得できる．ところが，酸素代謝産物としてスーパーオキシド・アニオン（$^{\bullet}O_2^-$），ヒドロキシルラジカル（$^{\bullet}OH$），過酸化水素（H_2O_2）などの有毒な活性酸素を生成する．酸素存在下で生育する生物には，活性酸素から細胞を守る機構がある．その主役はスーパーオキシドジスムターゼ（SOD）という酵素であり，カタラーゼやパーオキシダーゼという酵素，ビタミンEや不飽和脂肪酸などのラジカルスカベンジャーも活性酸素の解毒機構として機能すると考えられている．したがって，酸素を利用できるか否か，あるいは酸素に耐性があるか否かによって，微生物を分けることができる．

好気性菌は，エネルギー獲得手段として分子状酸素（O_2）を最終電子受容体として利用する好気的代謝ができる菌群であり，中でも酸素が存在しないと生育できないものは，偏性（絶対）好気性菌と呼ぶ．通性嫌気性菌は，エネルギーを獲得する手段として好気的代謝と嫌気的代謝の両方のシステムを持っているか，好気的代謝機能がなくても酸素に耐性を有する菌群であり，腸内細菌などや多くの酵母がこれに入る．酸素存在下では生育できない偏性嫌気性菌は，好気的代謝ができず，スーパーオキシドジスムターゼを持たないため酸素耐性もない菌群である．好気的代謝を呼吸，嫌気的代謝を発酵と呼ぶこともある．

［浸透圧］

ほとんどの微生物には細胞壁があり，ある程度の外部浸透圧変化には対応できるが，高濃度の食塩などを含む高浸透圧環境は多くの微生物の生育を阻害する．食品を塩漬けや砂糖漬けで保存するのは，大部分の微生物が高浸透圧下で繁殖しにくいからである．しかし，海水や岩塩床などの食塩を多く含んだ環境に生育する微生物は，通常の環境にいる微生物の多くとは異なり高塩環境を好む．これらを好塩微生物と呼ぶ．また，高糖の食品や乾燥食品，ガラスやプラスチックなどの工業製品などから分離される微生物の中には，高い浸透圧を好むものが分離されている．これらを好浸透圧菌と呼び，かび・酵母・アーキア・放線菌などが分離されている．

［pH］

大部分の微生物は，pH4 ～ 9 の範囲で生育し，強い酸性やアルカリ性では生育できない．ところが，pH0.5 以下でも生育できる微生物が知られている．また，pH10 以上で生育可能で中性付近では生育できない細菌も発見されている．前者は好酸性菌，後者を好アルカリ性菌という．いずれの微生物も，細胞内のpHは中性か微アルカリ性に保たれる機構が備わっている．好アルカリ性菌の菌体外酵素には，工業的利用価値が高いものがある．

［その他］

地球上では，放射線や紫外線などの物理的要因と汚染物質などの化学的要因が，生物の生育に有害な環境要因としてあげられる．放射線や紫外線はDNAに損傷を与える．低レベルであれば，生物はDNA損傷を修復する機構を備えているが，あるレベルを超えると，突然変異を起こすか死滅する．したがって，放射線や紫外線は遺伝学研究や殺菌法として利用されている．化学物質の中にもDNAに損傷を与えるものがあり，突然変異を誘発する．これらの物質は，発ガン物質であることが多い．このことを利用して，化学物質の安全性を試験する変異原性試験にも微生物が用いられる．ところが，通常より高い放射線量でも生育する細菌が分離されている．また，これまでに石油やポリ塩化ビフェニール（PCB）など様々な化学物質の分解菌が分離されている．このように微生物の世界は多種多様なのである．

2-1-3　原核生物と真核生物の違い

生物は，核酸（DNAやRNA），タンパク質，糖質，脂質が主要構成成分であり，リン脂質２重層の細胞膜（cell membrane）によって囲まれている．例外として，一部のウイルスやファージは，膜構造がなく，タンパク質とDNAかRNAのみで構成される．細胞膜で包まれたものを細胞（cel1）と呼び，単一の細胞で生育するものを単細胞生物という．微生物と呼ばれるものには単細胞生物が多い（例外：かびやきのこ類，放線菌など）．高等動植物はすべて多細胞生物である．また，マイコプラズマや動物細胞を除き，細胞膜の外側に細胞壁（cell wall）があり，細胞の形態を維持している．微生物や高等動植物の細胞の形や大きさは，顕微鏡によって観察できる．光学顕微鏡では，倍率が2,000倍程度で0.2 μmぐらいまでのものが観察できる．1930年代に電子顕微鏡が発明され，現在80万倍・1.5Å（オングストローム）までの解像力が得られている（1Åは10^{-10}mすなわち$\frac{1}{10,000}\mu$m）．これによって，細胞内部の微細構造の違いまで知られるようになった．細胞の内部構造の違いにより，生物は真核細胞（eucaryotic cel1）と原核細胞（procaryotic cel1）の大きく2つに分けられる．

図2-5のように，真核細胞では染色体DNAは核膜に包まれた核（nucleus）の中にあり，ミトコンドリア（mitochondria），小胞体（endoplasmic reticulum），ゴルジ体（Golgi body）など，単位膜で包まれたオルガネラ（organelle）と呼ばれる細胞内小器官がある．藻類や植物細胞には，さらに葉緑体（chloroplast）というオルガネラもある．ところが，原核細胞内にはこのようなオルガネラはなく，染色体DNAは膜に包まれず核様体として細胞質内に存在する．原核細胞内には，真核細胞のような細胞

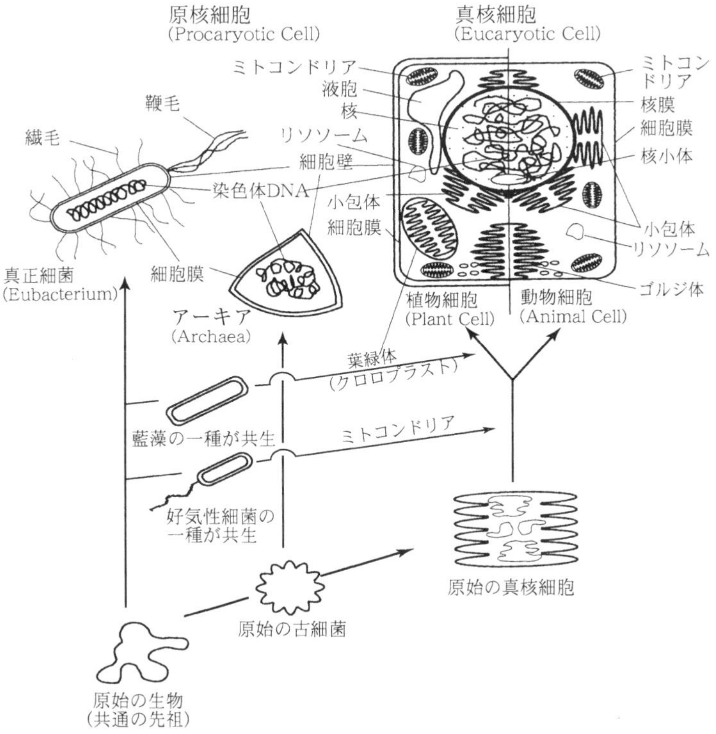

図2-5　原核細胞，真核細胞の構造模式図とその起源の仮説

典型的な原核細胞と真核細胞の模式図を図の一番上に示す．原核細胞の染色体は細胞質に存在するが，散在しているのではなくまとまった形の核様体として存在している．それに対して真核細胞の染色体は，核膜に覆われた核内に存在している．真核細胞内には，核以外にも膜で包まれた幾つかの細胞内小器官（オルガネラガ）が存在する．ミトコンドリアは呼吸によりエネルギーを生産する器官，葉緑体は植物細胞中で光合成を行う器官である．小胞体のうち，粗面小胞体の細胞質側表面にはリボソームがあって，タンパク質合成が行われる（リボソームは他に核内や細胞質にも存在する）．ゴルジ体は物質の輸送や糖鎖の付加などを行う器官で，リソソームは種々の加水分解酵素を持つ細胞内消化のための器官である．

ミトコンドリアと葉緑体の起源の仮説は，遺伝子からの類推で図に示すような説がおおむね受け入れられている．一番下の原始の生物3種は作業仮説であり，これらの存在を示す証拠はまだ見つかっていない．

膜以外の単位膜はない．このような真核細胞と原核細胞の細胞内の構造の違いから，遺伝子発現や物質輸送などの細胞内生理が，両者で大きく異なることが容易に想像できるだろう．

マイコプラズマや細菌などは原核細胞の原核生物（procaryote）である．酵母，かび，きのこ，藻類，原生動物および，高等動植物はすべて真核細胞であり，これらは真核生物（eucaryote）という．ウイルス類以外のすべての生物は，このどちらかに属すると考えられていた．ところが微生物の研究が進むにつれ，原核生物とされていたものの中に，性質の異なるものが存在することが分かってきた．それは，アーキア（archaea）と呼ばれる菌群である．細菌と区別するため始原菌と呼ぶこともあるが，現在ではアーキアと呼ばれることが多い（それに伴って細菌を真正細菌，eubacteriaという）．これは，真正細菌，真核生物以外の第3の生物群の発見である．図2–5のようにアーキアを真核生物の祖先とする説もあり，アーキアは生物進化解明の鍵を握る生物と期待されているが，明確な解答はまだ得られていない．

アーキアの特徴は，染色体を包む核膜がなく，リボソームの大きさは原核型であるが抗生物質感受性などは異なること，DNAポリメラーゼ，RNAポリメラーゼなどは，真核生物に類似することなどである．表2–3に示すように，アーキアは，真正細菌と真核生物の中間のような特徴を持つ．もう1つアーキアについて特筆すべきことは，深海の熱水湧水孔など特異な環境から多く分離されることであ

表2–3　アーキアの特徴：真正細菌，真核生物との比較

	真正細菌	アーキア	真核生物
染色体構造・複製			
核	無	無	有
イントロン	無	有	有
DNAポリメラーゼ*	制限酵素含まない	制限酵素含む	制限酵素含む
転写			
RNAポリメラーゼ	$\alpha_2\beta\beta'$（1種）	PolII類似（1種）	PolI, PolII, PolIII（3種）
基本転写因子	σ	TBP, TFIIB類似	TBP, TFIIB etc.
mRNAのポリA構造	無	有	有
転写単位	ポリシストロン	ポリシストロン	モノシストロン
翻訳			
リボソーム	70S（30S + 50S）	7S（30S + 50S）	80S（40S + 60S）
抗生物質感受性	原核型	アーキア型	真核型
ジフテリア毒素	耐性	感受性	感受性
mRNAのcap構造	無	無	有
SD配列	有	有（類似）	無
開始tRNAのホルミル化	有	無	無
細胞壁			
構成成分	ペプチドグリカン	偽ペプチドグリカン タンパク質複合体	セルロースなど(植物) キチン,マンナンなど(菌類) 無（動物）
脂質（グリセロ脂質）			
結合様式	ジエステル型	ジエーテル型	ジエステル型
立体構造	sn–1, 2型	sn–2, 3型	sn–1, 2型
炭化水素鎖	直鎖脂肪酸	イソプレノイド	直鎖脂肪酸

*）DNAポリメラーゼ遺伝子の中（イントロン中）に，制限酵素（エンドヌクレアーゼ）遺伝子が存在するものが，真核生物とアーキアで見つかっている．真正細菌のDNAポリメラーゼ遺伝子にはイントロンはない．

る．アーキアには，超好熱菌やメタン生成菌などが含まれ，工業的にも興味深い対象である．

2-1-4　微生物の分類

我々は，目にとまる動物や植物の形や色の違いなどを見比べて，あれは犬これは猫，あれはバラこれはユリなどと識別している．このように，同じ仲間どうし分別していくこと，すなわちその生物学的位置づけを決めていく作業が分類である．分類学（taxonomy）は，観察しやすい植物や動物から始まり，微生物の発見とその概念の確立に伴って，微生物にも導入された．前項で述べたように，微生物には性質の異なるものがたくさんある．これらの生物学的位置づけを行うことは重要なことである．分類学のない時代でも，人間は食用きのこと毒きのこを見分けていた．これは，最も古い微生物の分類といえるし，その重要性は容易に理解できるだろう．

昔の分類学は，主に形態の観察と大まかな性質の違いで行っていた．現在では，形態，生態，温度などの生育至適条件の差異，栄養源の資化性やエネルギー獲得方法の違いなど生理・生化学的性状を比較することに加えて，糖や脂質などの細胞成分組成の化学的差異に基づく化学分類や，ゲノムDNAのG＋C含量，ゲノムDNA全体の相同性，生物間で保存性の高い遺伝子の比較など分子遺伝学的性状に基づいて分類を行う（表2-4）．

ゲノムの相同性は，2者のDNAを精製し，雑種形成（hybridization）させて相同性を調べる方法や，DNAを制限酵素で切断して生じる断片の長さを比較する方法（RFLP, Rcstriction Fragment Length Polymorphism，一種の遺伝子指紋法［DNA fingerprint］）などがある．生物間で保存性の高い遺伝子として，リボソームRNA（rRNA）の遺伝子すなわちrDNAがよく用いられ，そのDNA塩基配列の比較から近縁関係を議論している．これを系統分類（phylogenetic classification）という．

このような解析を行って，生物学的位置づけを明らかにし，その生物が新規なものであるかどうか判断するのである．新規な生物が発見されたなら，その特徴を記載（description）し，命名（nomenclature）する．

生物の分類学的階級は，界・門・綱・目・科・属・種である．場合によっては，亜界・亜門・亜綱・亜目・亜科・亜属・亜種および変種を加えることがある．1つの生物を規定するのは種であり，生物の命名法は種名とその1つ上位階級である属名を使用し，属名・種名の順で記載する二名法が原則である（ウイルス類は例外）．これに亜種名や株名を付けることもある．属名・種名（および亜種名）とも斜体文字（イタリック体）で，属名の頭文字以外は小文字で記載する．例えば，大腸菌は*Escherichia*

表2-4　微生物の分類に用いられる分類指標

分類指標		細菌類	アーキア	菌類
形態	（分生子，鞭毛など）	△	△	◎
生理性状	（生育条件，糖の資化性など）	△	△	○
化学分類	（細胞壁組成，糖，脂質，GC含量など）	○	○	△
DNA類似性	（DNA-DNA交雑，RFLPなど）	◎	○	—
遺伝了系統	（16SrDNAなど）	◎	◎	—*

◎,○,△,—は，この順に分類指標として重要視されることを示す．
＊現在，菌類でも18SrDNA配列に基づく系統分類が行われ始めている．
まだデータが十分でないので“—”としたが，いずれはこの分類手段が主流になるであろう．

（属名）*coli*（種名）と，パン酵母は*Saccharomyces*（属名）*cerevisiae*（種名）と表記する．ちなみに，ヒト（人類）の学名は，*Homo sapiens*である．学名には，属名・種名の後に発見者名と発見年を記載することになっているが，省略されることが多い．

同定（identification）は，分類と作業内容は類似したものであるが目的は異なる．分類は，生物の互いの位置づけを目的とするのに対し，同定は，ある生物の特徴を既知の生物の特徴（criteria）と照らし合わせ，いずれかに帰属させることを目的とするからである．応用微生物学では，新たに分離された有用微生物の特徴づけをして，「同定」を行うことが多い．

また，エネルギー獲得様式と要求する栄養源は生物にとって重要な因子である．したがって，これらによって生物は大きく分類される．生物のエネルギー獲得様式には，光化学反応系で電子供与体を酸化しエネルギーを獲得するものと，化学的暗反応で電子供与体を酸化しエネルギーを獲得するものの2つがある．また増殖する際に，炭素源として，糖，脂肪酸，アミノ酸などの有機化合物を必要とする場合を従属栄養といい，増殖に有機化合物を必要とせず，CO_2，H_2O，無機塩類などから有機物を合成（炭酸同化）できるものを独立栄養という．したがって，①光合成独立栄養生物，②化学合成独立栄養生物，③光合成従属栄養生物，④化学合成従属栄養生物の4つに大別できる．

光合成独立栄養菌には，クロレラ（*Chlorella*）など大部分の藻類，紅色イオウ細菌，緑色イオウ細菌などが含まれ，化学合成独立栄養菌には，アンモニア酸化細菌，亜硝酸酸化細菌，イオウ酸化細菌，鉄酸化細菌，水素細菌などが含まれる．光合成従属栄養菌には，紅色非イオウ細菌，緑色非イオウ細菌および一部の藻類などがある．大部分の細菌類と，真菌類や原生動物など真核微生物のほとんどは化学合成従属栄養である．

以上のように微生物は分類・同定されるが，分類や同定は極めて地味な学問領域である．しかし，生物界の理解を深めることや，特許などにも関係するので，とてもだいじな学問であることを認識すべきである．次に，微生物の現在の分類群とそこに含まれる微生物を紹介する．

2-1-5　微生物各論

（1）ウイルス（virus）

ウイルスは，DNAまたはRNAゲノムとタンパク質の殻で構成され，一部のウイルスはエンベロープ（envelope）と呼ばれる膜構造を持つものもあるが，細胞の基本構造を持たない．他の細胞性生物に寄生（感染）して増殖する．感染する細胞（生物）を宿主と呼び，マイコプラズマや細菌から高等動植物まで，広範囲の生物からウイルスが発見されている．ウイルスの分類は，動物ウイルス，植物ウイルスというようにまず宿主の違いで行われる．細菌に感染するウイルスは，バクテリオファージ（bacteriophage）と呼ばれる．さらにウイルスは，形態，ゲノム構造，感染機構などの違いによっても分類される．

細胞性生物が自己複製して増殖するのに対し，ウイルスの増殖は宿主細胞に依存している．それは，ウイルスが，自身の遺伝情報をタンパク質に翻訳する機構を持たないからである．ウイルスを生物とみなすかどうかは意見の分かれるところだが，宿主に依存するが自身の複製を行うことから，おおむね生物の1つであると考えられている．ウイルスは，生物の個体数調整や進化に寄与していると考える説もある．また，ウイルスの特性を利用して，遺伝子操作で外来遺伝子を細胞内に持ち込む道具（ベクターという）として用いられる．遺伝子治療を行うときにも，ウイルスベクターが使用されることがある．

バクテリオファージの生活環の例を図2-6に示す．ファージが宿主細胞に吸着すると，自身のゲノムを細胞内に注入し，宿主細胞の装置を借りて自身のゲノムや殻を作るタンパク質を増やす．次に，別々に作られたパーツが会合してファージ粒子が組み立てられる．最後に，溶菌酵素で宿主細菌を溶菌してファージ粒子が放出される．大腸菌を宿主とするラムダファージ（λphage）のように，ファージゲノムを宿主ゲノムに組み込み，溶菌条件になるまで潜伏するファージもある．これを溶原化（lysogenization）といい，ファージの潜んでいる菌を溶原菌という．ファージが増殖しているところは宿主の

A

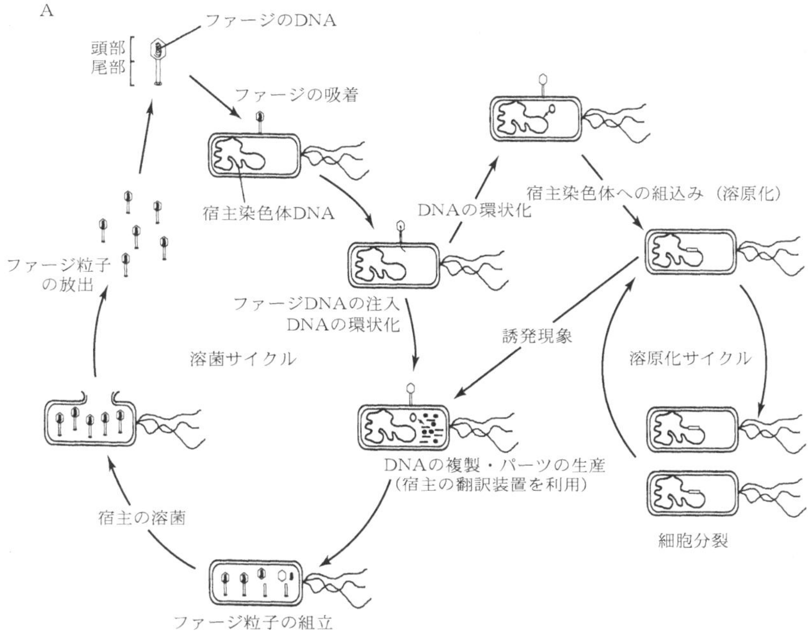

B

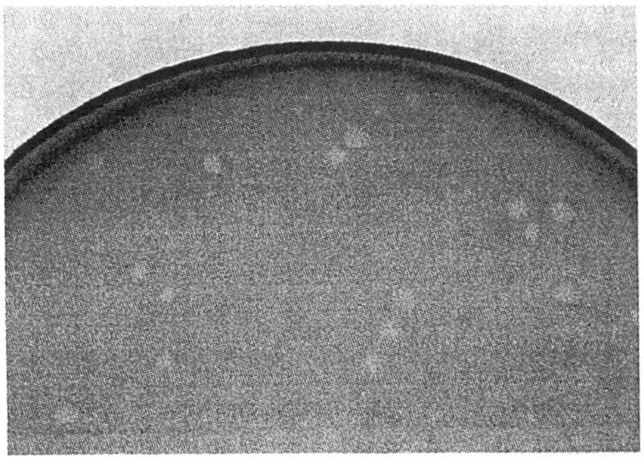

図2-6　バクテリアファージの生活環（life cycle）と溶菌斑（plaque）

A：例として，大腸菌を宿主とするラムダ（λ）ファージの生活環を示した．このファージは，宿主染色体に入り込み溶原化する．入り込んだファージをプロファージ（prophage），そのような宿主を溶原菌（lysogen）という．宿主DNAが損傷を受けると，プロファージが誘発されて溶菌サイクルに入る．ごく稀に，溶原化サイクルでファージDNAが欠落することもある．このようなファージを溶原性ファージ（lysogenic phage，temperate phage）という．これに対して，溶菌サイクルのみの生活環を持つ溶菌ファージ（lytic phage，virulent phage）もある．

B：写真は大腸菌ファージM13の溶菌斑．シャーレ全面に大腸菌が増殖しているが，ファージに感染した大腸菌の周りだけ半透明になっている．

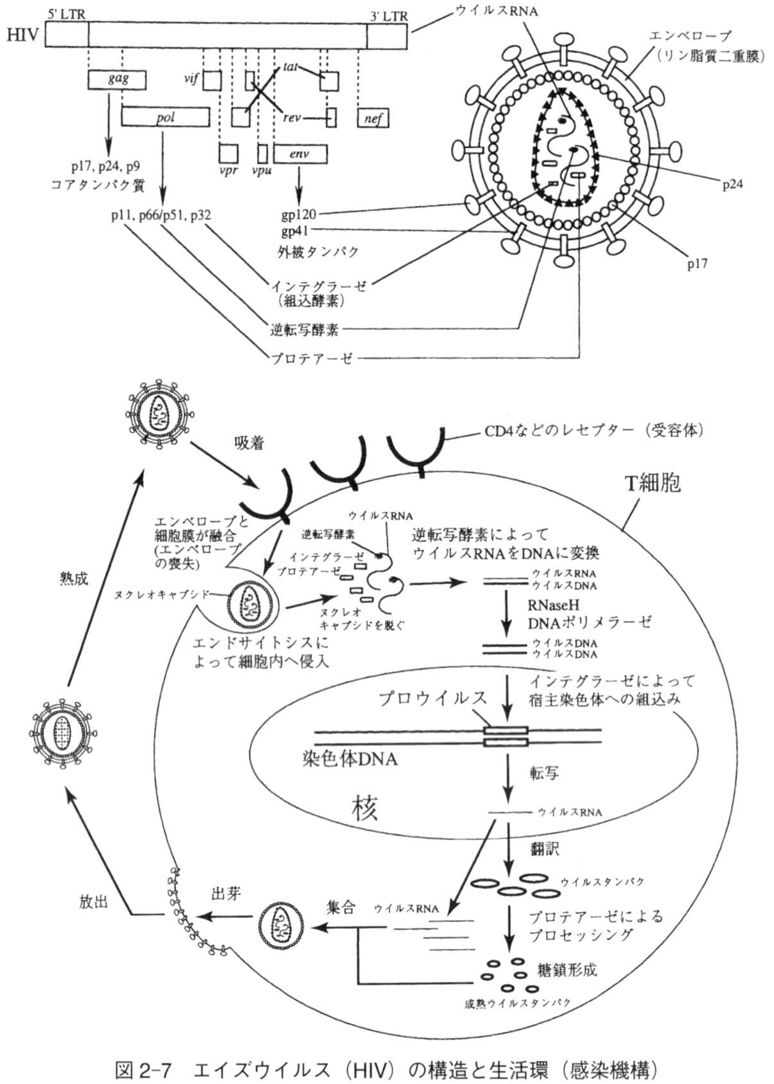

図 2-7　エイズウイルス（HIV）の構造と生活環（感染機構）

溶菌が起こるので，透明もしくは半透明の溶菌斑（プラーク，plaque）が生じる．

レトロウイルスのようなRNAゲノムを持つウイルスには，ウイルスゲノムを宿主染色体に組み入れるため，RNAをDNAに変換する逆転写酵素（reverse transcriptase）を持つものがある．エイズの原因ウイルスHIV（Human Immunodeficiency Virus）もその1つである（図 2-7）．

(2) マイコプラズマ（mycoplasmas）

マイコプラズマは原核細胞であるが，細胞壁を持たないため，通常の細菌類と区別される．*Mycoplasma*属，*Ureaplasma*属，*Acholeplasma*属，*Spiroplasma*属があり，人工培地で培養できるものと培養できないものがある．マイコプラズマは動物に寄生し，肺炎や尿道炎の原因となるものがある（マイコプラズマ症）．また，組織培養している動物細胞が，マイコプラズマの汚染によって問題となることもある．植物に感染するマイコプラズマ様微生物も発見されている．*M. genitalium*と*M. pneumoniae*

の全ゲノム配列が決定されている．

（3）細菌類（bacteria, *sing*,：-rium）

マイコプラズマ以外の原核生物を細菌類と呼ぶ．エネルギー獲得様式と要求する栄養源による分類，分子状酸素に対する挙動による分類（好気性，通性嫌気性，偏性嫌気性など）以外に，グラム染色（Gram stain）も細菌類を分類するのに用いられる．

グラム染色は，1880年にオランダのグラム（Hans Christian Joachim Gram, 1853-1938）によって開発された細菌鑑別法で，紫色に染色されるグラム陽性細菌と，赤色に染色されるグラム陰性細菌に分けられる．これは，細胞表層の構造的違いに起因すると考えられる．細菌の細腕は，ムコ多糖をオリゴペプチドが架橋したペプチドグリカンと呼ばれる網状の袋，すなわち細胞壁に包まれている．グラム陽性細菌のペプチドグリカン層は厚く，グラム陰性細菌のそれは薄い．さらに，グラム陰性細菌の細胞壁の外側には，タンパク質，リン脂質，リポ多糖からなる外膜が存在する（図2-8）．細菌によって細胞壁

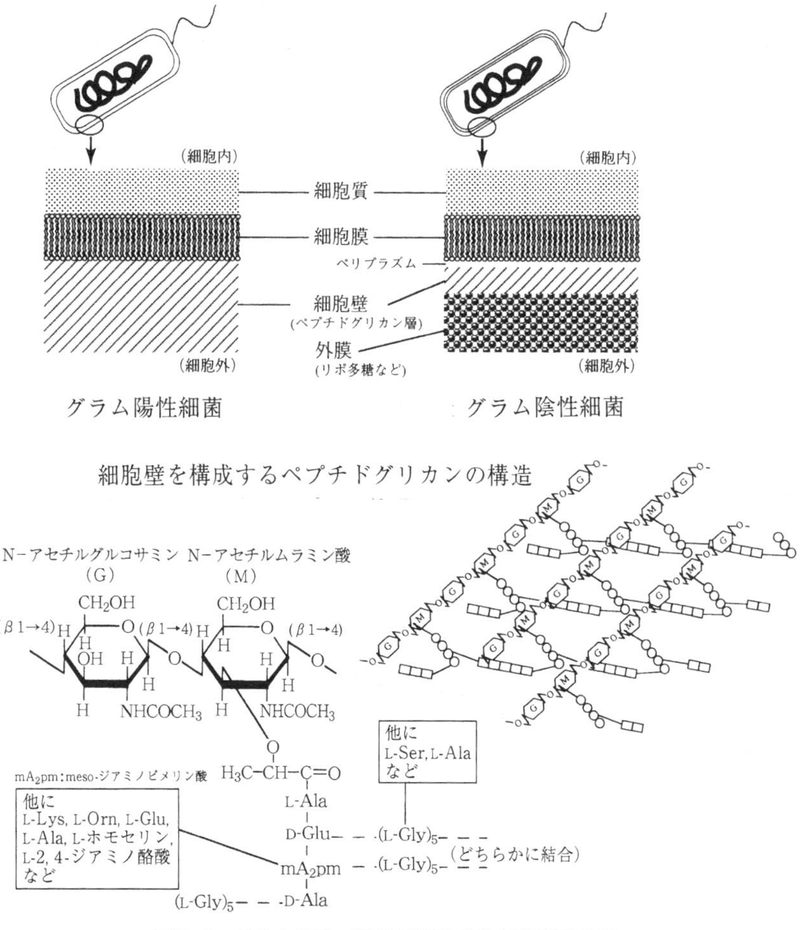

図2-8　グラム陽性・陰性細菌の細胞外部構造の違い
細胞壁を構成するのは，両者ともペプチドグリカンという糖鎖をペプチドが架橋した袋状の物質．グラム陽性細菌では，厚いペプチドグリカン層を形成しているが，グラム陰性細菌では，ペプチドグリカン層は薄く，その外部にリポ多糖やタンパク質からなる外膜が存在する．

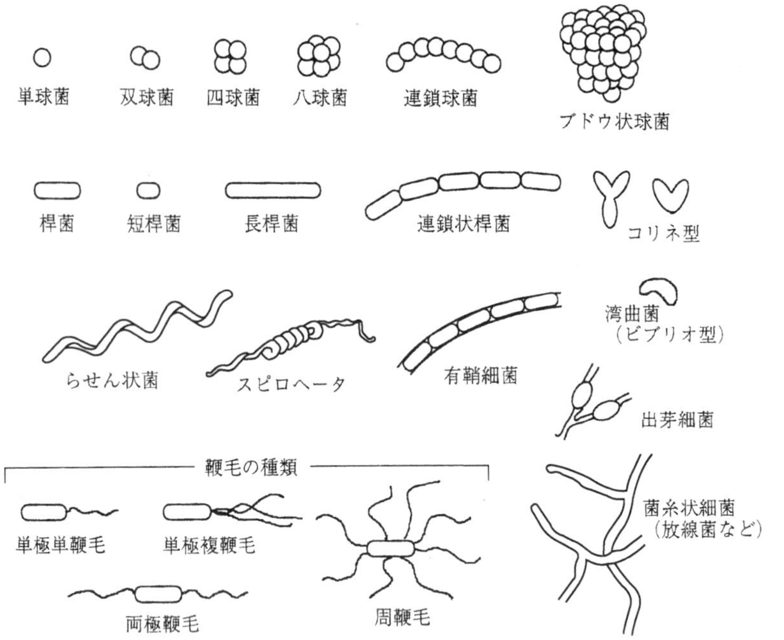

図 2-9　細菌の形態

細菌の形態は，球状，こん棒状，らせん状，菌糸状など様々である．また鞭毛を持つ細菌では，鞭毛の数や着生部位にも違いがある．その他，胞子形成の有無などの違いがある．

の組成や構造は異なり，多糖類からなる夾膜があるものもあって，グラム染色で鑑別が困難なものもある．細胞壁の化学組成を，細胞の分類指標にすることもある．

細胞の形態，鞭毛の有無（運動性の有無）も細菌の分類指標とされる．細菌の形態としては，球状の球菌，細長い形をした桿(かん)菌，らせん状菌，桿菌が湾曲したような湾曲菌，有鞘細菌や糸状性に生育するものなどである．また，細胞分裂後も幾つかの細胞がくっついている連鎖球菌，ブドウ状球菌，連鎖状桿菌，Y字型やV字型になるコリネ型細菌，分裂ではなく出芽によって増殖する出芽菌などが知られている．鞭毛（flagellum, *pl*:–lla）には，極鞭毛，周鞭毛，単鞭毛，複鞭毛などの違いがある（図 2–9）．最終的に新種・新属を提唱するには，16S rRNA遺伝子のDNA塩基配列による系統分類学的データが必要である．以下に代表的な細菌を紹介する．

a）グラム陽性細菌（Gram–positive bacteria）

グラム陽性細菌は，現在ゲノムのG + C含量によって，高G + C含量（55%を越えるもの）と低G + C含量（50%未満）のグループに分けられている（図 2–11 参照）．グラム陽性細菌には，胞子（spore, 分生子）を形成するものがある．

［*Bacillus*属］

*Bacillus*属は低G + C含量の好気性桿菌（bacillusは桿菌を意味する）で，通常は分裂で増殖するが，栄養飢餓など生育環境が劣化すると，細胞内に 1 個の内生胞子を形成する（図 2–10）．この胞子は，栄養細胞と比較して，熱や紫外線，リゾチーム（細胞壁消化酵素の 1 種）などに耐性である．この胞子は

芽胞ともいう．

この属を代表する*B. subtilis*は枯草菌とも呼ばれ，広く自然界に分布しており，腐敗菌として物質循環に寄与している．*B. subtilis*の研究は，胞子形成を中心に進められ，最近全ゲノム配列も決定された．枯草菌の胞子形成（sporulation）は，RNAポリメラーゼシグマ因子のシグマカスケードと呼ばれる遺伝子発現制御機構で調節されている（図2-10）．納豆菌*B. natto*は正式な学名ではなく，分類学的には*B. subtilis*で，ビオチン要求性など若干の違いがある株である．*B. brevis*は，環状ペプチド抗生物質グラミシジンSの生産菌として，*B. amyloliquefaciens*は，制限酵素*Bam*HIの生産菌として知られている．この属に含まれる菌は，菌体外に有用酵素を分泌するものが多く，アミラーゼやプロテアーゼは工業的に利用されている．その他，好熱性の*B. stearothermophilus*や，炭疽病の原因菌である*B. anthracis*な

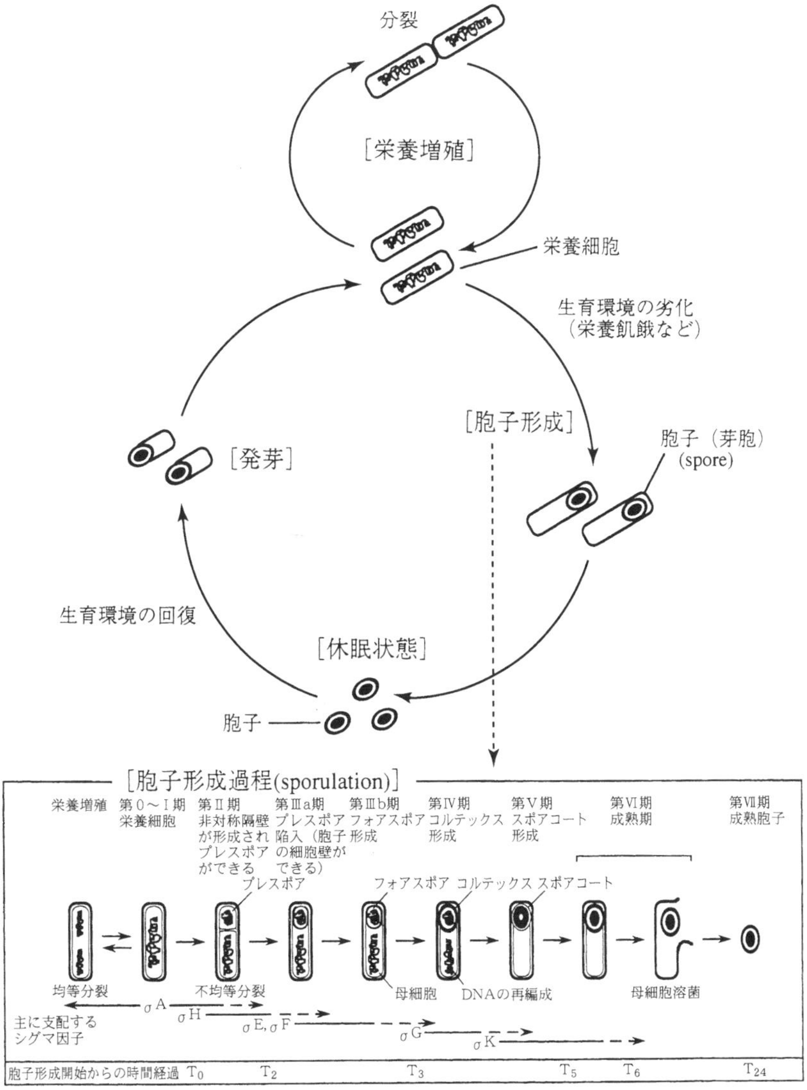

図2-10　枯草菌 *Bacillus subtilis* の生活環と胞子形成過程

枯草菌の胞子形成過程は，RNAポリメラーゼのシグマ因子の置換によって遺伝子発現が制御されている．胞子形成が開始して（T_0），遊離の胞子が形成されるまでに約24時間かかる（T_{24}）．

どが含まれる．また，昆虫に対するタンパク質毒素を生産する*B. thuringiensis*は，微生物農薬として利用されている．

［*Chlostridium*属］

*Chlostridium*属は低G + C含量で嫌気性の内生胞子形成桿菌である．酪酸発酵菌の*C. butylicum*はこの属の基準種．*C. acetobutylicum*はアセトン・ブタノール発酵菌として有名である．食中毒菌であるボツリヌス菌（*C. botulium*）やウェルシュ菌（*C. perfringens*），破傷風菌（*C. tetani*）やガス壊疸菌（*C. perfringens*はじめ数種）もこの属に含まれる．*Chlostridium*属は嫌気性であるから，真空パックの食品などに繁殖して食中毒を起こすことがあるので，十分な注意が必要である．

［乳酸菌（lactic acid bacteria)］

糖を強力に乳酸発酵するグラム陽性細菌を乳酸菌という．乳酸菌の定義として，グラム陽性の桿菌または球菌で，カタラーゼ陰性，内生胞子を形成せず，運動性（鞭毛）がなく，消費したグルコースの50％以上を乳酸に変換する細菌とされている．乳酸菌は低G+C含量で，通性あるいは偏性嫌気性である．これまで，乳酸菌として桿菌1属，球菌3属が知られていたが，近年の16S rRNA遺伝子に基づく系統解析から分類体系が見直された．

現在では，桿菌として*Lactobacillus*属，*Weissella*属，*Carnobacterium*属など12属，球菌として*Streptococcus*属（連鎖球菌），*Pediococcus*属，*Leuconostoc*属，*Enterococcus*属，*Lactococcus*属など14属の26属380種以上が含まれている．古くからチーズやヨーグルトの生産に用いられている桿菌の*Lac. acidophilus, Lac. bulgaricus, Lac. casei*および，球菌の*S. thermophilus, Lactococcus lactis*（旧*S. lactis*）が有名である．乳酸菌は，漬け物や味噌・醤油の醸造（*Leu. mesenteroides, Lac. plantarum, P. halophilus*など）および，清酒の醸造（*Leu. mesenteroides, Lac. sake*）にも重要な働きをする．*E. faecalis*（旧*S. faecalis*）は腸管由来の乳酸菌で，生菌整腸剤として利用される．ビフィズス菌*Bifidobacterium bifidum*は腸内常在菌の一つで，有害な腸内細菌の増殖を抑制し整腸作用があるので，生菌整腸剤として利用されるが，ビフィズス菌は高G+C含量のアクチノバクテリアに属し，乳酸菌ではない．

人間の免疫力増進やアレルギー症状の改善，ピロリ菌（*Helicobactor pylori*）の殺菌作用などの機能を持つ乳酸菌が分かってきた．また，漬け物など植物原料の発酵食品から分離された乳酸菌を植物性乳酸菌と呼び，日本人の腸内環境改善に効果があると言われている．人などに保健効果を示す生きた微生物およびそれを含む食品をプロバイオティクスと呼び，乳酸菌の機能研究が進められている．生分解性樹脂の一つであるポリ乳酸の原料生産においても乳酸菌は重要である．ところが，乳酸菌は食品の酸敗や清酒の火落（酸敗，白濁，異臭発生により飲用に耐えなくなること）の原因となる場合がある．

［放線菌（actinomycetes)］

高G + C含量のグラム陽性細菌をアクチノバクテリアと総称し，その中で糸状性の生育をするものを放線菌と呼ぶ．放線菌のG + C含量は70％前後である．大部分の放線菌は好気性で，広く自然界に分布している．かびに似た形態をしていることから，古くはかびに分類されたこともあったが，菌糸幅は1μm前後であり原核細胞の特徴を示すことから，現在では細菌類として分類される．菌糸が断裂して増殖するものから，菌糸形を保ちながら増殖し（基底菌糸），そこから気中に伸長する気中菌糸を形成してその先端に連鎖状の分生子（外生の分節胞子）を着生するもの，さらに胞子嚢（sporangium）や菌束糸（synnema）など特殊な構造物を形成するもの，運動性を有する鞭毛胞子を形成するものなどがあり，最も高度に分化する菌群である（図2-11）．

放線菌の特筆すべき点は，形態的特徴のみならず，その代謝産物の豊富さである．1944年にワックスマン（Selman Abraham Waksman, 1888-1973）が，*Streptomyces griseus*から結核に効くストレプトマイシンを発見して以来，多数の放線菌から抗生物質（antibiotics）が発見された．現在知られている抗生物質の約7割は，放線菌由来である．放線菌を代表する*Streptomyces*属は，土壌中に広く分布しており，これまでにカナマイシン生産菌*S. kanamyceticus*テトラサイクリン生産菌*S. rimosus*，クロラ

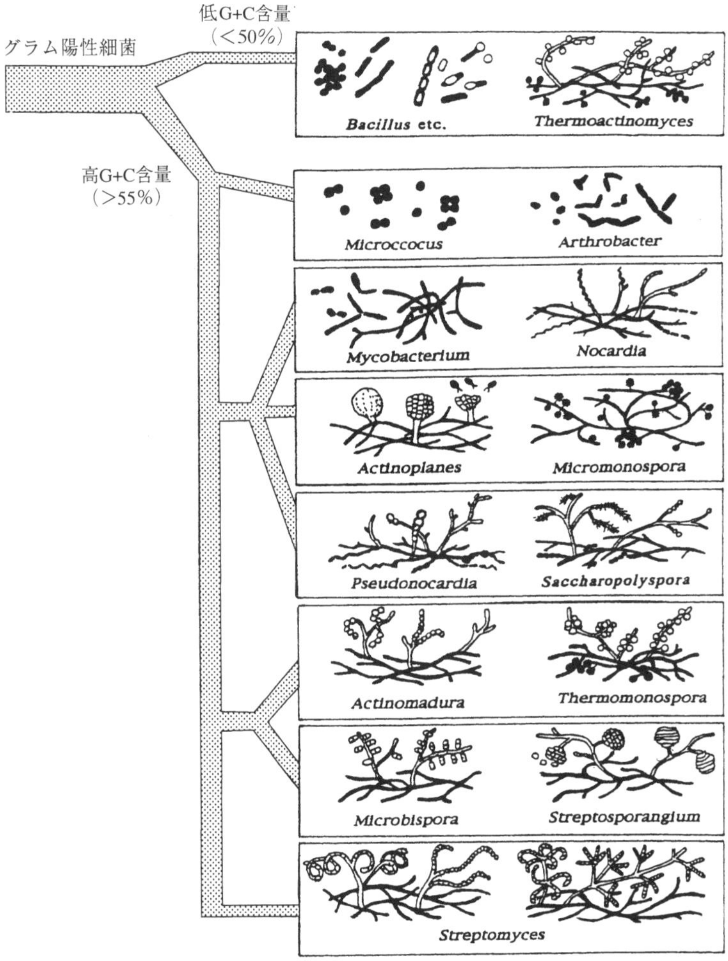

図2-11　グラム陽性細菌の形態と系統樹（phylogenetic tree）
グラム陽性細菌は，ゲノムのG＋C含量によって大きく2つに分類される．高G＋C含量のものをアクチノバクテリア（actinobacterium, *pl*：-ria）と呼ぶ．この系統樹は，16SrDNAの配列に基づいて作製されている．宮道慎二『放線菌図鑑』（1997）より引用，この図で放線菌は，高G＋C含量の下5段と*Nocardia*属であり，様々な形態のものがある．

ムフェニコール生産菌*S. venezuelae*，など感染症治療薬の生産菌が，抗ガン剤のブレオマイシン生産菌*S. verticillus*，免疫抑制剤タクロリムス（FK506）生産菌*S. tsukubaensis*，イネのイモチ病に効くブラスチシジンS（*S. griseochromogenes*）やカスガマイシン（*S. kasugaensis*）の生産菌，除草剤ビアラホスの生産菌*S. hygroscopicus*が知られている．また，*Streptomyces*属の基準種*S. albus*の制限酵素*Sal*Iや*S. griseus*のプロテアーゼのほか，臨床診断薬酵素など，種々の有用酵素の生産菌が数多く分離されている．*S. olivaceus*などは，ビタミンB_{12}の生産菌として知られている．*S. scabies*は，ジャガイモの病原菌である．*Streptomyces*属の代表的な生活環を図2-12に示す．

*Streptomyces*属以外の放線菌は，分離される頻度が極めて低いため稀少放線菌（rare actinomycetes）と呼ばれている．その中で比較的よく分離されるものに*Micromonospora*属があり，ゲンタミシンなどの抗生物質が発見されている．その他の稀少放線菌として，胞子嚢を形成する*Streptosporangium*属や*Actinoplanes*属などが知られている．また，*Actinoplanes*属の胞子は運動性がある．*Streptomyces*属に次いで多くの生理活性物質が，*Actinomadura*属から発見されている．*Actinosynnema*属は菌束糸を形成し，胞子に運動性がある．*Saccharopolyspora erythraea*はマクロライド抗生物質エリスロマイシンの生産菌，*Amycolatopsis mediterranei*は抗結核薬リファマイシンの生産菌である．*Frankia*属は窒素固定能があり，植物と共生する，稀少放線菌は，現在までに40属以上発見されていて，新たな生理活性物質の探索源として期待されている．

*Nocardia*属や*Rhodococcus*属は，しばしば下水や廃水から分離される放線菌である．これらには，菌糸が断裂して増殖するものがあり，種々の化学物質の分解活性が認められている．これらと菌学的に非常に近縁なものに，結核菌（*Mycobacterium tuberculosis*）や癩病菌（*M. leprae*）がある．*Mycobacterium*属は抗酸菌とも呼ばれ，放線菌に含めないことが多い．最近，*M. tuberculosis*の全ゲノム配列が決定された．*Nocardia*属の中には，ノカルジア症という日和見感染の原因菌もある．*Actinomyces*属は，家畜などの病原菌を含む通性嫌気性の放線菌で，直線状菌糸を放射状に形成することから，古くは放射

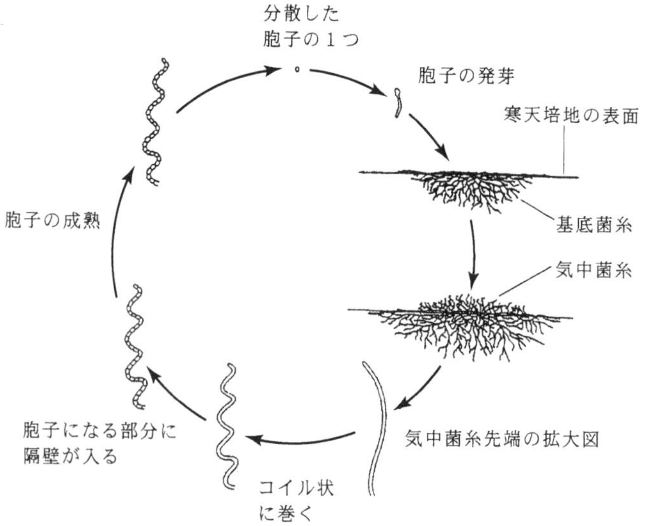

図2-12　放線菌 *Streptomyces* 属の生活環
遺伝生化学的研究が最も進んでいる*Streptomyces coelicolor* A3（2）の生活環を示した．

菌と呼ばれた．放線菌に加えないこともある．*Thermoactinomyces*属は，形態の類似から以前は放線菌とされていたが，G＋C含量があまり高くなく（53～55%），分生子は内生胞子であり系統的には枯草菌の類縁であるので，現在は放線菌に分類しない．

［その他のグラム陽性細菌］

アクチノバクテリアとして*Micrococcus*属，*Arthrobacter*属，*Corynebacterium*属などがある．*Micrococcus*属は好気性の球菌，*Arthrobacter*属は好気性の，*Corynebacterium*属は通性嫌気性の不規則桿菌（コリネ型）で，菌学的には放線菌に近縁であるが胞子は形成しない．*C. glutamicum*はグルタミン酸の発酵生産菌，*C. diphtheriae*はジフテリア症の原因菌である．

低G＋C含量のグループにはブドウ状球菌の*Staphylococcus*属があり，黄色ブドウ球菌*S. aureus*が原因の感染症には，食中毒，傷口の化膿，肺炎，敗血症などがある．調理人の手指などの化膿傷から食品が*S. aureus*に汚染され，食中毒が発生することがある．病院内感染で問題になっているMRSAは，メチシリン耐性となった黄色ブドウ球菌である．乳酸菌でない*Streptococcus*属には*S. pyogenes*など溶血連鎖菌（溶連菌）や，虫歯の原因となる口内細菌の*S. mutans*などが含まれる．また肺炎双球菌*S. pneumoniae*は，形質転換が発見された菌としても有名である．

b）グラム陰性細菌（Gram-negative bacteria）

グラム陰性細菌は，現在プロテオバクテリア（proteobacteria）と総称されている．この菌群は，グラム陽性細菌のようにゲノムのG＋C含量では分けない．好気性・嫌気性，独立栄養か従属栄養，生態および形態的特徴でグループ分けされていた．現在は，rDNA配列の系統でグループ分けされているが，ここでは各細菌の特徴を解説するため，古い分類グループで紹介する．また，独立栄養細菌類は別の項で紹介し，ここではグラム陰性化学合成従属栄養細菌について述べる．

［好気性桿菌（湾曲菌，ビブリオ型なども含む）および球菌類］

このグループに入る細菌の性状は多岐にわたり，種類も多数存在する．ここでは代表的なものを紹介する．

①シュードモナス科（*Pesudomonadaceae*）

この科に属する細菌は10属あるが，代表的なのは*Pseudomonas*属で，広く自然界に分布しており200種以上ある．多くの有機化合物を分解するので，地球上での炭素循環に寄与していると考えられる．*P. aeruginosa*は，1本の極鞭毛で運動性のある偏性好気性の桿菌で，ピオシアニンなど青緑色の色素を生産する．緑膿菌とも呼ばれ，病原性を持つものがある．*P. putida*など，炭化水素や芳香族化合物など難分解性物質をも酸化分解して資化するものがある．ポリ塩化ビフェニール（PCB）などの環境汚染物質分解菌も，この科に属する細菌から発見されている．芳香族化合物トルエンの分解酵素遺伝子群は，TOLプラスミドといわれる染色体外因子上に存在している．

②リゾビウム科（*Rizobiaceae*）

*Rizobium*属は，豆科植物の根粒桿菌である．根毛先端に侵入して根粒を形成し，形を変えてバクテロイドとなる．このバクテロイドは，空気中の窒素を固定して宿主植物に供給する．一種の細胞内共生

である．*Agrobacterium*属は桿菌で，ほとんどの種は植物病原菌である．*A. tumefaciens*は根頭がんしゅ病の，*A. rhizogenes*は毛根病の病原菌で，病原性はそれぞれTi-プラスミドおよびRi-プラスミドに支配されている．これらのプラスミド上のT-DNAが，宿主植物の染色体に組み込まれると発病する．この性質を利用して，植物への遺伝子導入系が作られている．

③アセトバクター科（*Acetobacteraceae*）

酢酸菌と呼ばれる菌群で，エタノールから酢酸を生成する偏性好気性の桿菌．耐酸性，耐アルコール性であり，高濃度の糖にも耐性である．エタノールなどの低級アルコールをよく酸化する*Acetobacter*属と，糖などの高級アルコールをよく酸化する*Gluconobacter*属がある．*Acetobacter*属は食酢の醸造に，*Gluconobacter*属はグルコースからのグルコン酸発酵に使われる．食酢醸造に利用されるのは*A. aceti*，*A. acetosum*などがある．*A. aceti*の近縁種*A. xylinum*の作る繊維質厚膜をナタと呼び，フィリピン名産のナタデココ製造に用いられる．

④ナイゼリア科（*Neisseriaceae*）

*Neisseria*属は，好気性または通性嫌気性の双球菌である．*N. gonorrhoeae*は淋病の病原菌（淋菌）であり，*N. meningitidis*はヒトに髄膜炎を引き起こす病原菌である．

⑤その他

*Alcaligenes*属は，自然界に広く分布している桿菌で，有機物分解能の高いもの，脱窒能のある種，水素を酸化するものなどが知られており，重油分解菌も発見されている．*Thermus*属は，温泉に分布する80℃以上で生育する高度好熱菌で，*T. aquaticus*, *T. thermophilus*の耐熱性DNAポリメラーゼは，遺伝子工学技術の1つであるPCR（Polymerase Chain Reaction）などに利用されている．*Campylobacter fetus*はらせん状菌で，人や動物に病原性を持つ．面白い細菌として走磁性細菌がある．*Magnetospirillum magnetotacticum*は，マグネタイトと呼ばれる磁性微粒子タンパクを産生し走磁性を示す．この磁性微粒子は医療分野など様々な利用法が期待されている．

［通性嫌気性桿菌類］

このグループには，病原菌が多い．

①腸内細菌科（*Enterobacteriaceae*）

大腸菌属（*Escherichia*）をはじめ，赤痢菌属（*Shigella*）やサルモネラ属（*Salmonella*）などのほか26属がある．ヒトや動物の腸内や，広く自然界にも分布している．分類学上の名前で腸内細菌科と呼ぶが，腸内には乳酸菌なども生息するので腸内細菌すべてを示すのではない．

大腸菌*Escherichia coli*は，遺伝研究の発展に大きく貢献し，組換えDNAの宿主として分子生物学の発展にも貢献している．最近その全ゲノム配列も決定された．*E. coli* RY 13株は制限酵素*Eco*R1の生産菌．赤痢菌の学名は*Shigella*といい，日本人細菌学者，志賀潔（1870-1957）によって発見されたことがこの名前の由来である．

細菌性赤痢は，赤痢菌毒素（*Shigella* toxin）と呼ばれるタンパク質毒素が原因といわれている（毒素産生菌として*S. dysenteriae* 1株など）．近年，この赤痢菌毒素に類似したベロ毒素（Vero toxin，培養細胞のVero細胞に致死活性があることから名付けられた）を産生する病原性大腸菌*E. coli* O-157：H7026株が問題になっている．この様な毒素は，バクテリオファージの媒介により伝搬したと推定されている．サルモネラ属には，チフス（*Salmonella typhi*）やパラチフス（*S. paratyphia* A他）の病原菌がある．それ以外に，腸炎菌*S. enteritidis*などによる急性胃腸炎（食中毒）の原因菌などもある．これらは鶏卵の殻に付着しているので，卵を生食するときは注意が必要である．ネズミチフス菌*S. typhimurium*は，鞭毛形成機構を中心によく研究されている（図2-13）．

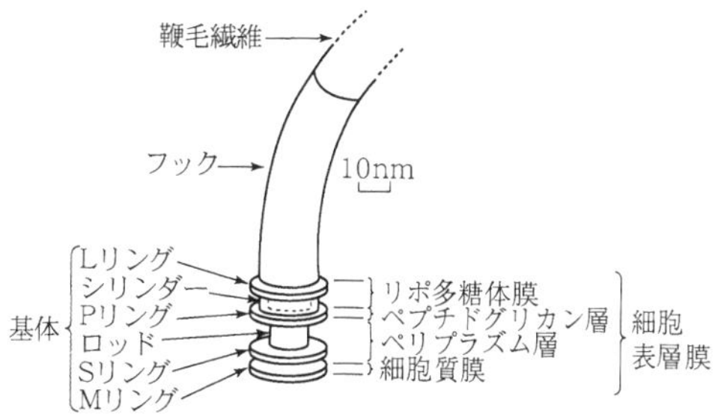

図2-13　サルモネラの鞭毛基部構造
細菌は，鞭毛を回転させることにより推進力を得る．細胞表層内にある基体は回転モーター，フックは柔軟性のあるジョイント，らせん状の鞭毛繊維はスクリューの役割をする．図は『生化学辞典』より（飯野徹雄　原図）引用した．細菌の鞭毛はフラジェリンと（flagellin）いうタンパク質の集合体で，チューブリン（tubulin）というタンパク質が集合して形成される真核生物の鞭毛とは異なるものである．

その他，*Klebsiella pneumoniae*は，肺炎などを引き起こすことがあり，肺炎桿菌とも呼ばれる．*Yersinia pestis*はペスト菌，*Erwinia*属には植物病原菌が多い．

②ビブリオ科（*Vibrionaceae*）

*Vibrio, Aeromonas, Plesiomonas, Photobacterium, Lucibacterium*の5属が含まれる．形態は湾曲していることが多く，淡水や海水中に生息する．ヒトや魚に病原性を示すものがある．コレラ菌は*V. cholerae*，食中毒を起こす腸炎ビブリオ菌は*V. parahaemolyticus*である．魚を生で食するときは，魚の鮮度などに注意が必要である．*Photobacterium*属などは，ルシフェラーゼを持ち発光性を示す．

③その他

*Haemophilus*属は好血菌と呼ばれ，生育に血液凝固因子である第X因子や第V因子を要求する．*H. influenzae*は，インフルエンザの病原菌と間違われて，このような不名誉な名前を付けられた．もちろんインフルエンザはウイルスの感染症である．*H. influenzae* Rd株は，制限酵素の*Hin*dIIIの生産菌としても有名であり，全ゲノム配列も決定された．

*Zymomonas mobilis*は，アルコール発酵を行う細菌である．また，*Helicobacter pylori*（らせん状菌）は胃潰瘍の原因となる．本菌の全ゲノム配列は既に決定されている．ピロリという名前は，本菌が胃の幽門部（*pylorus*）から分離されたことに由来する．

［嫌気性桿菌および球菌類］

人や動物の口腔内や腸管内の常在菌として，多種類のグラム陰性嫌気性細菌が分離されている．大部分は病原性がない．*Bacteroides*属は，非運動性の桿菌で多形性を示すこともある．一部の菌種で日和見感染や，化膿の原因となるものがある．紡錘菌は，紡錘状ないしは線状の*Fusobacterium*属の古い名称である．*Veillonella*属は，双球菌様，ブドウ状または短鎖状の球菌である．

*Azotobacter*属の形態は，卵型から球状の多形態性を示す．胞子とは異なる厚膜のシスト（cyst）を形成する．嫌気性だが低濃度の酸素存在下でも生育できる．非共生的に窒素固定を行うので，微生物肥料として利用する試みがなされている．

［滑走細菌類（gliding bacteria）］

固体表面を滑走（滑走運動）する菌群のことで，鞭毛運動とは異なる運動だが，運動器官・運動機構はよく分かっていない．光合成細菌にも滑走運動を行うものがあるが，このグループに入れない．非光合成の滑走細菌はすべてグラム陰性菌で，サイトファーガ群（魚類の病原菌を含む）や粘液細菌（myxobacteria）がある．*Cytophaga psychrophila*はマス科の冷水病の病原菌．図 2-14 に示すように粘液細菌は分裂で増殖する桿菌だが，条件が整うと細胞が凝集して子実体（fruiting body）を形成し（例外もある），さらにそれが粘液胞子と呼ばれる休眠細胞へと分化する．この粘液胞子は枯草菌などの胞子（芽胞）とは異なる性質のものである．よく研究されているのは，*Myxococcus xanthus*である．

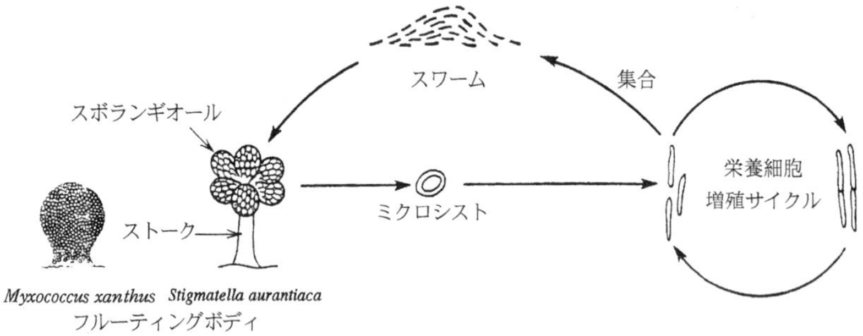

図 2-14　粘液細菌の生活環
例として*Stigmatella*属の生活環を示す．*Myxococcus*属もほぼ同様の生活環を示す．比較のため*Myxococcus xanthus*の子実体（フルーティングボディ）も示した．山中　茂『化学と生物』（1989）およびM. Dworkin，Handbook of Microbiology（1974）より改変．

［硫酸還元細菌類（sulfur-reducing bacteria）］

硫酸還元細菌は，硫酸あるいは硫酸塩を最終電子受容体に利用する，偏性嫌気性の細菌群である．胞子を形成する*Desulfotomaculum*属と，胞子を形成しない*Desulfovibrio*属（ビブリオ型）や*Desulfomonas*（桿菌）などがある．

［リケッチア，クラミジア類（rickettsias, chlamidias）］

リケッチア（*Rickettsia*属）は，ヒトに各種リケッチア症を引き起こす短桿菌．脊椎動物を宿主としその細胞質内で増殖するので，人工培地では培養できない．*Rickettsia prowazekii*は発疹チフス，*R. typhi*は発疹熱の原因菌である．

クラミジア（*Chlamydia*属）は偏性細胞寄生性の短桿菌（楕円形）で，培養には発育鶏卵や，脊椎動物組織が用いられる．*C. trachnomatis*は，トラコーマや鼠径リンパ肉芽腫の病原菌である．

c）独立栄養細菌

独立栄養とは，無機化合物から炭酸同化によってエネルギー源を獲得し，アミノ酸など細胞を構成する成分を合成する能力を有することである．糖などの有機物が存在する場合，それらを資化して従属栄養的にも生育できる通性独立栄養と，無機物質のみで有機物を利用できない偏性独立栄養がある．

［グラム陰性化学合成独立栄養細菌類］

化学合成独立栄養細菌の主要なものはグラム陰性菌である.

①硝化細菌（ニトロバクター科，*Nitrobacteraceae*）

アンモニウムイオンを亜硝酸イオンに酸化する亜硝酸菌と，亜硝酸イオンを硝酸イオンに酸化する硝酸菌がある．アンモニウムイオンや亜硝酸イオンを酸化して得られるエネルギーで炭酸同化を行う．土壌，淡水，海洋に広く分布しており，窒素循環に寄与している．亜硝酸菌の代表には*Nitrosomonas*属が，硝酸菌の代表には*Nitrobacter*属がある．これらは好気性の偏性独立栄養細菌（一部例外株もある）である.

②その他

その他の化学合成独立栄養細菌には，イオウ酸化細菌と水素細菌がある．イオウ酸化細菌は，無機硫黄化合物を好気的に酸化して得られるエネルギーで炭酸同化を行う．代表的なものに，*Thiobacillus*属などがある．大部分は偏性好気性細菌である．光合成細菌にもイオウを利用するもの（紅色または緑色イオウ細菌）があり，これらと区別するため，イオウ酸化細菌を無色イオウ細菌と呼ぶこともある．水素細菌は，好気的に分子状水素（H_2）を酸化してエネルギーを獲得し，炭酸固定を行う．種々の有機物も利用できる通性独立栄養のものが多い．代表属は*Hydrogenobacter*属である．水素細菌の一部には従属栄養細菌と同じ属に帰属するものもあるが，それらはこのグループに含めない.

［光合成細菌類（photosynthetic bacteria）］

光合成細菌とは，1種類の光化学反応系を持ち，水の代わりにイオウ，無機イオウ化合物，水素，有機酸などを電子供与体として利用し，酸素を生成しない細菌型の光合成を行う菌群のことである．光合成色素はバクテリオクロロフィル（*a, b, c, d, e, g*）などやカロテノイドである．光合成細菌には以下の5群がある.

①紅色非イオウ細菌群（ロドスピリルム科，*Rhodospirillaceae*）

*Rhodospirillum*属，*Rhodobacter*属，*Rhodopseudomonas*属などが含まれる.

②紅色イオウ細菌群（クロマティウム科，*Chromatiaceae*）

*Chromatium*属，*Ectothiorhodospira*属，*Thiospirillum*属などが含まれる.

③緑色イオウ細菌群（クロロビウム科，*Chlorobiaceae*）

*Chlorobium*属，*Prosthecochloris*属などが含まれる.

④滑走性糸状緑色イオウ細菌群（クロロフレキサス科，*Chloroflexaceae*）

*Chloroflexus*属，*Chloroherpeton*属，*Heliothrix*属がある.

⑤その他

*Chloronema*属，*Erythrobacter*属，*Heliobacter*属などがある.

［藍藻類（cyanobacteria, blue-green algae）］

藍藻は原核生物であるが，2種の光化学反応系を持ち，水を酸化して酸素を発生する緑色植物型光合成を行う．光合成色素も緑色植物型のクロロフィルa，フィコビリン，カロテノイドである．したがって，藍藻は藻類に分類されることが多い．藍藻類は化石として産出していて，およそ27億年前に地球上に出現した最初の酸素発生生物とされている．また，原始の藍藻類が原始の真核細胞内に共生して，葉緑体（クロロプラスト）になったとの考えもある（図 2–5 参照）．

ここでは，藍藻が原核生物であるので，真核細胞の藻類と区別して紹介しておく．大きな分類体系として以下の 4 つの目がある．

①クロオコッカス目（*Chroococales*）

球形の細胞をした藍藻．*Chroococcus* 属，*Synechococcus* 属，*Synechocystis* 属他 6 属ある．温泉から分離される好温性のものもある（温泉藻）．最近，*Synechocystis* sp. の全ゲノム配列が決定された．

②プレウロカプサ目（*Pleurocapsales*）

Dermocarpa 属や *Stichosiphon* 属は内生胞子を，*Chamaesiphon* 属は外生胞子を形成する．

③スチゴネマ目（*Stigonematales*）

好熱性の温泉藻を多く含む．*Fischerella* 属は窒素固定能がある．

④ネンジュモ目（*Nostocales*）

ネンジュモ科（*Nostocaceae*）の *Nostoc verrucossum* はアシツキ（カモガワノリ）として，*N. commune* はイシクラゲとして，*N. commune* var. *flagelliforme* は髪菜として食用にされる．スイゼンジノリは *Aphanothece sacrum*．ネンジュモやアナベナ（*Anabaena*，図 2–2 参照）は窒素固定能があり，水田の窒素源として重要視されている反面，「水の華」を作って水質を悪化させるものや，*Anabaena flos-aquae* など毒性物質を作るものもある．

その他，原核緑藻の Prochloron 属（クロロフィル a と b を持つ）がある．

d）その他

［スピロヘータ類（spirochaetales）］

特有のらせん構造を持つ細長い形態の細菌をスピロヘータという（図 2–9 参照）．細胞壁（外膜を含む）はグラム陰性菌タイプだが，さらにタンパク質を主成分とするエンベロープに包まれている．運動器官は，軸糸と呼ばれる鞭毛類似体である．*Spirochaeta* 属，*Cristispira* 属，*Treponema* 属，*Borrelia* 属，*Leptospira* 属が知られている．*T. pallidium* は梅毒の，*B. recurrentis* は回帰熱の病原菌である．

［出芽細菌類（budding bacteria）］

出芽細菌類では *Hyphomicrobium* 属がよく研究されている．*Hyphomicrobium* 属は，メタノールなどの C1 化合物を資化するが，糖類やほとんどのアミノ酸は資化しない．出芽で増殖するものは，化学合成細菌や光合成細菌の一部にも存在するが，それらはこのグループへ分類しない．

［有鞘細菌類（sheathed bacteria）］

Sphaerotilus natans は，鞘皮を形成する水生細菌で，環境によっては遊走細胞として鞘から出て極鞭毛を使って泳ぐ．下水など有機物で汚染した流水に見られるミズワタの主要な構成菌である．鞘はタンパク質，多糖，脂質の複合体である．*Leptothrix* 属とともに鉄細菌とも呼ばれる．*Sphaerotilus* は従属栄養だが，*Leptothrix* は通性独立栄養である．他の有鞘細菌に，*Crenothrix* 属，*Haliscomenobacter* 属

がある.

［内生共生菌類（endosymbionts）］

真核細胞のオルガネラであるミトコンドリアは好気性細菌が，また葉緑体は藍藻の一種が，原始の真核細胞内に共生した結果と考える説が現在有力である．ある種の細菌は，宿主細胞中で共生関係（細胞内共生）を作るものがあり興味深い．ヒメゾウリムシの細胞内に共生する*Caedibacter taeniospiralis*が知られている．その他の内生共生菌として知られているものは，*Blattabacterium*属，*Symbiotes*属など数種ある.

（4）アーキア（archaea）

アーキアの染色体は核膜に包まれてなく，細胞内にオルガネラ様の構造物はない．リボソームの大きさも原核型（70S）であることから細菌の仲間として扱われていたが，rRNA遺伝子の塩基配列を比較すると真正細菌や真核生物のどちらともかけ離れていたことから，第三の生物群としてアーキアを扱うこととなった（図2–15）．最初はarchaebacteriaと呼ばれ，この訳語として古細菌と呼ばれていたが，真正細菌と区別するために –bacteriaを取り，archaeaと呼ばれるようになった．本書ではアーキアとしている．アーキアの細胞壁（細胞壁のないものもある）や脂質の組成は真正細菌や真核生物とは違い，化学分類学上の差異がある．複製・転写・翻訳と生物の基幹になる反応を行う装置にもアーキアの特徴が分かってきた．それは，アーキアの翻訳開始は真正細菌に類似しているが70Sリボソームの抗生物

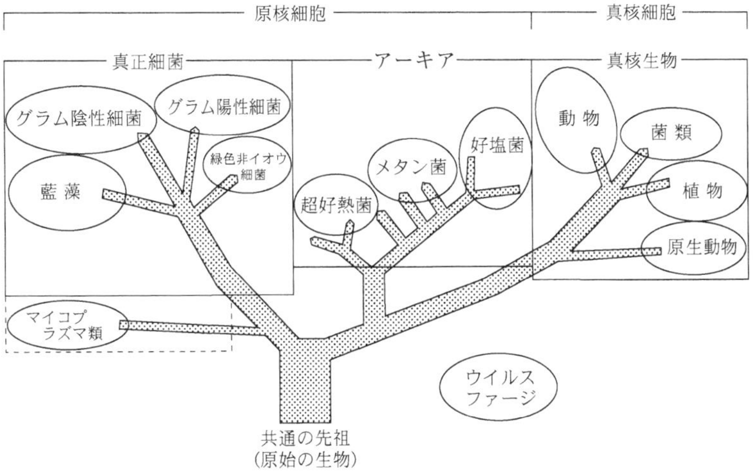

図2-15　生命（生物界）の系統樹

この系統樹は，リボソームの小サブユニットに含まれるrRNA（16Sまたは18S）遺伝子の塩基配列に基づいて，全生物の共通の先祖（progenote）からの進化的距離（変化に要する時間）を推算して作製されている．Woeseら（1990）およびGray（1996）の原図を改変し作図したものである．共通の先祖から伸びる幹が枝分かれして，3本の大きな枝に分かれている．すなわち，生物界が3つのグループに分かれることが示されている．またそれぞれの枝は，さらにいくつかの枝葉に分岐し，それぞれが1つの生物群を形成している．この系統樹には，細胞性の生物のみ加えられているので，ウイルスやファージは含まれていない．なぜなら，ウイルスやファージはリボソームを持たないからである．また，マイコプラズマは真正細菌には含めないが，真正細菌と比較的類似している.

質感受性などは真正細菌と異なること，アーキアのDNAポリメラーゼやRNAポリメラーゼなどに真核生物に類似する構造が発見されたこと，さらにアーキアの遺伝子にイントロンが見つかっていることなどである（表2–3）．また，アーキアにはメタン生成菌や特異な環境で生育するものが多くあり，病原菌が見つかっていないこともアーキアの特徴である．

a）メタン生成菌群

メタン生成菌は，$H_2 + CO_2$，ギ酸，酢酸，メタノール，メチルアミンなどからメタンを生成するが，酢酸，メタノール，メチルアミンなどは一部の菌しか利用できない．ギ酸と酢酸の両方を利用できる菌は発見されていない．また，H_2をエネルギー源，CO_2を炭素源にする独立栄養性を示すものもある．代表的メタン生成菌は*Methanobacterium*属で，廃水処理施設の嫌気消化槽の汚泥に存在している．*M. thermoautotrophicum*の全ゲノム配列が決定されている．*Methanobrevibacter*属は牛の反芻胃（ルーメン）などに生息している．また本菌は，約半数のヒトの大腸にも生息していて，他の腸内細菌が生成するH_2とCO_2からメタンを生成する．*Methanococcus*属はすべて海底から分離されていて，*M. jannaschii*の全ゲノム配列が決定されている．酢酸やメタノールをメタン生成の基質とするものには，*Methanosarcina*属，*Methanothrix*属，*Methanolobus*属，*Methanococcoides*属などがある．メタン生成菌は，廃棄物処理とともに生成メタンをエネルギーに利用する循環型社会構築に貢献している．

b）高度好塩菌群

高濃度の食塩存在下でよく生育する好塩菌の中に，アーキアの*Halobacterium*属，*Halococcus*属，*Natronobacterium*属，*Natronococcus*属などがある．これらは桿菌または球菌であるが，三角形や四角形，五角形の不規則な細胞形態を示す*Haloarcula*属なども発見されている．主に，塩田や塩湖などに分布している．

c）好熱好酸性およびイオウ依存性好熱菌群

この菌群は，炭鉱のくすぶっているぼた山，硫酸酸性の温泉，硫気孔，海底熱水湧気孔など特殊な環境から多く分離されている．pH3以下を好む好熱好酸性菌*Thermoplasma*属（細胞壁なし，生育至適温度59℃），生育至適温度が70℃以上の，*Sufolobus*属，*Acidianus*属，*Desulfurolobus*属などがある．*Thermoplasma*属以外はイオウ依存性である．好酸性でないイオウ依存性好熱菌として，*Thermoproteus*属，*Thermococcus*属，*Desulfurococcus*属，*Pyrodictium*属，*Pyrococcus*属などがある．*Pyrodictium*や*Pyrococcus*の生育至適温度は100℃以上で，*Thermococcus*や*Pyrococcus*のDNAポリメラーゼはPCRなどに利用されている．*Pyrococcus horikoshii*の全ゲノム配列が決定された．ちなみに，*Pyro*–という接頭語は「火」という意味で，いかに高度な好熱菌（超好熱菌）であるかを物語っている．

今後深海探査艇などの開発により，ますます不思議な菌が発見されるであろう．

(5) 真核微生物

カビ・酵母・きのこというのは，分類学的な名前ではない．これらは菌類（fungi）と呼び，変形菌類と真菌類に大別される（門）．一般にかび・酵母・きのこと呼ばれるものは真菌類に含まれる．さらに真菌類は，鞭毛菌類，接合菌類，子嚢菌類，担子菌類，不完全菌類に分類される（亜門）．自然界に分布する菌類は，5,100属，45,000種あるといわれているが，菌類の分類は形態的特徴に頼る傾向が強く，細菌類のような遺伝子による系統分類やDNA全体の相同性などのデータに乏しい．いずれ属や種の統廃合，再帰属がなされる可能性が高い．したがって菌類の紹介は，上記の分類体系上の代表的なものにとどめ，これに真核藻類と原生動物の一部を加えて解説する．ただし，酵母に関しては，発酵工業的重要性から別に項をもうけて解説する．

（5）-1　変形菌類（Myxomycota）

粘菌類（slime mold）ともいう．栄養体は腐生性で，アメーバ状，変形体（plasmodium）あるいは偽変形体（pseudoplasmodium）という体構造を作る．これは，細胞壁のない多核の原形質集団で，アメーバ状の運動をし栄養を摂取する．原生動物に含められたこともあったが，現在では区別されている．変形体からは子実体が形成され，細胞壁のある胞子が作られる．この胞子が発芽すると，細胞壁のない遊走子（単細胞）となり鞭毛運動を行う．この遊走子は1倍体で，2個が接合して2倍体となり再び変形体となる．現在のところ，2綱10目17科に分類されており，図2-16に示す*Physarum*属などが有名である．また，栽培植物に病害をもたらすものもある．

（5）-2　真菌類（Eumycota）

典型的には菌糸状であるが，単細胞のこともある．

a）鞭毛菌類（Mastigomycotina）

生活環の中で鞭毛を持って運動する時代を持つ菌類を鞭毛菌類と呼ぶ．単細胞あるいは菌糸状に生育し，鞭毛のある遊走子を形成する．以前は，接合菌類とともに藻菌類と呼ばれていたが，運動性の有無で分けられた．鞭毛菌類には，ツボカビ綱（Chytridiomycetes；尾型鞭毛を1本持つ），サカゲカビ綱（Hyphochytridiomycetes；羽型鞭毛を1本持つ），卵菌綱（Oomycetes；羽型，尾型それぞれ1本ずつ持つ）の3綱に分類される．腐生性と寄生性があり，寄生性のものは動植物に病害を起こすものがある（*Phytophthorainfestans*など）．鞭毛菌類の例として*Allomyces*属（ツボカビ綱）の生活環を図2-17に示す．

b）接合菌類（Zygomycotina）

菌糸状に生育し，菌糸は基本的に隔壁を欠いて多核である．有性生殖によって接合胞子

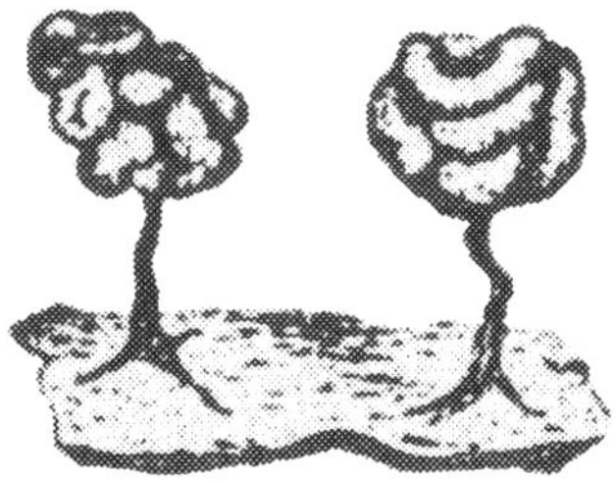

図2-16　変形菌類 *Physarum polycephalum* の子実体
子実体の高さは1.5～2mm程度で，形は変化に富む．『菌類図鑑』より（Macbride原図）

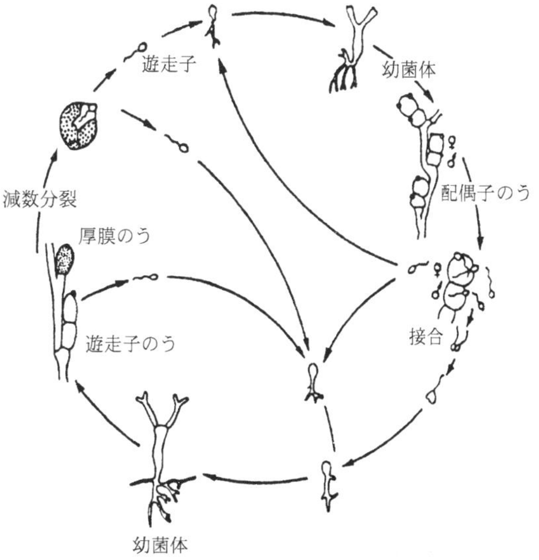

図2-17　鞭毛菌類 *Allomyces arbuscula* の生活環
『菌類図鑑』より（Fincham原図）

(zygospore) を形成する. この接合胞子は運動性を持たないので, 鞭毛菌類と区別される. 現在 2 綱 8 目に分類されているが, 接合菌綱 (Zygomycetes), ケカビ目 (Mucorales), ケカビ科 (Mucoraceae) の*Mucor*属 (ケカビ) や*Rhizopus*属 (クモノスカビ) に代表される. その生活環を図 2-18 と図 2-19 に示す. *Mucor*属と*Rhizopus*属は, 仮根の有無で見分けられる. また, *Mucor*属や*Rhizopus*属は澱粉糖化力に優れ, アルコール発酵能もあることから, アミロ菌として利用されている. *Mucor rouxii* や*Rhizopus delemar, Rhizopus javanicus*は, 古くから中国や東南アジアでの酒醸造に用いられてきた. *Mucor pusillus*は, チーズ製造に使われる酵素レンネットを生産する.

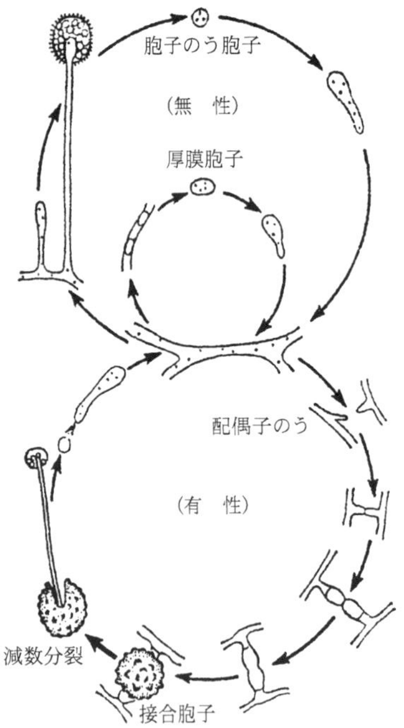

図 2-18　ケカビ *Mucor* 属の生活環
『微生物の分類と同定』より (Burnett 原図)

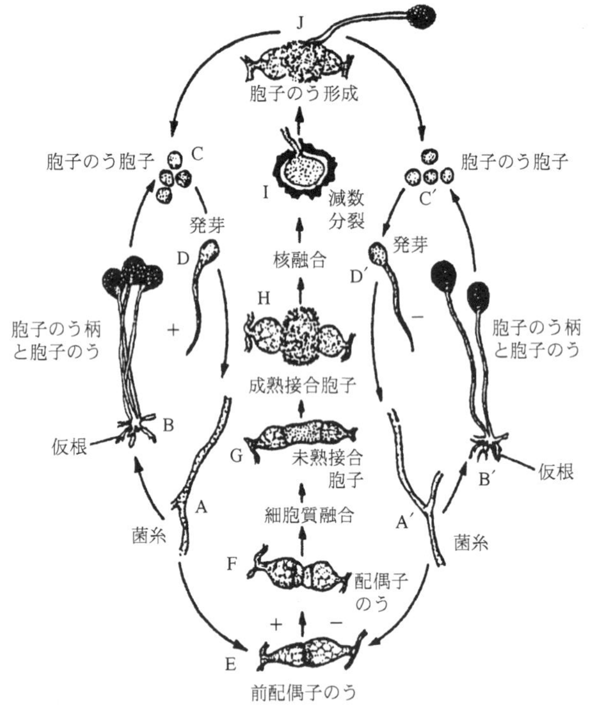

図 2-19　クモノスカビ *Rhizopus stolonifer* の生活環
『菌類図鑑』より (Alexopoulos 原図)

c) 子嚢菌類 (Ascomycotina)

有性生殖器官として子嚢 (ascus) と呼ばれる袋状の構造物を形成して, その中に子嚢胞子 (ascopore) を持つ菌類を子嚢菌類と呼び, 2,700 属以上含む高等菌類の主要な菌群である. 子嚢菌類に含まれる酵母類は単細胞あるいは偽菌糸であるが, それ以外はよく発達した隔壁を持つ菌糸体である. 無性生殖を行う不完全世代 (無性世代, teleomorph) と有性生殖を行う完全世代 (有性世代, anamorph) とが区別でき, 複雑な生活環を有するものが多い. 中には不完全世代のないものや, 子嚢果と呼ばれる構造物 (子実体) を形成するものもある. 子嚢菌類は, 子嚢や子嚢果の形態・性状により次の 6 群に大別されるが, この分類には異論も出ている.

[半子嚢菌類 (Hemiascomycetes)]

子嚢果を形成しない. 大部分の酵母はここに属する.

［不整子嚢菌類（Plectomycetes）］

子嚢果として開口していない閉子嚢殻を形成し，その中に子嚢胞子が散在している．子嚢は早失性子嚢である．応用微生物として有名な *Aspergillus* 属や *Penicillium* 属などの不完全菌類の完全世代が確認されたものはこのグループに入れられるが，依然として旧名も使われていることが多い．1つの生物に2つの学名が与えられている奇妙な事態を起こしている．このような同物異名をシノニム（synonym）という．*Emericella nidulans* の生活環を代表例として図2–20に示すが，この菌の不完全世代は *Aspergillus nidulans* と呼ばれる．また，図2–21に示す *Talaromyces* の不完全世代は *Penicillium* である．台湾の紅酒醸造に用いられるベニコウジカビ（*Monascus anka, M. purpureus, M. barkeri* など）はこのグループに属し，紅色の色素モナスコルビンを生産する．

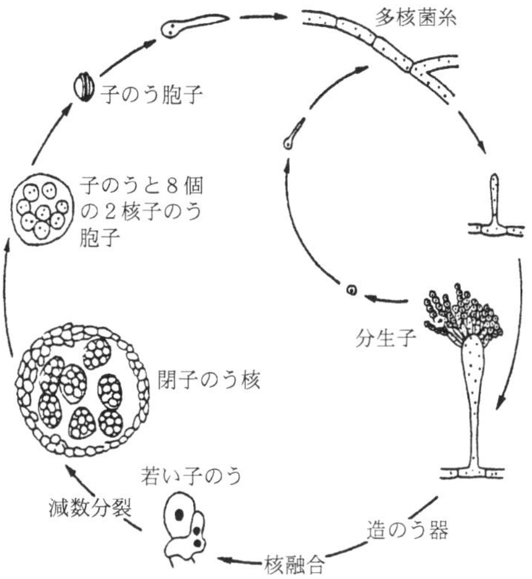

図2–20　不整子嚢菌類 *Emericella nidulans* の生活環
本菌の不完全世代名は *Aspergillus nidulans* である．『菌類図鑑』より（Fincham原図）

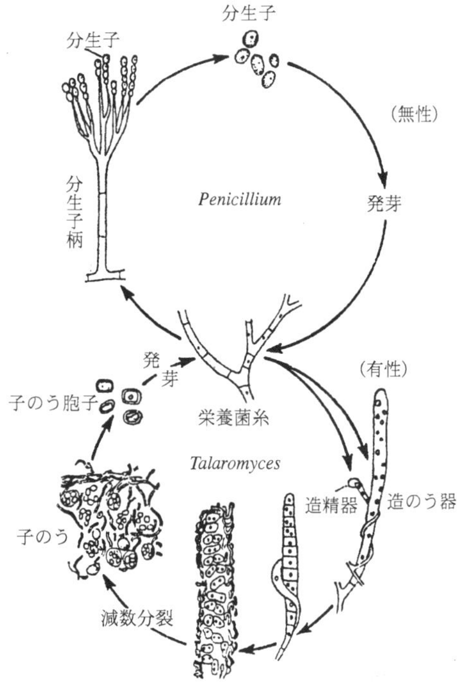

図2–21　不整子嚢菌類 *Talaromyces* 属の生活環
本菌の不完全世代名は *Penicillium* である．『微生物の分類と同定』より（Alexopoulos原図）

［核菌類（Pyrenomycetes）］

子嚢果として上部の開口した子嚢殻を形成し，その基底部に層状あるいは房状の子嚢を作るのが特徴である．遺伝生化学の初期に材料とされ，よく研究されたアカパンカビ（*Neurospora* 属）の生活環を図2–22に示す．*N. carassa* は子嚢中に直列に並んだ8個の子嚢胞子を形成し，上部4つと下部4つはヘテロタリックである．これを1つ1つ解析することができ，現在でも酵母の遺伝学で用いられる四分子解析（tetrad analysis）の元祖である．

バッカク菌 *Claviceps purpurea* は，麦などに寄生して菌糸の固まりである麦角を作る．この麦角には毒性のあるアルカロイドが含まれるため，しばしば麦角中毒を起こす．麦角菌の仲間には昆虫に寄生する *Cordyceps sinensis* があり，冬虫夏草として有名である．

［盤菌類（Discomycetes）］

子嚢果として腕状もしくは円盤状の子嚢盤を形成する．基本的に生活環は不整子嚢菌類や核菌類と同じである．食用とされるアミガサタケ *Morchella esculenta* はこのグループに属する．

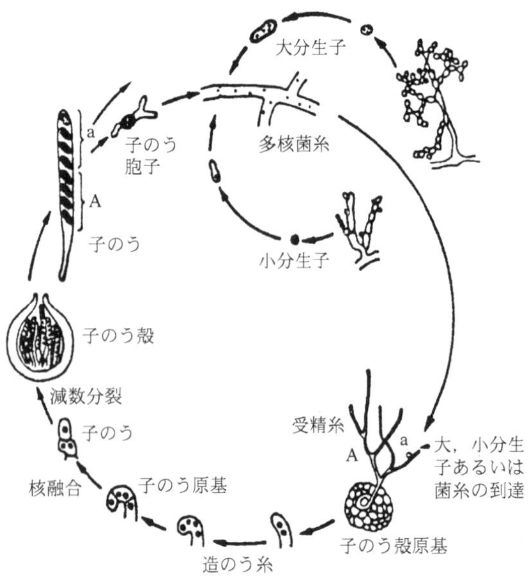

図 2-22　核菌類のアカパンカビ *Neurospora* 属の生活環
『菌類図鑑』より（Fincham 原図）

［小房子嚢菌類（Loculoascomycetes）］

菌糸組織の子座に埋もれた子座性の子嚢果を形成し，子嚢は二重膜性である．核菌類，盤菌類の子嚢は一重膜性である．核菌類に含められていたが，子嚢の構造的違いから区別され，小房子嚢菌類とされた．しかし，このグループの目，科，属について様々な意見があって，分類体系として確立しているとはいえない部分もある．

［ラブールベニア菌類（Laboulbeniomycetes）］

昆虫に着生する特殊な子嚢菌であるが，着生した昆虫に害が及ぶことはごく稀である．現在120 属あまりが知られている．

d）担子菌類（Basidiomycotica）

有性生殖器官として担子器（basidium）を形成し，その上に担子胞子（basidiospore）を外生する菌類を担子菌と呼ぶ．これに含まれる担子菌酵母以外は，通常隔壁のある菌糸体で生育する．現在 1,000 属以上が知られており，子嚢菌類とともに高等菌類の主体をなす菌群である．暫定的な分類綱として以下の 3 群に大別されている．ここに含まれる菌は多くのシノニムを持っている．

［半担子菌類（Teliomycetes または Hemibasidiomycetes）］

サビ菌類（Uredinales）やクロボ菌類（Ustilaginales）が含まれる．子実体は特に形成されず，テリオスポア（teliospore）と呼ばれる厚膜で耐久性の細胞（胞子）が作られる．サビ菌では冬胞子，クロボ菌では黒穂胞子と呼ばれる．サビ菌は絶対寄生性で，植物にさび病を起こす．クロボ菌の多くは植物の黒穂病を起こす．クロボ菌 *Ustilago maydis* の生活環を図 2-23 に示す．酵母の中には，*Rhodosporidium* 属（図 2-24）や *Leucosporidium* 属などの担子菌酵母も発見されている．

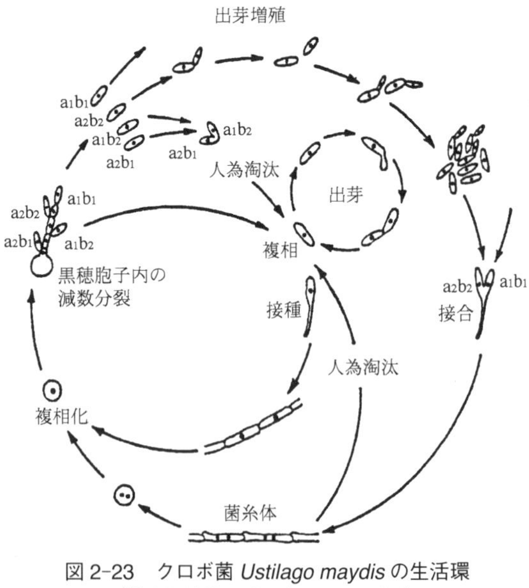

図 2-23　クロボ菌 *Ustilago maydis* の生活環
『菌類図鑑』より（Fincham 原図）

［菌蕈類（きんじんるい）（Hymenomycetes）］

一般に「きのこ」と呼んでいるものの大部分がこれに属す．子実体を形成するものが多く，子実層中に担子器ができ担子胞子は射出される．多室担子器を持つ異担子菌類と，単室担子器を持つ同担子菌類に分けられる．前者にはシ

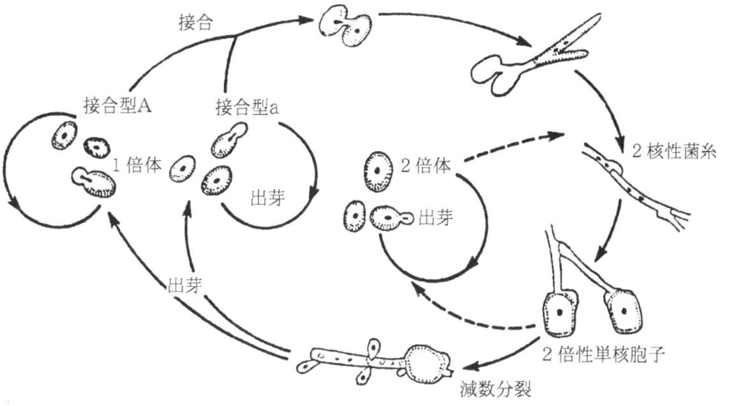

図2-24　担子菌酵母 *Rhodosporidium toruloides* の生活環
『菌類図鑑』より（坂野　原図）

ロキクラゲ（*Tremella fuciformis*）やキクラゲ（*Auricularia auricula*）などが含まれる．後者にはシイタケ（*Lentinula edodes*, 以前は*Lentinus*属とされていた），エノキタケ（*Flammulina velutipes*），ナメコ（*Pholiota nameko*），シメジ（*Lyophyllum shimeji*），マツタケ（*Tricholoma matsutake*），マッシュルーム（*Agaricus campestris*）などがある．

生活環の例として，同担子菌マツタケ目のザラエノヒトヨタケ（*Coprinus lagopus*）を図2-25に示す．生態としては，倒木などに生育する木材腐朽菌，生木の根圏に共生し菌根を形成する菌根菌，落葉の堆積物や馬糞などに生育する腐生菌がある．木材腐朽菌であるシイタケ，エノキタケ，ナメコなどは，ほた木やおがくずで人工栽培され，マッシュルームは堆肥などで栽培され市販されている．マツタケやシメジ（ホンシメジ）は菌根菌で，人工栽培ができない．市販されているシメジは，ブナシメジ（*Hypsizigus marmoreus*）やヒラタケ（*Pleurotus ostreatus*）などの人工栽培できるものである．形は似ているが全く別物である．サルノコシカケ科（*Polyporaceae*）にはブクリョウ（*Poria cocos*）や霊芝（*Ganoderma lucidum*）など代謝産物の生理活性が注目されているものが多くあり，盛んに研究されている．また，人工栽培が困難な（菌糸状に培養できるが子実体を形成できない）もので，マツタケやブクリョウなど付加価値の高いきのこは，人工栽培技術の開発研究が行われている．

木材腐朽菌には，リグニンやセルロース類を分解する活性が認められるものがあり，応用面で注目されている．

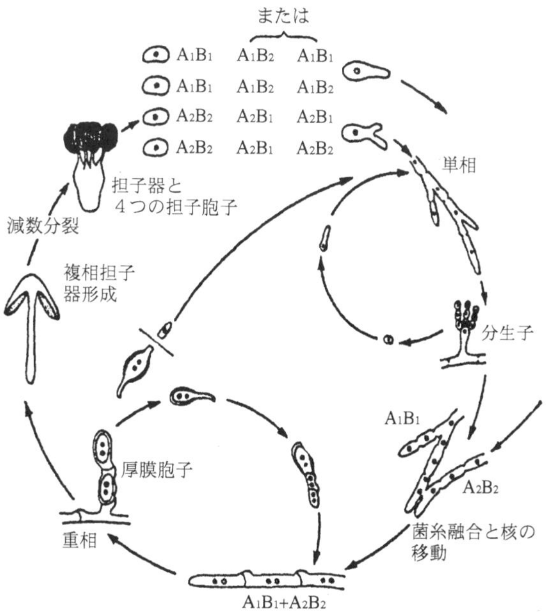

図2-25　同担子菌ザラエノヒトヨタケ *Coprinus lagopus* の生活環
『菌類図鑑』より（Fincham原図）

さらに，木材腐朽菌の中には，ダイオキシンの分解活性を持つものがあると報告されている．きのこには毒性物質を生産する，いわゆる毒きのこがあることはよく知られており，形が似ているからといって素人判断で食するのは危険である．きのこ毒についても研究されていて，タマゴテングタケ（*Amanita phalloides*）から発見されたα-アマニチンは環状ペプチド毒素で，真核生物のRNAポリメラーゼIIを強く阻害することから，真核生物の転写の研究に利用されている．

［腹菌類（Gasteromycetes）］

菌蕈類の子実層が露出するのに対して，腹菌類の子実層は露出しない被実の子実体を形成する菌群である，主として地上生または地下生で，培養困難なものが多い．

e）不完全菌類（Deuteromycoitina, imperfect fungi）

不完全菌類は1,600属以上の菌があり，子嚢菌に次ぐ2番目に大きな菌群である．有性生殖を行わない（完全世代のない）真菌すべてがこのグループに入る．したがってこれに含められる菌は多岐にわたり，他の4つの真菌分類群と比べると非常に異質な分類群である．不完全菌類の中で減数分裂を伴う有性生殖体が確認されたものは，しかるべき分類群へ移行させせなければならないし，1つの種に与えられる正当名は1つで，有性生殖を行う完全世代に対して命名されなければならない．しかし国際的な命名規約で不完全世代にも正当名とはならないが命名が許されているので，1つの生物に2つ以上の名前が存在する事態となっている．これでは真菌分類の専門家でない者に混乱を招くことになり，明瞭な真菌分類体系の確立が望まれる．

不完全菌類には，有性生殖が（存在するが）確認されていないもののほかに，既に有性生殖機能を失ったものや，パラセクシャリティー（準有性生殖：parasexuality）になったものがあり，これらには完全世代がないため以後も不完全菌類として位置づけられる．不完全菌類の分類は，主に図2-26に示すような分生子形成法に基づいて行われる．基本的に不完全菌類は隔壁のある菌糸状に生育するが，不完全酵母類のような単細胞のものもある．不完全菌は酵母類も含めて，不完全糸状菌（綱）と分生子不完全菌（綱）の2群に大別される．

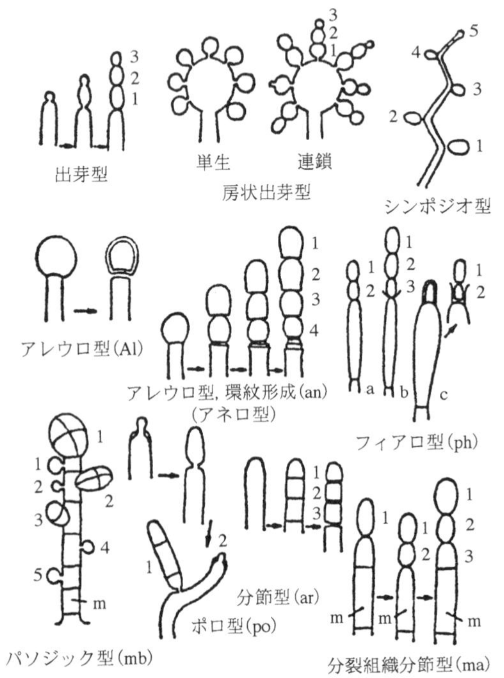

図2-26　Ainsworthの不完全菌分生子型分類法
『菌類図鑑』より（Hughes, Subramanian, Tubaki原図）

応用微生物として活躍している*Aspergillus*属（図2-27）と*Penicillium*属（図2-28）は前者に属し，そのデンプン糖化能やプロテアーゼを利用している．黄麹かびと呼ばれる*A. oryzae*とその近縁種*A. sojae, A. tamarii*は，醤油，味噌，清酒，みりんの醸造に使用されている．

黒麹かび*A. niger*は焼酎醸造に使用される．かつお節製造に用いられる*A. repens*の完全世

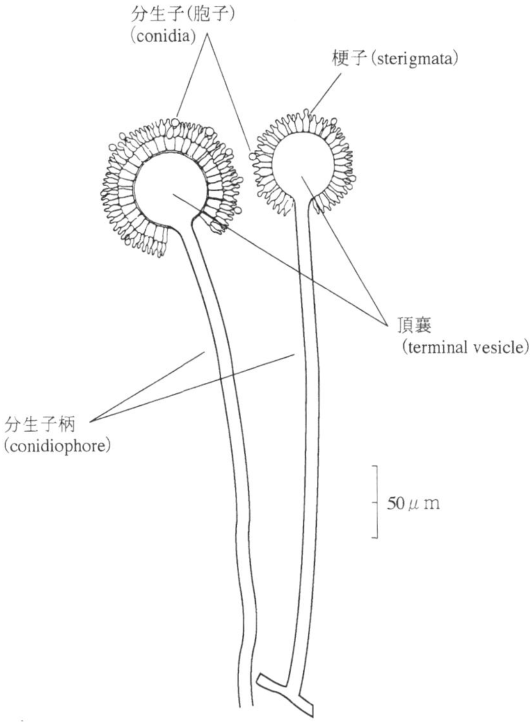

図 2-27　黄麹かび *Aspergillus oryzae*
分生子柄の先端が球状に膨れた頂嚢を形成する．頂嚢から梗子を生じ，その先端に分生子を連鎖状に着生する．梗子は，1段のものと2段のものがある．

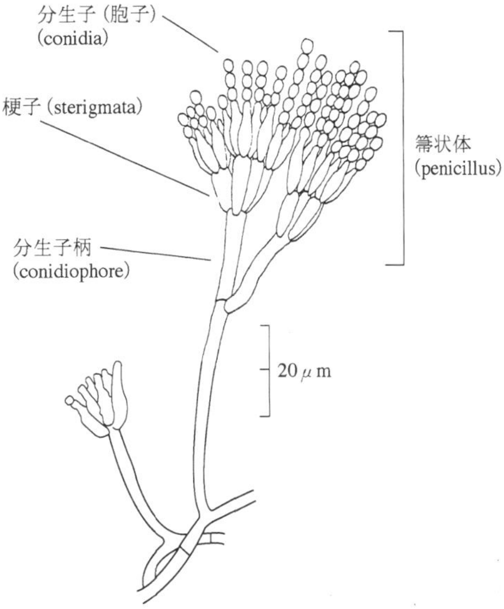

図 2-28　ペニシリン生産菌 *Penicillium chrysogenum*
頂嚢は形成されず，分生子柄の先端が分岐して梗子がブラシ様の箒状体を形成する．分生子は梗子の先端に連鎖状に着生する．

代は，不整子嚢菌*Eurotium repens*である．しかし*Aspergillus*属には，*A. fumigatus*などアスペルギルス症と呼ばれる真菌感染症を起こすものや，強力な発ガン物質であるアフラトキシンを産生する*A. parasiticus*（旧*A. flavus*）などもある．アフラトキシンは熱を加えても分解しない．一方，青かびと呼ばれる*Penicillium*属は，主要な食品汚染かびで有害なものもあるが，*P. roqueforti*（ロックフォールなどのブルーチーズの熟成菌，青かび）や*P. camemberti*（カマンベールチーズの熟成菌，白かび）などはチーズの熟成に使用される．また，*P. chrysogenum*は抗生物質ペニシリンの生産菌として有名である．ペニシリンに類似した抗生物質セファロスポリンの生産菌は*Acremonium persicinum*（旧*Cephalosporiun acremonium*）である．その他，赤かび*Fusarium*属には植物病原菌が多く含まれる．

f）酵母類（yeast）

酵母と呼ばれるものは，分類学上は子嚢菌，担子菌，不完全菌に含まれる一群で，正式な分類群ではない．酵母は生活環の中で大部分を単細胞で過ごし，主として出芽によって増殖するが，分裂によって増殖するものや偽菌糸を形成するものもある．子嚢菌類の出芽酵母*Saccharomyces cerevisiae*と，担子菌酵母*Rhodotorula*（*Rhodosporidium torloides*）の生活環を図 2-29 と図 2-24 に示す．アルコール発酵能が強いものが多く，古くから発酵食品製造に用いられている．代表的なものは*S. cerevisiae*で，清酒やワインなど酒類の醸造，アルコール類の製造，製パンに利用されている．醤油や味噌の醸造では耐塩性のある*S. rouxii*が活躍している．*S. cerevisiae*は遺伝学や分子生物学の研究にも用いられて，ヒト

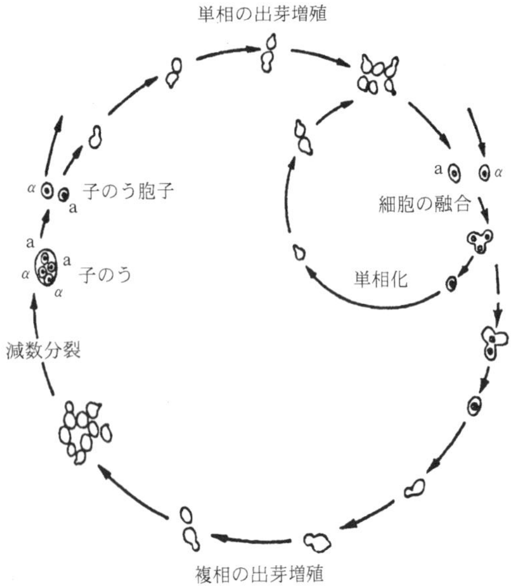

図 2-29　パン酵母 *Saccharomyces cerevisiae* の生活環
『菌類図鑑』より（Fincham 原図）

の細胞周期やシグナル伝達経路の解明に役立っている．また，組換えDNAの宿主として，有用物質の生産にも用いられる．真核生物として初めて*S. cerevisiae*の全ゲノム配列が決定された．唯一分裂で増殖する*Schizosaccharomyces*属（分裂酵母）の*S. pombe*もまた，動物細胞との共通点を持つことから分子生物学研究の材料とされている．

(3) 真核藻類

藻類（algae）は，酸素を発生する光合成を行う生物で，維管束植物とコケ植物を除いたものである．したがって原核生物の藍藻類なども含められるが，ここでは真核生物の藻類について紹介する．藻類は海洋や淡水中に広く分布しており，単細胞のものから茎葉体のものまで幅広い形態である．微細な藻類は，藍藻類とともに植物プランクトンの主体となっている．海藻などの大型の藻類は食用にもなる．藻類の分類は主に体色の違いによって行われる．これは光合成色素の違いによるもので，光合成産物にも違いが現れるからである．現在真核藻類は，紅藻類，有色藻類，緑虫植物類および緑藻類の大きな4つの分類群（門）に分けられ，以下に代表的なものを示す．

a）紅藻類

テングサ（*Gelidium*属）は寒天原料として有名である．

b）有色藻類

[褐藻類]

褐藻類のコンブ（*Laminaria*属）やワカメ（*Undaria pinnatifida*）などは食用としてなじみ深い．

[珪藻類]

珪藻はケイ素を含む珪藻殻を持ち，堆積物となって珪藻土となる．珪藻土は，研磨剤，濾過剤，吸収剤や耐火ボードなどの原料となる．

[渦鞭毛藻類]

渦鞭毛藻類には貝毒の原因となるものがある．*Protogonyaulax catenella, P. tamarensis, Dinophysis fortii*などは毒性物質を持つので，それを摂取した貝類を毒化させる．

c）緑虫植物類

いわゆるミドリ虫であるが，代表的なものは*Euglena*属である．葉緑体があり光合成を行うので藻類に入れられるが，同時に原生動物にも分類されている．

d）緑藻類

クラミドモナス（*Chlamydomonas*）属とクロレラ（*Chlorella*）属が有名で，遺伝学や生理学の研究材料とされている．これらは単細胞で比較的世代交代時間が短いため，植物型光合成のモデル系として研究されている．また，クロレラはタンパク質やミネラルの含量が高く，健康食品として市販されている．

藻類には高等植物の数十倍の光合成能を持つものがあり，繁殖も短い時間で行えることから，藻類を用いて地球温暖化ガスCO_2を低減する研究がなされている．

（4）原生動物（protozoa）

原生動物とは単細胞動物の総称で，運動性があり自由生活を行うものと（中には寄生性のものもある），運動性がなく胞子を作り寄生性のものがある．大部分が従属栄養で，補食，寄生性，腐生性などの栄養摂取法をとるが，光合成を行う植物性栄養のものも含まれる．原生動物の分類体系は流動的で，分類はすべて形態によって行われているので，１つの種が重複して記載されている恐れがある．したがって代表的なものを数種紹介するにとどめる．

現在の分類体系（門）は，肉質鞭毛虫，ラビリントモルファ，アピコンプレクサ，微胞子虫，アスケトスポラ，粘液胞子虫，繊毛虫の７つに大別されている．いわゆるアメーバ類（amoebida）は，仮足で運動し細菌などを補食する肉質鞭毛虫の根足虫類である．*Amoeba*属や*Entamoeba*属などがあり，アメーバ赤痢（*E. histolytica*）やアメーバ性髄膜炎（*Naegleria fowleri*）を起こすものがある．ミドリ虫（*Euglena*属）も肉質鞭毛虫に含められる．アピコンプレクサ類の胞子虫類には，有名なマラリア原虫（*Plasmodium*属，*P. vivax*が有名）が含まれる．なじみ深いゾウリムシ（*Paramecium*属，*P. caudatum*が有名）は繊毛虫類である．

原生動物の生物学的理解，特に分子生物学的な研究は豊富とはいえない．しかし，原生動物はより高等な研究材料として，これからますます基礎研究に用いられていくであろう．そして，原生動物を利用した新たなバイオテクノロジーが展開されるかもしれない．

2-1-6　環境微生物とその解析手法

環境中に生息する微生物には，通常の平板法では生育できないものが多いことが知られてきた．環境中に存在する微生物の99.9％が培養できないといわれ，「生きているが培養できない」ことから難培養性微生物と呼ばれている（viable but nonculturable; VNCまたはVBNC）．既知の培養できる微生物でも，「生きているが培養できない」状態になることも分かってきた．一方，培養できなくてもゲノムの解析から特殊な代謝経路の遺伝子を見つけ，遺伝子組み換え技術で培養しやすい微生物に導入して利用することも研究されている．ここでは，環境微生物の研究で用いられるさまざまな解析方法を解説する．

1）顕微鏡観察による解析

培養が困難なとき，微生物の存在を確認する最も簡便な方法は顕微鏡観察である．ここでは，染色法と組み合わせて観察する方法を説明する．

［DAPI染色法］

環境微生物細胞をより正確かつ詳細に解析するために，顕微鏡観察によるさまざまな手法が開発されてきた．特に，環境サンプル中の微生物を解析する場合，さまざまな物質が混入するため，微生物と形態が似ていて見分けがつかないものが多々見受けられる．そこで，環境中の全菌数を正確に定量するため，環境微生物のみを染色して観察する手法が広く用いられるようになった．その一つがDAPI（4',6-diamidino-2-phenylindole）染色法である．DAPIは核酸と強く結合し，372nmの励起光を照射すると456nmの蛍光を発することから，蛍光顕微鏡を用いて染色された細胞（環境微生物）を容易に観察できる．また，DAPIと同様の染色試薬としてアクリジンオレンジ（acridineorange）も広く用いられている．

［蛍光活性染色法］

微生物細胞は，DAPIのような核酸染色法を行うことで格段に観察しやすくなる．しかし，核酸染色法では死菌も含めて染色されてしまうため，実際の生菌数より多めに見積もってしまう恐れがある．そこで，微生物細胞の生死を判別できる計数法が開発されてきた．

呼吸活性を持つ微生物の検出には，5-cyano-2, 3-ditolyl-tetrazoliumchloride（CTC）を用いるCTC法が知られている．CTCが生菌内に取り込まれると，電子伝達系の作用によってCTCホルマザン（CTC formazan ; CTF）に還元される．CTFは赤色の蛍光を発するので，赤色に蛍光した細胞数を計数することで生菌数を求めることができる．このほか，生菌中に普遍的に存在するエステラーゼ活性を利用した検出法もある．この方法で使用する6-carboxyfluorescein diacetate（FDA）は，エステラーゼにより分解されて6-carboxyfluoresceinとなり緑色の蛍光を発する．このことから生菌のみを区別することができる．

2）分子生物学的手法による解析

現在の微生物培養技術では，環境中に存在する細菌の大半が培養できないため，培養を介して環境中の微生物群集構造を正確に知ることができない．そこで，核酸を用いるさまざまな解析方法が開発された．この解析方法には，環境サンプル中から核酸を効率よく抽出・精製することが不可欠である．そこで，物理的手法（ガラスビーズ法，凍結融解法，スロー撹拌法など）や化学的手法（界面活性剤やタンパク質変性剤処理法など）が開発され，酵素（リゾチーム，プロテアーゼなど）を併用することにより効率化されている．環境から抽出したDNAは，環境DNA（environmental DNA ; eDNA）やコミュニティーDNAとよばれている．分子生物学的解析法は，遺伝子工学の技術が用いられているので，用語など「2-2 遺伝子とバイオテクノロジー」を参照してもらいたい．

環境微生物の解析手法としてよく用いられるeDNA法，DGGE法，TGGE法，T-RFLP法および定量PCR法について説明する．

［環境DNA（eDNA）］

eDNA解析法は，環境微生物（特に細菌とアーキア）の数を正確に定量できる手法である．この方法では，顕微鏡を用いて直接細胞数を計数するよりも短時間で定量が可能であり再現性も高い．培養を伴わないことから，好気性細菌と嫌気性細菌の混合試料の解析にも適している．

eDNA解析法では，スロー撹拌法によって環境試料からeDNAを回収する点が特徴である．ガラスビーズ法や凍結融解法などの一般的な物理破砕法でeDNAを抽出すると，DNAが分断されてしまったり，DNAとRNAが混ざっていたりするため正確なeDNAの定量が難しい．これに対し，界面活性剤の存在下で穏やかに撹拌するスロー撹拌法は，短時間で細胞を破砕する物理的手法と，DNAをできるだけ傷つけずに回収する化学的手法の利点を組み合わせたものであり，極力物理的分解を抑えたeDNAを効率よく回収できる．スロー撹拌法によって環境から抽出したeDNA量と，直接顕微鏡で計数した細菌数，アーキア数には高い相関性が認められることから，eDNA量を指標として環境中の細菌やアーキアの総数を推定する手法として構築されている．

［DGGE法］

DGGE法（denaturing gradient gel electrophoresis ; 変性剤濃度勾配ゲル電気泳動法）は，変性剤（尿素とホルムアミド）の濃度勾配をもったポリアクリルアミドゲルを用いて，環境DNAから16S rDNA領域などをPCR増幅させたDNA断片を電気泳動し，二本鎖DNAが部分解離する変性剤濃度の違いを利用して解析する方法である．

DGGE法で用いるPCR増幅のプライマーは，片方の5'末端にGCクランプとよばれるGC配列に富んだ30～40bpの配列を付加したものである．変性剤濃度が低い領域では，二本鎖DNAは解離しない．変性剤の濃度が濃くなるに従いGCクランプの反対側から解離が起こり，さらに変性剤濃度が濃くなっていくと最終的に完全に解離する．

電気泳動距離においては，高い変性剤濃度まで解離が起こらないDNA断片のほうが長く泳動され，1塩基の違いでも泳動距離が違ってくる．電気泳動中にバンドが3本あれば，3種類の微生物が試料中に存在していたと考えられる．つまり，環境中に存在する微生物種を解析することが可能となる．さらに，得られたDNAのバンドを切り出し，その16S rDNAの塩基配列を解析すれば細菌種を同定できる．

［TGGE法］

TGGE法（temperature gradient gel electrophoresis）は，DGGE法の変性剤濃度勾配の代わりに，電気泳動中の温度条件に勾配をつけ，一本鎖に解離する温度の違いを利用して，DGGE法と同様の解析を行うものである．TGGE法も，最適化されれば1塩基対の違いを見分けられ，切り出したバンドからDNA断片を回収して塩基配列の解析などが可能である．DGGE法でうまく分離できない場合などに併用することが多い．

［T-RFLP法］

T-RFLPとは，terminal-restriction fragment length polymorphismの頭文字をとったものである．一般的なRFLP法では，制限酵素（restriction enzyme）による処理の後，電気泳動などにより制限断片を分離し，そのラダーパターンで遺伝子断片の異同を判別するが，T-RFLP法では制限断片の検出のしかたが異なる．

具体的にはeDNAを鋳型として，末端に蛍光標識をもつプライマーを用い，rDNA（リボソームDNA, ribosomal DNA）をPCRで増幅する．得られたPCR産物を適当な制限酵素で処理すると，標識からの距離に応じたさまざまな長さのDNA断片が生じる（異なる長さの断片は，異なる微生物に相当する）．電気泳動後，標識に応じた励起波長を与えて蛍光を観察すると，蛍光標識を含む断片のみを特異的に検出することができる．この蛍光強度比は，eDNAを抽出した微生物群集中に存在する特定の微生物種の存在量比に相当する．この手法は，多量のサンプルを短時間に処理することができる点で優れており，微生物群集構造の経時的変化などを簡便に調べることができる．

［定量的リアルタイムPCR法］

eDNAをテンプレートとし，解析対象の微生物に特異的なプライマーを用いてPCRで目的のDNAを増幅すると，環境サンプル中の特定の微生物数のみを正確に定量できる．定量的リアルタイムPCR法は，一定時間経過後に増幅されたPCR産物の量を定量することで，テンプレートのDNA量を算出する手法である．PCR産物を定量する方法には，蛍光色素でラベルしたプライマーを使用する方法と，PCR産物の2本鎖の間に入り込む蛍光色素を利用する場合とがある．最近ではより正確に菌数を求めるために，蛍光色素でラベルしたプローブ（*TaqMan*プローブ）とPCR産物の結合量を検出するなどの改良がなされている．

2-1-7　まとめ

微生物の多くは目に見えないものであるが，地球の物質循環や有機物の一次生産者として，とても重要な役割を果たしている．それらを摂取する生物，あるいは共生関係を作る生物にとってもなくてはならない存在である．人間も腸内細菌（善玉菌）によって腸内の健康が保たれているわけであるし，食物として食べる魚介類は植物プランクトンや動物プランクトンを栄養源にしている．食物連鎖をたどれば，人間も微生物の恩恵を多く得ているのである．一つの生態系が構築されるのに微生物なしではあり得ない．

それでは私たちは地球上の微生物すべてを知っているのであろうか？　ある微生物学者によれば，地球の全微生物の1割未満しか知られてないと推定している（表2-5）．もっと少なく見積もる微生物学者もいる．それはなぜだろうか？

理由の1つは分離源にある．最近になって深海探査艇の調査で微生物を含む新たな生物が発見されている．海底や地殻深部など人類未踏の場所に生息する生物には，いまだ人間の目に触れていないものが多くいるのである．このような特殊な場所に棲む微生物は，極限環境微生物と呼ばれている．

もう1つの理由は分離方法である．先に紹介したように，現在用いられている分離培地では増殖できない難培養性微生物がいる．また増殖速度が極端に違う微生物がいるとき，通常の分離方法では増殖

表2-5　Hawksworthによる地球上に生息する微生物種数の推定

群	既知種	全　種	既知種の比率（%）
藻類	40,000	60,000	67
細菌類	3,000	30,000	10
菌類	69,000	1,500,000	5
原生動物	40,000	100,000	40
ウイルス	5,000	130,000	4
合計	157,000	1,820,000	9

速度の速いものばかり出現するため，遅いものが分離できないことがある．さらに絶対共生菌と呼ばれる微生物は，複数種の微生物が共存しなければ互いに生育できない．動植物の寄生菌も然りである．このような培養が困難な微生物をいかにして培養するかが課題である．

未知の微生物の存在を示すデータがある．ある土壌サンプルから分離を行うと，多くの数と種類の微生物が培養される．ところが，その土壌サンプルから直接DNAを抽出し，PCRで特定の遺伝子（16Sや18SのrRNA遺伝子など）を増幅して調べると，塩基配列から推定される微生物種は，培地に出現した微生物よりはるかに多く，その中には新種と思われるものも含まれているがコロニーとして確認できないのである．

このように，人類はまだ地球上のすべての微生物を知っているわけではない．新たな微生物の探索によって，新たな機能の発見が大いに期待される．そして，新たなバイオテクノロジーが生まれることにつながるのである．

2-2　遺伝子とバイオテクノロジー

生物のプログラムはすべて遺伝子に記憶されている．遺伝子を自在に操作することができれば，生物の機能を効率よく利用できると考えられる．そのような夢を実現する技術が組換えDNA（recombinant DNA）である．組換えDNA技術は，遺伝子工学（gene engineering，genetic engineering）あるいは遺伝子操作（gene manipulation）とも呼ばれる．今日のバイオテクノロジーは遺伝子組換え技術によって支えられているのである．ここでは，組換えDNA技術を理解するために，まず遺伝子と遺伝情報の流れ（発現）を解説した後，組換えDNA技術とそれから発展した技術であるタンパク質工学を紹介する．

2-2-1　遺伝子とは

ほとんどの人が犬から猫の子どもは産まれないことは知っているし，親子・兄弟はよく似ていることは遺伝だという．「カエルの子はカエル」ということわざに象徴されるように漠然ととらえられていた遺伝（inheritance, heredity）という現象に，初めて科学的な考察を加えたのはオーストリアの修道僧であったメンデル（Gregor Johann Mendel, 1822–1884）である．同じエンドウでも豆（種子）の色や茎の背丈など違いがあるが，このような特徴の違いを形質という．メンデルはエンドウの交配実験を行い，様々な形質の子孫への移り方を統計学的に分析して，いわゆる“メンデルの法則”と呼ばれる遺伝の法則を導き出したのである．

もう１つメンデルの法則が評価される点は，様々な形質を子孫に伝える因子すなわち遺伝子（gene）の概念を導入したことである．例外もあるが，真核生物（正確には有性生殖を行う２倍体生物）の遺伝はメンデルの法則に従う．メンデルの法則は，1）優性劣性の法則（law of dominance），2）分離の法則（law of segregation），3）独立の法則（law of independence, law of independent assortment）の３つの法則からなる．

図2–30のように，例えば種子の形が丸いものとしわがあるものなど，１つの対立する形質が異なる親を交雑すると，雑種世代１代目（F_1 世代）はすべて一方の形質が現れるとき，現れた形質を優性（dominance, dominant），現れなかった形質を劣性（recessive）という（第１の法則）．この F_1 世代どうしをかけ合わせるとその雑種世代（F_2 世代）には，最初の親の優性形質と劣性形質が３：１の割合で分離して現れる（第２の法則）．また，種子の形と色というような２対の形質に注目した場合，それらが連鎖（linkage）していないときそれぞれの分離は独立して起こる（第３の法則）というのがメンデルの法則である．ただし，ミトコンドリアや葉緑体などの体細胞遺伝や，１つの遺伝子がいくつもの形質を支配するような多面形質（pleiotopy）を示すものなど，この法則に従わないものもある．

やがて遺伝学（genetics）の研究は進歩したが，遺伝物質すなわち遺伝子の本体が何であるかは，エ

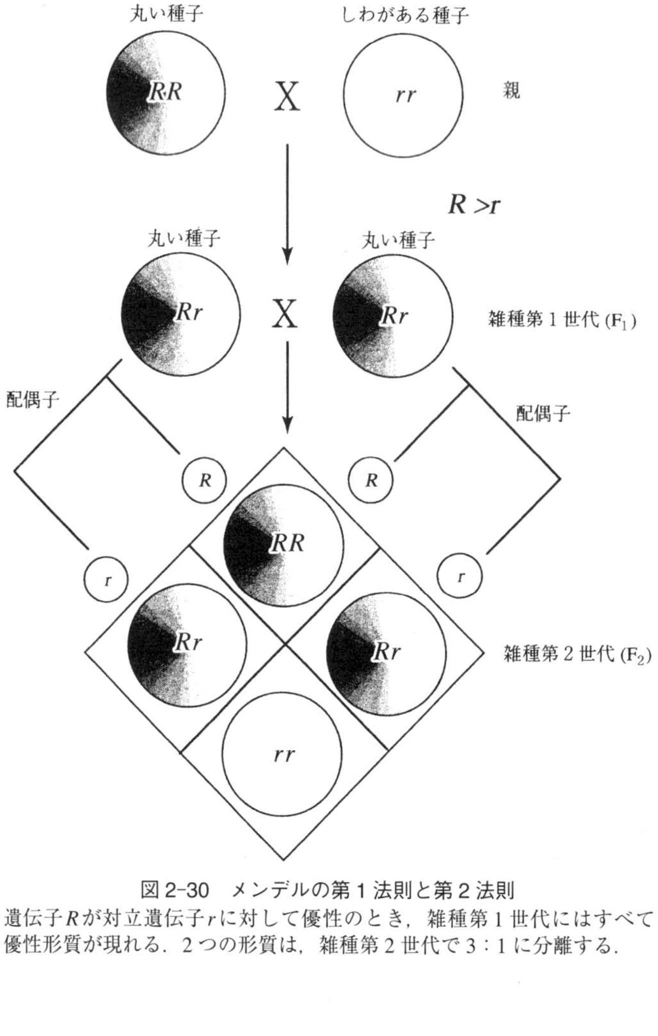

図2–30　メンデルの第１法則と第２法則
遺伝子Rが対立遺伝子rに対して優性のとき，雑種第１世代にはすべて優性形質が現れる．２つの形質は，雑種第２世代で３：１に分離する．

イブリー（Oswald Theodore Avery, 1877–1955）とその共同研究者による実験まではっきりしていなかった．彼らは図2–31に示すように，肺炎双球菌（*Streptococcus pneumoniae*）の形質転換実験によって遺伝物質がデオキシリボ核酸（deoxyribonucleic acid, DNA）であることを初めて証明した．肺炎双球菌の病原性は，莢膜多糖生産の有無によって決定される．病原性を示し莢膜多糖を生産するS型細菌の殺菌抽出物を，病原性を示さず莢膜多糖を生産しないR型細菌と混合すると，病原性を示すS型細菌が出現する．これはR型細菌の莢膜多糖非生産という形質が，莢膜多糖生産という形質に転換すること，すなわち形質転換（transformation）と呼ばれる現象で，後に組換えDNA技術を発展させる重要な発見であった．

この現象は，イギリスの微生物学者グリフィス（Frederick Griffith, 1877–1941）によって発見されたが，エイブリーたちはこの現象をさらに突き詰め，DNAによって形質転換が起きることを示したのである．そして，DNAが遺伝物質であることが認められるとDNAに関する研究が集約され，ワトソン（James Dewey Watson, 1928–）とクリック（Francis Harry Compton Crick, 1916–2004）のDNA構

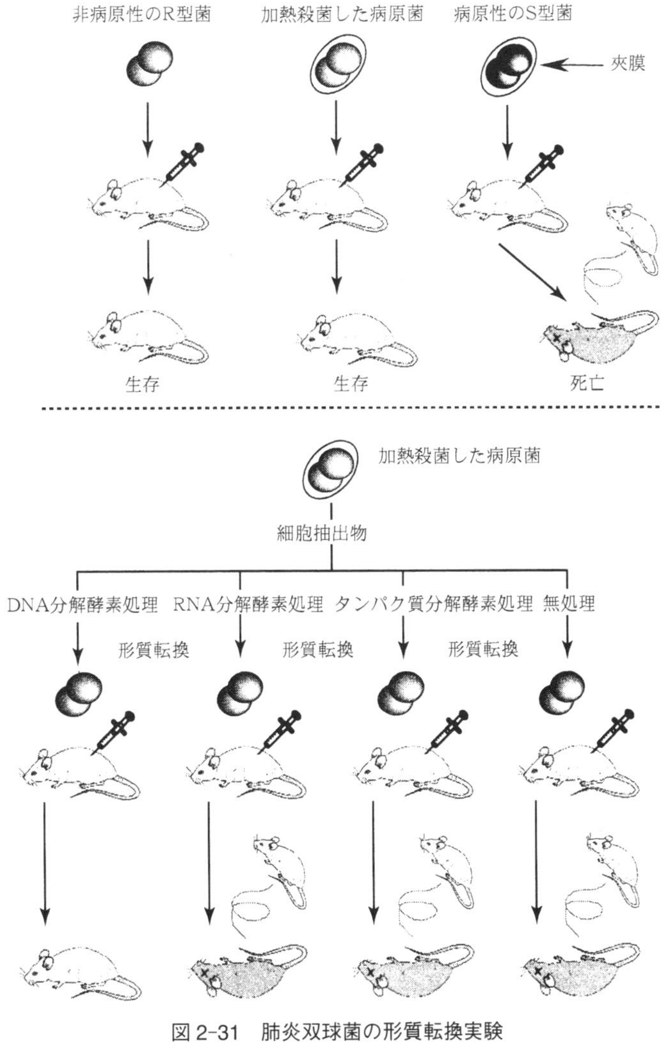

図2–31　肺炎双球菌の形質転換実験

造の二重らせんモデルが発表されたのである．このモデルはその後若干の修正が加えられ，現在は図2–32に示される構造となっている．DNAは，デオキシリボース（deoxyribose）という糖と4種類の塩基の1つが結合したもの（デオキシヌクレオシド，deoxynucleoside）にリン酸が結合したデオキシヌクレオチド（deoxynucleotide）という物質が，リン酸ジエステル結合で鎖状につながった物質で，4種類の塩基（base）のうちアデニン（adenine, A）とチミン（tymine, T），グアニン（guanine, G）とシトシン（cytosine, C）が水素結合を形成して2本鎖のらせん構造をとる．一部のウイルスなどの例外を除き，ほとんどの生物の遺伝子DNAはこの二重らせん構造をとっている．したがって，1つの細胞

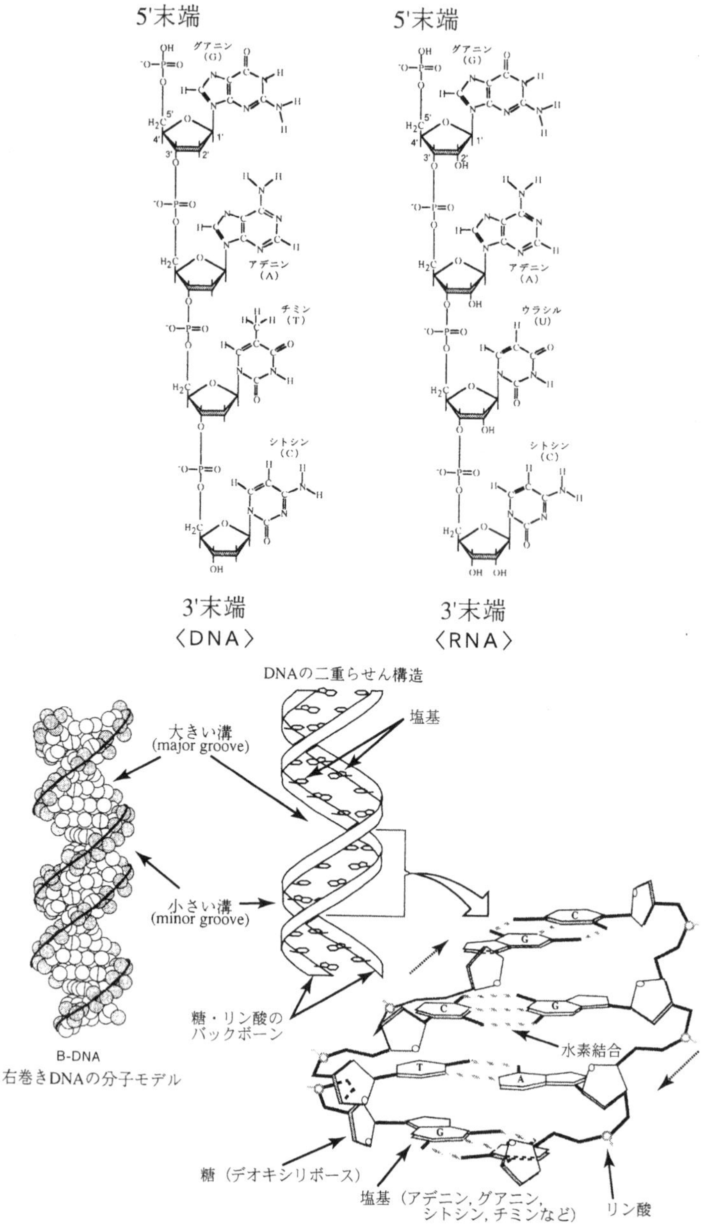

図2–32　DNAとRNAの構造（上）とDNAの二重らせんモデル（下）

あるいは生物のDNA全体に占めるAとTの比率，またはGとCの比率は同じであり，その比率は生物種によって異なる．これを発見したシャルガフ（Erwin Chargaff, 1905–2002）にちなんでシャルガフの法則という．

ヌクレオチドの連結している数は生物種によって異なり，大腸菌では約460万個連なっているDNA鎖が1対（2本1組）ある．1つの塩基対（base pair, bp，正確にはヌクレオチド対）を単位としてDNAの大きさ（長さ）を表し，1,000bpを1kb（kilo base pair），1,000kbを1Mb（mega base pair）と表す．したがって，大腸菌の全遺伝子（染色体，chromosome）の大きさは，約4.6Mbとなる．大腸菌の染色体のように，1つの生物が持つ遺伝情報のすべてをゲノム（genome）という．すなわち，ゲノムは生命の設計図である．ヒトの場合，22対の常染色体とXX（女）あるいはXY（男）というように1対の性染色体の合計46本の染色体がある．つまり，2本鎖DNAからなる染色体が2本ずつあり，これを2倍体という．ヒト染色体の半数体（1倍体）は，約 3×10^9bp（3,000Mbまたは3Gb）のゲノムサイズである（23種の染色体の合計）．図2–33に示すように，種々の生物のゲノムサイズは異なり（ゲノムの多様性），一般に原核生物より真核生物の方がゲノムサイズは大きい．しかし，ゲノムサイズの違いは，必ずしも生物の高等・下等を反映しているわけではない．

DNAの構成単位であるヌクレオチドは，塩基の部分のみが異なる．すなわち，A, C, G, Tの並び方と数の違いで種々の遺伝情報を記憶し，生物の設計図が作られている．したがって，塩基の並び方（塩基配列という）をすべて読みとれば，その生物の設計図が読みとれるのである．遺伝子DNA（染色体）は，真核細胞では核の中に非常にコンパクトにパッケージされて存在し，原核細胞では細胞質内に比較的まとまった核様体として存在している．また，真核細胞内のミトコンドリアや葉緑体にもDNAが存在し，それらはオルガネラDNAと呼ばれる．

RNA（リボ核酸，ribonucleic acid）はDNAによく似た化学構造を持つが，リボース（2'位がデオキシでない）と，4つの塩基のうちチミンではなくウラシル（uracil, U）が含まれることがDNAと異なる（図2–32）．RNAが最初の遺伝物質であり，後により安定なDNAが出現してRNAに代わる遺伝物

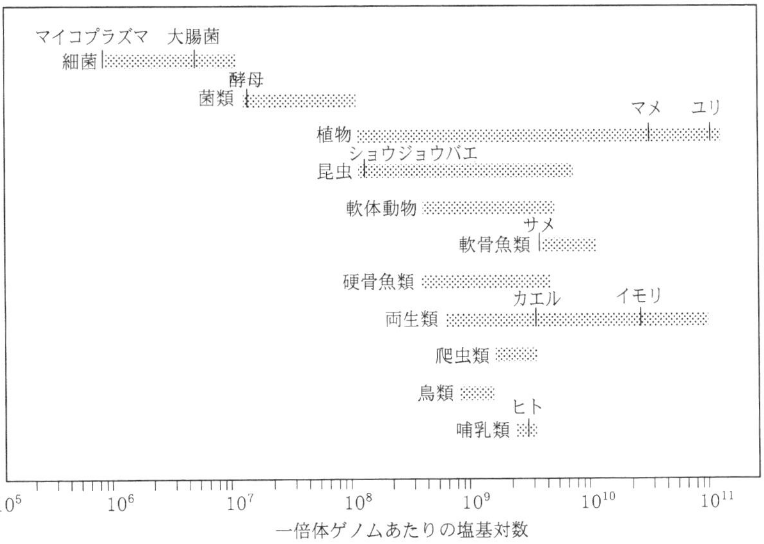

図2–33　種々の生物のゲノムサイズ

質となったと考える説もある．現在でもエイズウイルス（HIV）などのレトロウイルスやインフルエンザウイルスなど，RNAゲノムを持つものがある．

遺伝子すなわちDNAの配列は不変ではなく，突然変異（mutation）などによって変化しうるのである．突然変異は，時として生物に致命的な影響を与えるが，その変化が環境に適応するのに有利に働けば，その変異した生物が繁栄する．後者の場合が進化の原理であると考えられている．最近の研究で，ガンという病気は遺伝子の変異が原因で発症することが明らかになったが，これは前者のケースに当てはまるであろう．その他，1つの遺伝子あるいは関連機能を持つ遺伝子群が，別の生物に移ることもある．これを水平伝搬（horizontal gene transfer，これに対して親子間の遺伝子伝搬を垂直伝搬，vertical gene transfer，と呼ぶ）と呼ぶが，これも生物のゲノムの多様性並びに進化の一因と考えられる．

2-2-2　遺伝情報の流れ

遺伝子はDNAという化学物質で，4つの塩基の並び方の違いという単純な構成をしているのだが，そこに1つの生物のすべての設計図（情報）が記憶されている．しかし，DNAは単なる記憶媒体で，フロッピーディスクやCDのようなものである．したがって，生物の機能を発現するためには，DNAから情報を取り出す必要がある．CDから音楽を聴こうと思えば，CDプレーヤーやアンプ，スピーカーといった装置が必要であるように，遺伝情報を取り出し生命現象を発現するには様々な装置が必要なのである．

遺伝情報の流れは，図2-34に示されるようにまずDNAの情報がRNAに写し取られる．これを転写という．DNAとRNAはよく似た物質であるから，この段階ではまだ遺伝子の言語（塩基配列）である．これをタンパク質（protein）の言語（アミノ酸配列）に変換する段階を翻訳という．こうしてDNAに記憶されている情報がタンパク質になり，タンパク質は様々な化学反応を触媒する酵素（enzyme）や細胞を構成する成分となるのである．タンパク質以外の細胞構成成分や，細胞の増殖・維持に必要なエネルギーは，酵素による化学反応によって作られる．このような遺伝情報の流れを遺伝子発現（gene expression）という．

もう1つ重要な遺伝情報の流れは，DNAの複製である．遺伝物質であるDNAは，正確に子孫へと受け継がれなければならない．細胞が分裂して2つになるとき，新たに作られる細胞へも同じゲノムが分配されるために，ゲノムDNAのコピーを作るのが複製である．クリックはこの遺伝情報の流れをセントラルドグマとして提唱したが，クリックのセントラルドグマでは転写から翻訳へと一方向の不可逆反応と考えていた（第1章参照）．しかし，レトロウイルスでは，RNAゲノムを逆転写酵素（reverse transcriptase）によってDNAに置換する反応が発見された．またRNAゲノムを持つウイルスには，RNAゲノムを複製・転写するものが知られるに至って，遺伝情報の流れは図2-34のように修正された．以下に，複製・転写・翻訳および遺伝子産物である酵素について解説する．

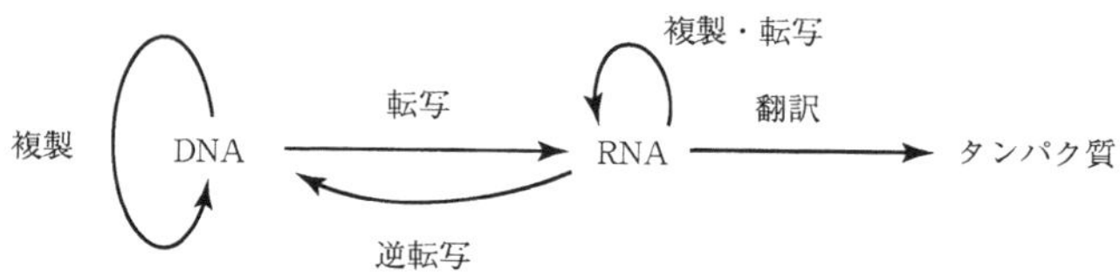

図2-34　遺伝情報の流れ

a）複　製（replication）

ここでは二本鎖DNA（double-stranded DNA）ゲノムの複製の基本についてのみ解説する．DNAの複製には，複製を開始するため二本鎖DNAを開裂させるいくつかのタンパク質（DNAヘリカーゼ，DNA helicaseなど），DNA合成の引き金となるプライマー（primer）とそれを合成する酵素であるプライマーゼ（primase），DNA鎖を合成するDNAポリメラーゼ（DNA polymerase）とDNA上の複製起点（replication origin）が必要である．

図2-35に示すように，複製起点付近から開始複合体によって二本鎖DNAが開裂しプライマーが合成される．次に，一本鎖になったDNAそれぞれを鋳型（template）にして，DNAポリメラーゼがプライマーからそれぞれの鋳型に相補的なDNAを合成する．その結果，DNAが複製し2分子となるが，それぞれの二本鎖DNAの半分は元のDNA由来となる．これをDNAの半保存的複製（semiconservative replication）という．DNA鎖は，デオキシリボースの炭素原子の位置を基準に，リン酸の結合している側を5'末端，デオキシリボースの-OH基の側を3'末端と呼ぶが，DNAポリメラーゼは3'末端の-OH基にヌクレオチド5'末端のリン酸基を結合させる反応を触媒する酵素である．したがって，DNA鎖は5'から3'へと合成される．プライマーは短いRNAまたはDNA（タンパク質のセリンやチロシン残基の場合もある）で，DNAポリメラーゼの反応に必要な－OH基を供給するものである．

以上がDNA複製の基本形であるが，ゲノムの種類によって複製様式は多少異なる．詳しくは別の参考書を参照してほしいが，DNAとプライマーがあれば，pHや金属イオンなどの条件を整えてDNA

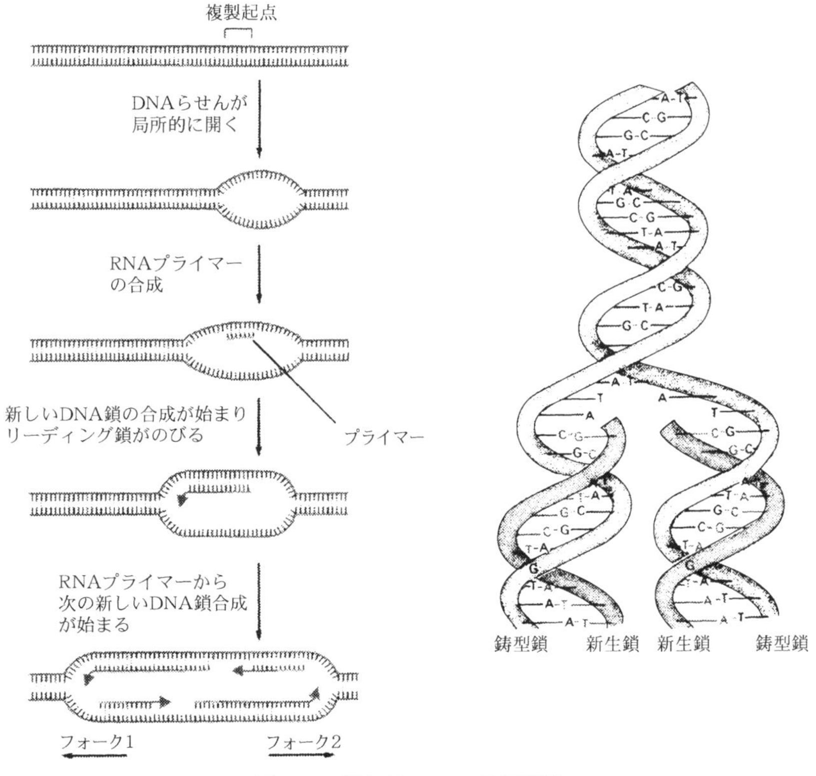

図2-35　遺伝子DNAの複製機構
DNAは，複製起点（ori）から半保存的に複製される．

ポリメラーゼとデオキシヌクレオチドを加えることによって，試験管内でもDNAの複製は起こる（試験管内DNA合成）．これは，DNA塩基配列の決定（DNA sequencing）やポリメラーゼ連鎖反応（polymerase chain reaction, PCR）など，遺伝子工学のいくつかの技術に応用されている．

b）転　写（transcription）

転写は，DNAを鋳型にRNA合成を行う遺伝子発現の最初の反応である．転写には転写装置であるRNAポリメラーゼ（RNA polymerase）と，DNA上のシグナルであるプロモーター（promoter）が必要である．図2-36のように，RNAポリメラーゼがDNA上のプロモーターに結合して，二本鎖DNAを開鎖する（部分的に一本鎖になる）．続いて一方のDNA鎖（遺伝情報がコードされているDNA鎖の相補鎖）を鋳型として，アデニンに対してはウラシル，グアニンに対してはシトシンというように鋳型DNAと相補的なRNAが5'から3'の方向に合成される．転写が完了した領域は，DNAが再び閉鎖して二本鎖となる．RNAポリメラーゼがDNA上の転写終結シグナル（ターミネーター，terminator）まで進むと，RNAポリメラーゼと合成されたRNAはDNAから離れて転写が終結する．このように，DNA上の遺伝情報をRNAに写し取ることを転写というが，インフルエンザウイルスのようなRNAウイルスのRNA依存的RNA合成も転写という．これに対して，エイズウイルスのようにRNAを鋳型にDNAを合成することを逆転写（reverse transcription）という．また，転写産物であるRNAには，タンパク質に翻訳されるメッセンジャーRNA（messenger RNA, mRNA，伝令RNAともいう），翻訳に必要なリボソームを構成するリボソームRNA（ribosomal RNA, rRNA），リボソームにアミノ酸を運ぶ転移RNA（transfer RNA, tRNA）の3種類がある．

転写について基本的なことは上記のとおりだが，原核生物と真核生物で異なる部分がある．1つはRNAポリメラーゼ，もう1つは遺伝子構造である．原核生物（真正細菌）のRNAポリメラーゼは，α, β, β', ω, σの5種類ののポリペプチド（サブユニットという）が会合して$\alpha_2\beta\beta'\omega\sigma$という6つのサブユニットで構成される．これをRNAポリメラーゼのホロ酵素（holoenzyme）というが，σサブユニットのはずれた$\alpha_2\beta\beta'\omega$をコア酵素（core emzyme）という．このコア酵素は，1つの真正細菌に1種類で，σサブユニットは複数種ある．σサブユニットは，プロモーター配列を認識して転写を開始するのに必要で，σサブユニットが入れ替わることによりプロモーター認識が変化し，発現する遺伝子が変わるのである．これに関して，枯草菌（*Bacillus subtilis*）の胞子形成過程のシグマカスケードによる遺伝子発

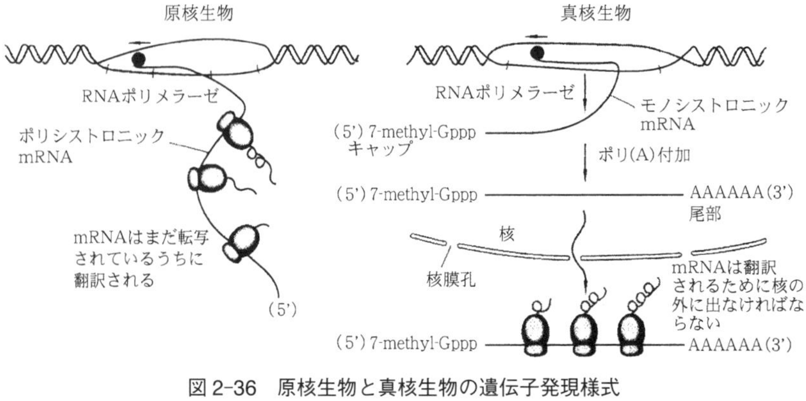

図2-36　原核生物と真核生物の遺伝子発現様式

現調節の研究は有名である（図2-10）．転写が開始すれば，コア酵素だけでRNA合成が行われる．

一方，真核生物にはRNAポリメラーゼが3種類存在する．それらは，RNAポリメラーゼI（Pol I），II（Pol II），III（Pol III）と呼ばれ，それぞれ共通のサブユニットや固有のサブユニットの10種類以上で構成される．Pol Iは核内の核小体に存在し，rRNAの遺伝子を転写してrRNA前駆体を作る．Pol IIとPol IIIは核質内に存在し，Pol IIはタンパク質をコードする遺伝子を転写してmRNA前駆体を作り，Pol IIIはtRNAや5S rRNAなどの低分子RNAの遺伝子を転写する．これら3つのRNAポリメラーゼがプロモーターを認識して転写を開始するためには，原核生物のσサブユニットに相当するような基本転写因子（basal transcription factor）と呼ばれるタンパク質がそれぞれに必要である，ミトコンドリアや葉緑体にもオルガネラDNAを転写する固有のRNAポリメラーゼが存在し，それらは真正細菌型（$\alpha_2\beta\beta\omega\sigma$）の酵素である．アーキアは原核細胞であるが，Pol I，Pol II，Pol IIIなどに類似したRNAポリメラーゼを1種類持ち，真核生物の基本転写因子に類似のものが使われている．ウイルス類は，基本的に宿主のRNAポリメラーゼを利用するが，先に紹介したRNAウイルスや一部のバクテリオファージは，自身のゲノムを優先的に転写するための固有のRNAポリメラーゼを持つものがある．

次に遺伝子構造の違いであるが，図2-37のように，原核生物（真正細菌）では，プロモーターの下流（3'側）にリボソーム結合部位，タンパク質をコードする領域（読取り枠またはオープンリーディングフレーム，open reading frame, ORFという）あるいはrRNAなどになる領域，ターミネーターの順に配置しており，転写開始点から転写終結点までのRNAが合成される．さらに原核生物の遺伝子は，複数のORFなどが1つのプロモーターから連続して転写されることが多く，そのような遺伝子構造をオペロン（operon），転写産物をポリシストロン性mRNA（polycistronic mRNA）と呼ぶ．これに対して真核生物の遺伝子は，プロモーターの下流にORFなどの遺伝子産物をコードする領域とターミネーターがあるのは同じだが，リボソーム結合部位は存在しない．

原核生物との大きな相違点は，タンパク質をコードする領域がイントロン（intron）という介在配

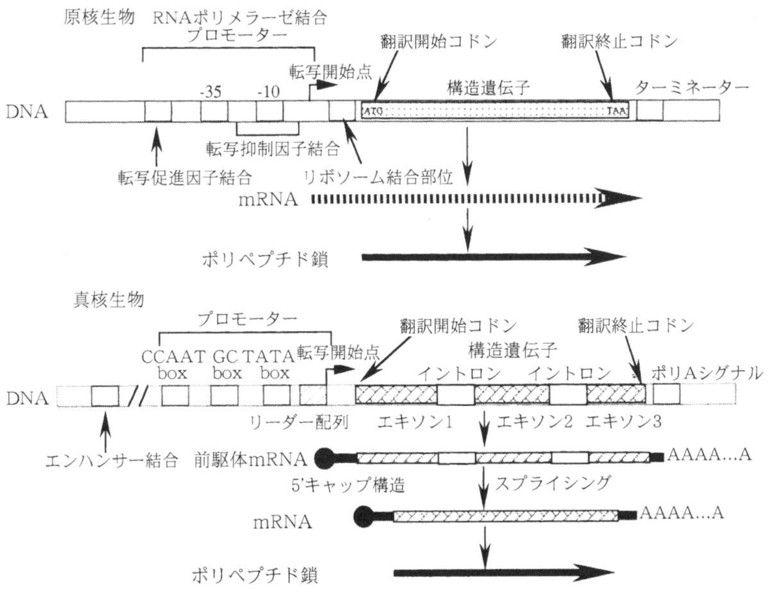

図2-37　原核生物と真核生物の遺伝子構造

列（intervening sequence）によって分断されていることである．イントロンのほとんどは何も遺伝情報を持たない．イントロンに対してタンパク質をコードする部分をエキソン（exon）という．このような真核生物の遺伝子が核内で転写され，イントロンを含む転写開始点から転写終結点までの1本の1次転写産物（mRNA前駆体）となる．次に，イントロン部分が切り出され，その前後のエキソン部分が再結合されて，連続したORFを持つ1本の成熟mRNAとなる．このような反応をスプライシング（splicing）という．イントロンは一見無意味なようだが，種々の変異源にさらされている遺伝子の突然変異に対する緩衝材の役割をし，種の保存に寄与しているのではないかと考えられている．原核生物（真正細菌など）でも，rRNAやtRNAの形成過程でスプライシングのようなRNAの切り出しを行う反応があるが，タンパク質をコードする遺伝子においてイントロンは発見されていない．しかし，アーキアの遺伝子にはイントロンを持つものが知られている．また真核生物のmRNAの3'末端には，数十から200塩基程度のアデニル酸（ポリアデニル酸，polyadenylic acid）が付与されている．これはポリ（A）尾部（poly（A）tail）と呼ばれ，この配列はDNAにコードされておらず，mRNAの3'末端付近にあるポリ（A）シグナルとポリ（A）ポリメラーゼによって転写後に付与される．ポリ（A）尾部の機能は不明であるが，成熟mRNAの核膜通過や安定化に寄与していると考えられている．原核生物のmRNAにはこのようなポリ（A）尾部は存在しない．

その他，転写には種々の転写因子（transcription factor）が関与する場合がある．原核生物，真核生物いずれの遺伝子にも，プロモーター領域に転写因子の結合するDNA配列を持つ遺伝子が多くある．転写因子とは，DNAやRNAポリメラーゼ，転写中のRNAなどに結合して転写開始や伸長反応を促進あるいは抑制するタンパク質など，転写調節（transcriptional regulation, transcriptional control）に関与する因子の総称である．原核生物のσサブユニットや真核生物の基本転写因子など，転写開始に必須な転写開始因子（transcription initiation factor）に加えて，転写開始を促進（活性化）する転写アクチベーター（transcription activator）や抑制する転写のリプレッサー（repressor）などは，それぞれが特定のDNA配列に結合することによって転写調節を行う．アクチベーターの結合するDNA配列をUAS（upstream activation sequence）やエンハンサー（enhancer），またリプレッサーの結合するDNA配列をオペレーター（operator）やサイレンサー（silencer）などと呼ぶことがある．その他，RNA鎖合成の伸長反応を促進する転写伸長因子（transcriptional elongation factor）や転写終結因子（transcription termination factor）など，RNAポリメラーゼやRNAに結合して転写調節を行う転写因子がある．

大腸菌のゲノムは約4.6Mbの大きさで，約4,000の遺伝子をコードしているが，細胞内のRNAポリメラーゼは約2,000分子しかない．したがって，遺伝子すべての転写を同等に行うのではなく，ある時期に必要な遺伝子を必要な量だけ転写する必要があることを意味する．また，不必要な転写は，細胞にとってエネルギーや資源の無駄であるから，転写因子などで転写時期や転写量を調節しているのである．

バイオテクノロジーにおいて，遺伝子を異種生物で発現させることがある．例えば大腸菌でヒトの遺伝子を発現させる場合，強さや調節機構など目的に応じたプロモーターやターミネーターを適切な位置に配置することが必要であるし，イントロンのない遺伝子（cDNA）を用いなければならない．ある生物の中で外来遺伝子を発現させる場合，遺伝子発現の最適化を図るには転写について十分な理解が重要である．

c）翻　訳（translation）

生命現象の主役はタンパク質である．タンパク質は，アミノ酸がペプチド結合で連なった物質（ポリペプチド，polypeptide）で，種々の化学反応を触媒する酵素や細胞を構成する成分である．遺伝子にコード（code）される遺伝情報がmRNAに転写されてもまだ核酸の言語（4種類の塩基の並び）であるが，それをタンパク質の言語（20種類のアミノ酸の並び）に変換するのが翻訳という段階である．翻訳機構の解明には，遺伝子の言語すなわち遺伝暗号（genetic code）の解読が必要であったが，ニーレンバーグ（Marshall Warren Nirenberg, 1927–2010）らの研究を契機にして遺伝暗号が解読された．合成したポリウリジル酸（ポリ（U），poly（U），UUUUU……とウリジル酸が連続したもの）を翻訳させると，フェニルアラニンが連なったポリフェニルアラニンが得られ，最終的にUUUという核酸3つの配列（トリプレット，triplet）がフェニルアラニンをコードする暗号であることが明らかとなった．その後研究が進み，表2-6のように遺伝暗号がすべて解読された．

核酸の塩基は4種類しかないが（RNAではA, C, G, U），トリプレットには$4^3 = 64$種類の組み合わせがあり20種類のアミノ酸を規定するには十分な数となる．このトリプレットをコドン（codon）と呼び，翻訳開始に用いられるコドンを開始コドン（initiation codon），翻訳終結を規定するものを終止コドン（stop codon）という．表2-6に示すように，規定するコドンが1つしかないアミノ酸と，複数のコドンで規定されるアミノ酸がある．複数のコドンで1つのアミノ酸を規定する場合，これをコドンの縮重（degeneracy）という．

コドンは，原核生物と真核生物で共通であるが，オルガネラ（ミトコンドリアや葉緑体）では少し異なったコドンが使われている．コドンをアミノ酸に翻訳するには，翻訳装置であるリボソーム（ribosome）とリボソームにアミノ酸を運ぶ転移RNA（tRNA）が必要である．リボソームは，図2-39（a）のようにrRNAに多くのタンパク質が会合した大小2つのサブユニットから成るタンパク質合成小

表2-6　遺伝暗号（コドン）

1番目の文字	2番目の文字			
	U	C	A	G
U	UUU フェニルアラニン UUC フェニルアラニン UUA ロイシン UUG ロイシン（開始）	UCU セリン UCC セリン UCA セリン UCG セリン	UAU チロシン UAC チロシン UAA 終止 UAG 終止	UGU システイン UGC システイン UGA 終止 UGG トリプトファン
C	CUU ロイシン CUC ロイシン CUA ロイシン CUG ロイシン	CCU プロリン CCC プロリン CCA プロリン CCG プロリン	CAU ヒスチジン CAC ヒスチジン CAA グルタミン CAG グルタミン	CGU アルギニン CGC アルギニン CGA アルギニン CGG アルギニン
A	AUU イソロイシン AUC イソロイシン AUA イソロイシン AUG メチオニン（開始）	ACU スレオニン ACC スレオニン ACA スレオニン ACG スレオニン	AAU アスパラギン AAC アスパラギン AAA リジン AAG リジン	AGU セリン AGC セリン AGA アルギニン AGG アルギニン
G	GUU バリン GUC バリン GUA バリン GUG バリン（開始）	GCU アラニン GCC アラニン GCA アラニン GCG アラニン	GAU アスパラギン酸 GAC アスパラギン酸 GAA グルタミン酸 GAG グルタミン酸	GGU グリシン GGC グリシン GGA グリシン GGG グリシン

GUGやUUGも稀に開始コドンとして使用される．

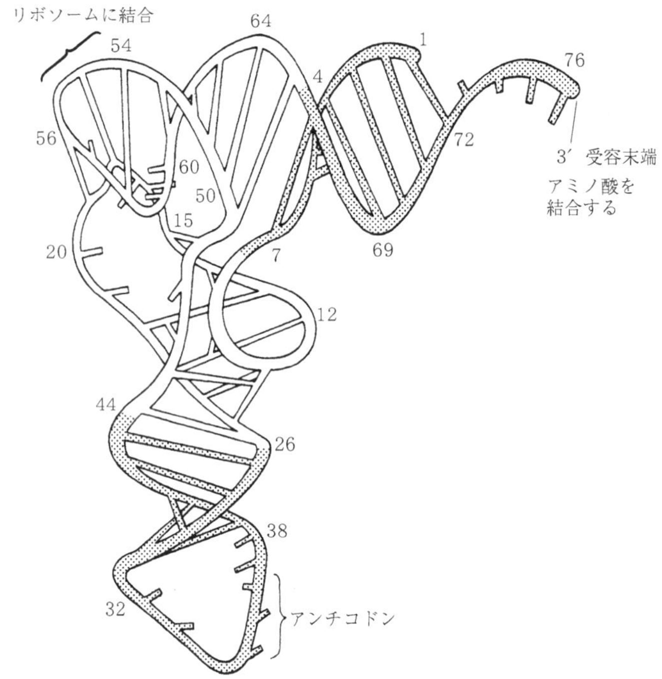

図 2-38　転移 RNA（tRNA）の構造

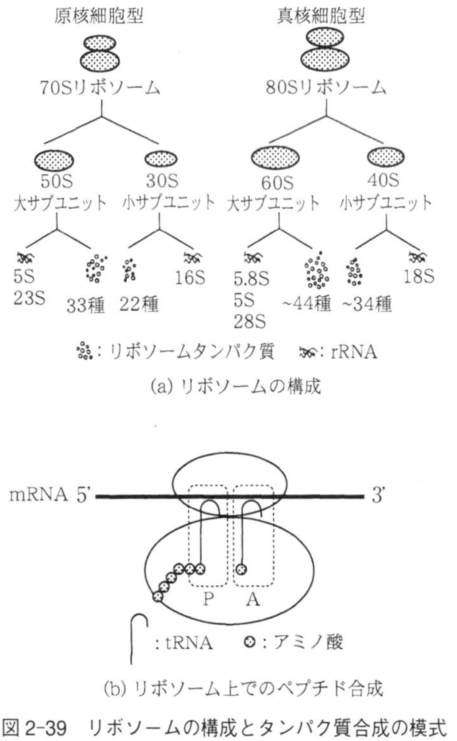

(a) リボソームの構成

(b) リボソーム上でのペプチド合成

図 2-39　リボソームの構成とタンパク質合成の模式

器官であり，mRNA に結合して遺伝暗号を翻訳する．tRNA は図 2-38 のような構造をした低分子 RNA で，コドンと相補的なアンチコドン（anticodon）と呼ばれる配列を持つ．細胞内には，終止コドン以外のコドンと同じ 61 種類のアンチコドンを持つ tRNA があり，それぞれ対応するアミノ酸と結合する．アミノ酸と結合した tRNA（aminoacy1-tRNA）が，mRNA に結合したリボソームにアミノ酸を運び，コドンとアンチコドンが一致する場合のみペプチド結合が作られる．このように，リボソームが mRNA 上を 5′ から 3′ 方向へと進みながら tRNA が運んでくるアミノ酸を縮合して，遺伝暗号を正確にタンパク質へと翻訳する（図 2-39(b)）．

リボソームは，ウイルス類以外の細胞性生物すべてが保有するタンパク質合成小器官であり，その構成成分（特に rRNA）は生物全般で非常に高く保存されている．言い換えると，リボソームは細胞性生物すべてに必須であるので，他の遺伝子に比べて変化が緩やかである．したがって，rRNA の塩基配列は生物種間の系統関係を議論する材料として用いられている．しかし，原核細胞と真核細胞では，図2-39（a）のようにリボソームの大きさが異なる．原核細胞型リボソームは70Sで30Sと50Sのサブユニットで構成されるが，真核細胞型は80Sで40Sと60Sのサブユニットで構成され原核細胞型より大きい．

Sは溶液中での高分子溶質の沈降速度に関する沈降定数（沈降係数ともいう）を表す単位で，分子の大きさや形状によって異なるものである．この分野の先駆的研究者ズベドベリ（Theodor Svedberg, 1884-1971）の名を取ってズベドベリ単位（Svedberg unit）という．抗生物質などの薬剤に対するリボソームの感受性も，原核細胞型と真核細胞型では異なる．ミトコンドリアや葉緑体など真核生物のオルガネラにあるリボソームは，原核細胞型（70Sタイプ）で，薬剤感受性も真正細菌のリボソームと類似している．アーキアは原核細胞型（70Sタイプ）リボソームを保有しているが，薬剤感受性は真正細菌型や真核細胞型とは異なる．

転写の所で述べたように，原核生物の遺伝子にはORFの上流（開始コドンより数bp上流）にリボソーム結合配列（ribosome binding sequence）がある．これは，原核細胞（真正細菌）型リボソームの30Sサブユニットにある16S rRNAの3'末端と相補的な配列で，シャイン・ダルガルノ（SD）配列（Shine-Dalgarno sequence, SD sequence）とも呼ばれる．

真正細菌では，開始コドンからSD配列までの距離が翻訳効率に大きく影響する．アーキアにもSD様配列が見つかっているが，真核生物の遺伝子にはSD様配列はない．真核生物のmRNAの5'末端には，7-メチルグアノシン（7-methyl-guanosine, m7G）が5'-5'三リン酸を介して結合しており，mRNAの5'末端の1つないしは2つのヌクレオチド残基のリボースの2'位がメチル化されていることもある．このような特殊な構造をキャップ構造（cap structure）と呼び，真核生物の翻訳開始に重要な役割を持つ．また，原核生物のDNAは細胞質にあり，転写と翻訳は共役してほぼ同時に進行するが，真核生物では転写と翻訳の場所が異なる（図2-36参照）．

真核生物のDNAは核内にあり，核内で転写とポリ（A）尾部やキャップ構造の付与並びにスプライシングが行われ，成熟mRNAが核膜孔（nuclear pore）から細胞質に移行して細胞質で翻訳される．リボソームは核内にもあり一部のmRNAを翻訳するが，主に細胞質（可溶化している）や小胞体（end-plasmic reticulum, ER）というオルガネラの膜に結合している．このような小胞体は粗面小胞体（rough ER）と呼ばれ，mRNAの多くはここで翻訳される．

1つのアミノ酸に対して縮重するコドンがあることは先に述べたが，このような縮重コドンの使用頻度（codon usage）は生物種によって異なる．例えば出芽酵母は，ゲノムのG＋C含量が39～41%と低く（A＋Tに富む），トリプレットの3番目の塩基がAかUの縮重コドンを好んで使う．一方，放線菌はゲノムのG＋C含量が高く（70～75%），トリプレットの3番目の塩基がGかCの縮重コドンを好んで使う．このように，生物（ゲノムのG＋C含量の違い）によってコドン使用頻度に偏りがある．これは，生物種の違いによる方言のようなもので，異種生物由来の遺伝子の発現を試みるときには，SD配列やキャップ構造などと同様にコドン使用頻度も十分考慮する必要がある．

d）酵素（enzyme）と代謝（metabolism）

遺伝情報が転写・翻訳されてタンパク質となるが，タンパク質はアミノ酸（図2-40）がペプチド結合で連なった物質であり，その立体構造はアミノ酸配列（一次構造）によって決まる．アミノ酸の配

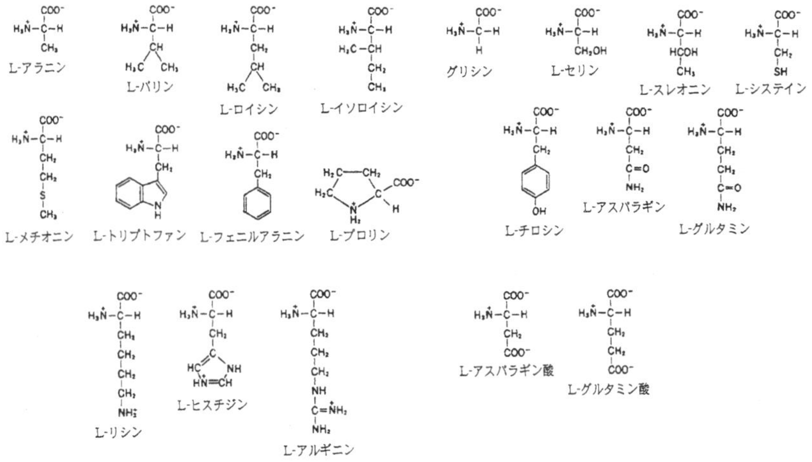

図 2-40　アミノ酸の構造

列によって，右巻きらせん構造のαヘリックス（α helix）や，平面的にアミノ酸が並ぶβシート構造（β sheet structure）などの様々な立体構造をとる．またシステイン残基の側鎖には–SH基があるので，システイン残基間でジスルフィド結合（disulfide bond, –S–S–）を形成し，ペプチド鎖を架橋する．これ以外に，イオン結合，水素結合，疎水結合などにより，図 2-41 のような部分的な立体構造が作られ，αヘリックスやβシート構造などが複雑に配置してドメイン（domain）と呼ばれる構造になる．タンパク質には複数のドメインを持つものや，2つ以上のタンパク質が会合してさらに複雑な立体構造をとるものもある．これらをタンパク質の高次構造と呼ぶ．自然に高次構造をとるタンパク質もあるが，αヘリックスやβシートが折りたたまれて（folding）高次構造をとるためにシャペロン（chaperon）と呼ばれる折りたたみ酵素（folding enzyme）が必要なものもある．

また，インスリン（insulin）のように，高次構造を形成してから，ペプチド鎖が切断されるものもある．これに加えて，タンパク質の中には糖鎖（sugar chain）や脂質（lipid）が結合したものがあり，それぞれ糖タンパク質（glycoprotein），リポタンパク質（lipoprotein）という．これらは翻訳後に付加され，翻訳後修飾（posttranslational modification）と呼ばれる．

このようにして多様な立体構造を形成したタンパク質（ポリペプチド）は，様々な生理活性を持つこと

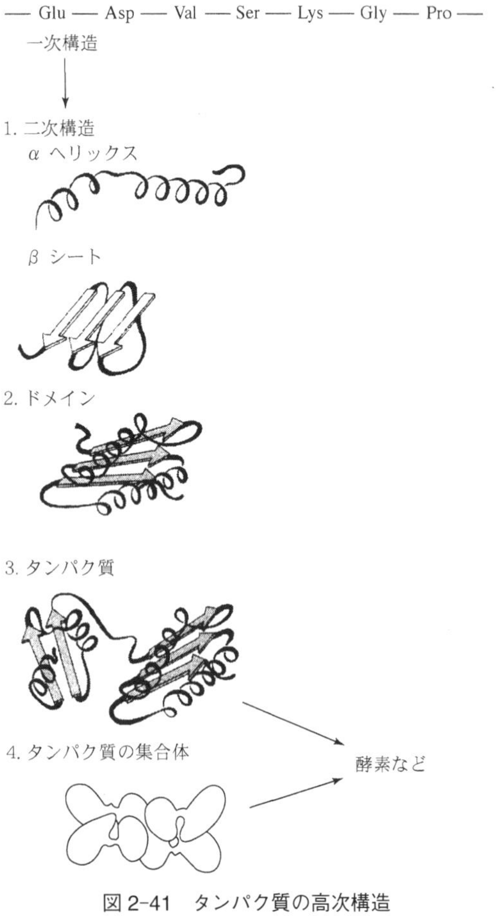

図 2-41　タンパク質の高次構造

になる．その中で，種々の化学反応を触媒する生体触媒を酵素と呼ぶ．

酵素の特徴は，1）基質（substrate）および生成物（product）の特異性（特に光学異性の認識のような立体特異性）に優れていること，2）化学反応の活性化エネルギーを低下させ反応を促進する能力が化学触媒より優れている（すなわち反応速度が速い）こと，3）穏和（常温・常圧・中性付近）な条件で反応することなどである．とりわけ 1）と 2）の特徴は，副産物生成や収率の点で，化学合成より優れている．

例えば化学合成では，立体異性を区別して反応することは困難で，生成物にも立体異性体が同量含まれてしまうが，酵素反応では立体特異的かつ速やかに反応し，生成物も単一となる．また，たった 1 つの官能基を導入するのに，化学合成ではいくつものステップを経なければならず，反応効率も悪いことがある．しかし，酵素反応では効率よく 1 ステップで導入できる．このような酵素の基質特異性（substrate specificity）は，鍵と鍵穴の関係にたとえられ，タンパク質の立体構造の多様性を背景としている．しかし，酵素はタンパク質であるから，熱や有機溶媒などで変性しやすく，酸化によっても活性を失ってしまうなど，欠点もある．その欠点を補うために，耐熱性酵素などのスクリーニングや，タンパク質工学的な改良が進められている．酵素の固定化も安定性向上に効果がある場合も多い．酵素反応については第 3 章に解説してあるが，バイオテクノロジーはまさに酵素を利用する技術といっても過言ではないのである．

生命現象とは，生物が活動しそして子孫を残すために，細胞内外で様々な化学反応を行うことである．それは，活動するためのエネルギーを獲得するためであり，細胞を構成する物質を作るためである．酵素はそのような化学反応を担っているのであり，このような化学反応を代謝と呼ぶ．生体内で，酵素によって物質が合成または分解され，次々変換されていく流れを代謝経路（metabolic pathway）と呼ぶ．その代謝経路の概略を図 2-42 に示す．

この経路は概ね全生物に共通するが，生物によって代謝経路は多少異なる．例えば，微生物や植物はアミノ酸を合成できるが，動物は合成できないアミノ酸があり，食物から摂取しなければならない．そ

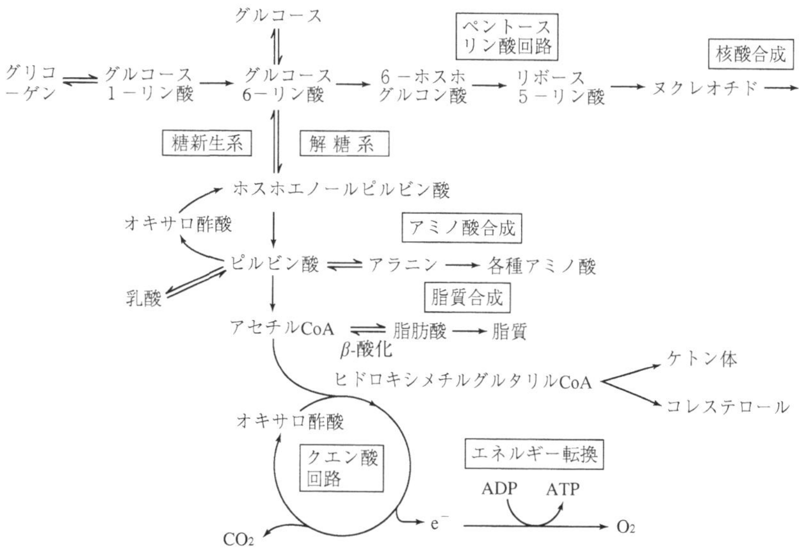

図 2-42　代謝経路

のような合成できないアミノ酸を必須アミノ酸と呼ぶ．アミノ酸は，タンパク質の原料としてだけではなく，神経伝達物質の原料としても重要である．また，日焼けするとできるメラニン色素もアミノ酸のチロシンから生産される．ヒトにとって，アミノ酸は食物から摂取すれば十分であるが，特定のアミノ酸の機能に利用価値があると，そのアミノ酸を大量に合成する必要がある．

例えば，コンブの旨味成分がグルタミン酸というアミノ酸であることが明らかにされ，グルタミン酸の調味料としての需要が出てきた．またトリプトファンというアミノ酸は，不眠治療に使用される．しかし，アミノ酸にはD-体とL-体という光学異性体があり，生体内ではL-体のみが利用される（稀にD-体も利用される）．したがってアミノ酸の生産は，化学合成ではなく，天然物からの抽出によって行われていた．しかし，抽出では手間の割には収量が少ないため，微生物によって発酵生産させるようになった．

これがアミノ酸発酵の始まりで，日本はこの分野では世界をリードしている．アミノ酸発酵では，優良な生産菌の分離，生産の最適培養条件の検討，生産菌の改良が重要である．ところが，生物にとってアミノ酸などを不必要に作りすぎることは，エネルギーや原料の無駄遣いであるから，作りすぎないように調節する機構が備わっている．合成経路が進み生産物が蓄積すると，その生産物が合成経路の何段階か前のステップを制御する機構があり，フィードバック制御（feedback control，feedback regulation）という．フィードバック制御には，酵素の活性を阻害するフィードバック阻害（feedback inhibition）と，酵素タンパク質の生産を（主に転写レベルで）抑制するフィードバック抑制（feedback

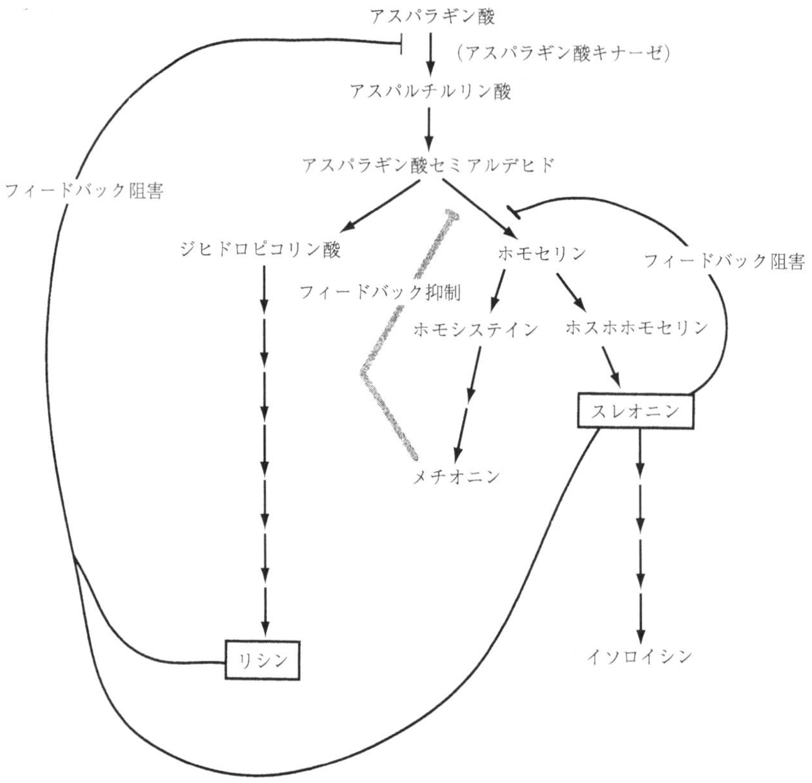

図 2-43　*Corynebacterium glutamicum* におけるリシンなどの生合成経路
アスパラギン酸キナーゼは，リシンとスレオニンの協奏的阻害を受ける．

repression）とがある．このような制御機構は，生産収量を向上させようとするとき問題となる．1つの解決例をリシン発酵で解説する．

図2-43にリシンの生合成経路と，フィードバック制御を示すが，生産物であるリシンとスレオニンによって，リシン（およびスレオニンやメチオニンなども）の生合成は協奏的に阻害される．この阻害には，リシンとスレオニン両者が必要で，ホモセリン要求変異株を取得することによってスレオニンなどの合成を行えなくし，フィードバック阻害を解除してリシンを大量発酵することに成功した．このように，生産菌を改良することを育種（breeding）という．現在では，遺伝子レベルで生産調節を解析し，遺伝子を操作して育種を行うことが可能となり，分子育種（molecular breeding）などと呼ばれている．

アミノ酸などのように，生育に必須な物質の生合成を一次代謝（primary metabolism），抗生物質などのように，その生産能を失っても生育には影響のないものを二次代謝（secondary metabolism）と呼び区別しているが，厳密な線引きは難しいことが多い．それぞれの代謝産物を，一次代謝産物（primary metabolite），二次代謝産物（secondary metabolite）という．

2-2-3　遺伝子工学

組換えDNA技術（遺伝子組換え技術）は，試験管内で遺伝子DNAを自在に操作する技術である．1972年に最初の組換えDNA分子を試験管内で作製したのは，スタンフォード大学のバーグ（Paul Berg, 1926-）らである．彼らは，サルの腫瘍ウイルスSV40のDNAと，大腸菌のラムダファージ（λphage）DNAとの雑種分子を試験管内で作製することに成功した．異なる2つの遺伝形質が1つになるので，ギリシャ神話の怪獣の名にちなんでこのような分子をキメラ（chimera）という．

翌1973年，同じスタンフォード大学のコーエン（Stanley Norman Cohen, 1935-）とカリフォルニア大学サンフランシスコ校のボイヤー（Herbert Wayne Boyer, 1936-）たちは，形質が異なる2つの大腸菌プラスミド（plasmid；細胞内で染色体以外の自立複製する遺伝因子）DNAを試験管内で連結して1つの分子とし，それを大腸菌に導入して両者の形質（薬剤耐性）が現れることを示した．コーエンは翌年（1974年）に，グラム陽性細菌である黄色ブドウ球菌のプラスミドとグラム陰性細菌である大腸菌のプラスミドとのキメラ分子を作製し，両者の形質が大腸菌で発現することを示した．バーグらのキメラ分子作製法は何段階もの酵素反応を経て行われたのに対して，コーエンらの方法は，制限酵素で切断したDNA断片をDNAリガーゼで連結するという簡単な方法であった．またキメラ分子を大腸菌に取り込ませる方法も同時に提示しており，今日の組換えDNA技術の基本形といえるもので，画期的な技術であった．

バーグらの作製したキメラ分子は大腸菌に導入することも可能であったが，彼らは，一方が哺乳動物（サル）の腫瘍ウイルスであることから，それを持つ大腸菌が人間社会や自然界にどのような影響与えるか分からない時点での実験をためらった．コーエンらの作製したキメラ分子も，ペニシリンなど複数の薬剤耐性を示すもので，それを保有する大腸菌が広く蔓延すれば非常に深刻な問題となることが予想された．

遺伝子組換え技術によって，自然界にない新たな生物が作り出され，それによって人間社会に危害が及ぶこと，すなわちバイオハザード（biohazard，生物危害または生物災害）を考慮しなければならない．そこで，このような研究を行っていた科学者たちが，カリフォルニアのモントレー近郊のアシロマというところで会議を開き，現在の組換えDNA実験の安全指針（ガイドライン）の基になる勧告を発表した．これが有名なアシロマ会議で，1975年のことであった．

その後，遺伝子組換え作物が商品化されたことに伴って，生きている遺伝子組換え生物の取扱いに関して国際的な会議が行われた．「生物の多様性に関する条約（通称：生物多様性条約）」という国際条約を締結した国々が参加する会議で，「生物の多様性に関する条約のバイオセーフティーに関するカルタヘナ議定書（Cartagena Protocol on Biosafety, 通称：カルタヘナ議定書）」が採択された．1999年，コロンビアのカルタヘナで行われた会議で採択される予定だったが，各国の思惑があり紛糾したため，翌2000年にカナダのモントリオールで採択された．

カルタヘナ議定書では，生物の多様性の保全および持続可能な利用に悪影響を及ぼす可能性のあるLMO（Living Modified Organism, 遺伝子組換え生物のこと，GMO, Genetically Modified Organismとも呼ぶ）の安全な移送，取扱いおよび利用の分野において十分な水準の保護を確保することを目的とし，LMOの輸出入など国境を越える移動に関して取り決めている．この国際条約は，日本を含め150以上の国および地域が批准・締結している．条約締結に伴い，日本でも国内法の整備が行われ，2003年「遺伝子組換え生物等の使用等の規制による生物の多様性の確保に関する法律（通称：カルタヘナ法）」が成立し，2004年から施行されている．これには罰則があり，最高で1年以内の懲役または100万円以下の罰金が科せられる．組換えDNA実験の安全指針（ガイドライン）はこの法律の下にあるが，カルタヘナ法はこのガイドラインを基本に策定されており，ガイドラインの大きな変更はない．ガイドラインでは，組換えDNA分子を導入する生物（これを宿主という）およびベクターの安全性，それらが実験室外に漏れ出さないような配慮，実験者の安全を配慮することからなる．

ガイドラインには，実験に使用する宿主・ベクター系に関する生物学的封じ込め（biological containment, B1とB2の2つのレベルがある）と，主に実験室のハードウエアに関する物理的封じ込め（physical containment, P1～P4の4つのレベルがある）があり，扱う試料の危険度が増すにつれ，大きな数字の封じ込めが適用される．培養量が20リットルを超える場合の物理的封じ込めはLS-C, LS-1, LS-2と呼ばれる．その他ガイドラインには，実験者が誤って組換え生物を摂取しないようにする実験マニュアルなどがある．これらは実験の種類によって使い分けられるが，安全性が確認された宿主・ベクター系としては，大腸菌K-12株（*Escherichia coli* K-12）由来の宿主とColE 1由来のプラスミドやλファージ由来のベクターで構成されるEK系および，枯草菌（*Bacillus subtilis* Merberg）のBS系などの細菌系と，パン酵母（*Saccharomyces cerevisiae*）由来の宿主と2μmプラスミドなど由来のベクターで構成されるSC系が有名である．

［ベクター（vector）］

ベクターとは，ラテン語で運ぶ者という意味の言葉で，英語では，ベクトル，方向，進路，媒介動物などの意味の言葉である．組換えDNA技術において，ベクターとは外来のDNAを組み込み，宿主細胞中で自立的に複製し増殖できるDNAのことで，遺伝子の運び役のことである．自己複製能のあるプラスミド，ファージやウイルス，人工染色体などが加工されて用いられる．宿主細胞で自立複製できない染色体組み込み型もベクターと呼ぶことがある．ベクターとしての条件は，以下のことが挙げられる．

①宿主細胞内で複製し，娘細胞に安定に分配される．
②適当な制限酵素切断部位を持つこと．ベクター分子内に単一であればなお良い．
③ベクターが細胞内に存在することや，外来DNAが挿入されたことがモニターできる適当な選択マーカーを持つこと．
④細胞から容易に回収できること．

遺伝子を単離する目的で使用されるクローニングベクター（cloning vector），大腸菌－酵母のように2つの生物間を行き来することができるシャトルベクター（shuttle vector），目的の遺伝子を宿主細胞内でタンパク質に発現させることのできる発現ベクター（expression vector），プラスミドとファージの両方の性質を持つコスミドベクター（cosmid vector），一本鎖DNAを得る目的のベクターなど，目的に応じて種々のベクターが開発されている．図2-44は大腸菌のベクターpUC19で，最もよく使用されているものの1つである．以下にこのクローニングベクターの特徴を説明する．

①pUC19は環状の比較的サイズの小さい二本鎖プラスミドDNAで，大腸菌細胞内で複製するため

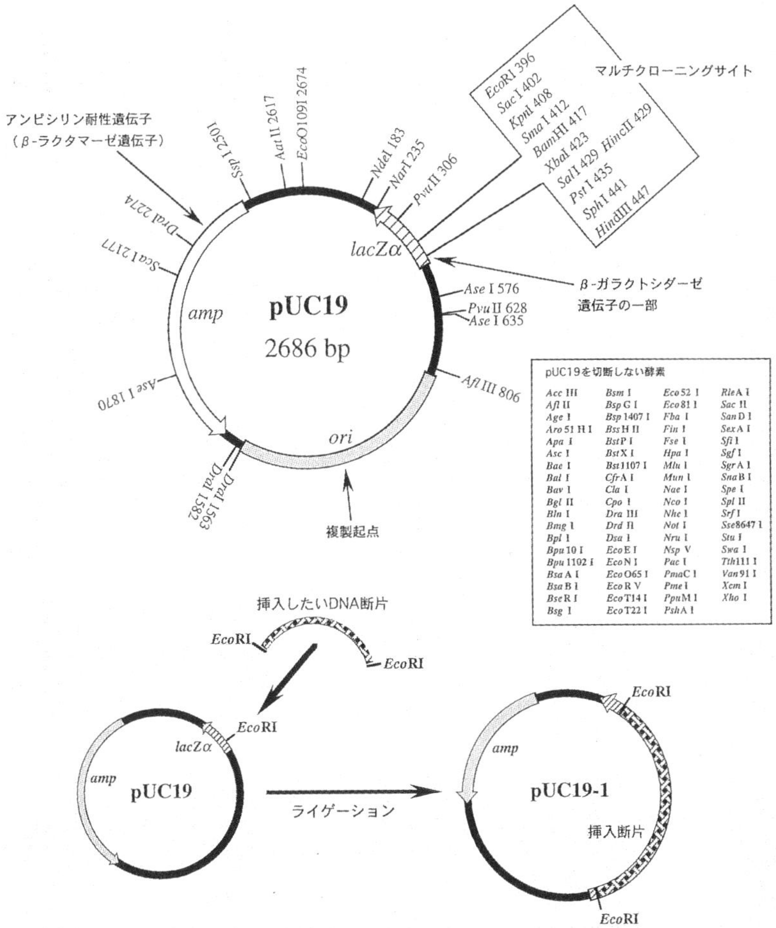

Acc III	*Bsm* I	*Eco* 52 I	*Rle* A I
Afl II	*Bsp* G I	*Eco* 81 I	*Sac* II
Age I	*Bsp* 1407 I	*Fba* I	*San* D I
Aro 51 H I	*Bss* H II	*Fin* I	*Sex* A I
Apa I	*Bst* P I	*Fse* I	*Sfi* I
Asc I	*Bst* X I	*Hpa* I	*Sgf* I
Bae I	*Bst* 1107 I	*Mlu* I	*Sgr* A I
Bal I	*Cfr* A I	*Mun* I	*Sna* B I
Bav I	*Cla* I	*Nae* I	*Spe* I
Bgl II	*Cpo* I	*Nco* I	*Spl* II
Bln I	*Dra* III	*Nhe* I	*Srf* I
Bmg I	*Drd* II	*Not* I	*Sse* 8647 I
Bpl I	*Dsa* I	*Nru* I	*Stu* I
Bpu 10 I	*Eco* E I	*Nsp* V	*Swa* I
Bpu 1102 I	*Eco* N I	*Pac* I	*Tth* 111 I
Bsa A I	*Eco* O65 I	*Pma* C I	*Van* 91 I
Bsa B I	*Eco* R V	*Pme* I	*Xcm* I
Bse R I	*Eco* T14 I	*Ppu* M I	*Xho* I
Bsg I	*Eco* T22 I	*Psh* A I	

図2-44　ベクターpUC19の制限酵素地図
DNA断片の挿入によって*lacZα*遺伝子が分断される．したがって*lacZα*遺伝子の機能がなくなる（挿入失活）．

のoriと呼ばれる複製起点がある.

②外来DNAを挿入（クローニング）するのに都合がよいpUC19を1カ所だけを切断する制限酵素部位が*lacZα*遺伝子内に数種あり，これをマルチクローニングサイト（multiple cloning site, MCS）と呼ぶ.

③選択マーカーとして，アンピシリン（ペニシリンの一種）という薬剤を分解し，それに抵抗性となる遺伝子*amp*（β-ラクタマーゼ，β-lactamase，の遺伝子）と，β-ガラクトシダーゼ（β-galactosidase）という酵素遺伝子の1部*lacZα*を持つので，ベクターが細胞内に存在すると細胞はアンピシリン耐性になり，特殊な培地上では青い色素を生産する．もし外来DNAが*lacZα*遺伝子内に挿入されると，*lacZα*遺伝子が分断され壊されるので，青い色素を生産できない（図2-44）．したがって外来DNAがうまく挿入されたかどうかは，培地上のコロニーの色（青か白）を選別すればよい（挿入されたものは白いコロニー）．しかし，この選択には特殊な宿主（α相補，α complementation，のできる株）が必要である.

④細胞内での数が多く（コピー数が高い，high-copy number），細胞から容易に回収できる.

大腸菌のプラスミドを枯草菌に導入しても複製しない．したがって，ベクターは宿主との組み合わせで用いられる．このような組み合わせを，宿主・ベクター系（host-vector system）という．また，大腸菌のファージベクターやコスミドベクターは，試験管内でファージタンパク質を添加すると，DNAとタンパク質が会合して感染力を持つファージ粒子になる．これをパッケージング（*in vitro* packaging）と呼び，遺伝子導入に用いる.

［制限酵素（restriction enzyme）］

制限酵素は，細菌の持つ菌株特異的なエンドヌクレアーゼ（endonuclease）で，ファージなどの侵入してくる外来DNAを切断して排除するために存在し，動物の免疫のような細菌における自己防衛機構である．自己のDNAは，制限酵素に対合するメチル化酵素などによって修飾されているので，その制限酵素によって切断されない．このような細菌の自己防衛機構を，制限修飾系（restriction-modification system）と呼ぶ.

制限酵素は，特定の塩基配列を認識して二本鎖DNAを切断する酵素であるが，切断箇所に特異性を持たないI型，III型と，特定の位置で切断するII型の3つのタイプがある．組換えDNA技術や，遺伝子の解析に用いられるのはII型の制限酵素である．一般によく用いられているのは，6塩基の配列を認識し，認識配列中のどこかの位置でリン酸ジエステル結合を切断するものである．大腸菌由来の制限酵素*Eco*RIは，5'-GAATTC-3'という配列を認識し，GとAの間を切断する．その結果，表2-7および図2-45のように5'-AATT-3'という4塩基の一本鎖突出末端が生じる．このような末端を，5'突出末端（5'protruding end）と呼び，*Eco*RIで消化したDNAはすべてこの末端を持つので，再結合が可能である．その他，3'側に一本鎖突出末端（3'突出末端，3'protruding end）を生じる制限酵素や，平滑末端（blunt end）を生じる酵素が知られている（表2-7）.

平滑末端は，どの制限酵素による平滑末端でも再結合可能であるし，突出末端の配列が同じであれば，異種の制限酵素で消化したDNA断片でも再結合可能である．ただしこの場合，用いた2つの酵素

表2-7　よく使用される制限酵素

制限酵素	認識配列と切断部位	切断末端の構造
*Eco*R I	5' − GAATTC − 3' 3' − CTTAAG − 5'	5' − G　AATTC − 3' 3' − CTTAA　G − 5'
*Bam*H I	5' − GGATCC − 3' 3' − CCTAGG − 5'	5' − G　GATCC − 3' 3' − CCTAG　G − 5'
Bgl II	5' − AGATCT − 3' 3' − TCTAGA − 5'	5' − A　GATCT − 3' 3' − TCTAG　A − 5'
*Hin*d III	5' − AAGCTT − 3' 3' − TTCGAA − 5'	5' − A　AGCTT − 3' 3' − TTCGA　A − 5'
Pst I	5' − CTGCAG − 3' 3' − GACGTC − 5'	5' − CTGCA　G − 3' 3' − G　ACGTC − 5'
Sal I	5' − GTCGAC − 3' 3' − CAGCTG − 5'	5' − G　TCGAC − 3' 3' − CAGCT　G − 5'
Sma I	5' − CCCGGG − 3' 3' − GGGCCC − 5'	5' − CCC　GGG − 3' 3' − GGG　CCC − 5'

いずれでも再切断はできない．現在，200種以上の制限酵素が市販されており，組換えDNA実験などに用いられている．

［遺伝子クローニング（gene cloning）］

染色体DNAなどを制限酵素で消化すると，不特定多数のDNA断片を生じる．これらの断片を適当なベクターに連結して，組換えDNAを作製する．それを宿主細胞に導入し，得られた形質転換体の中から目的とする遺伝子を保持する細胞（クローン，clone）を選択する．このように，特定の遺伝子を単離し，そのコピーを増やすことを遺伝子のクローニングあるいは遺伝子をクローン化するという．図2-45に例を示す．

制限酵素消化で生じるDNA断片の突出末端が同じであれば，2つの分子の一本鎖部分は互いに水素結合を形成して二本鎖となる．しかし，リン酸ジエステル結合は作られないので，2つのDNA分子はつながっていない．これを連結するのが，DNAリガーゼ（DNA ligase）と呼ばれるDNA連結酵素である．DNAリガーゼは，ポリデオキシリボヌクレオチドシンターゼ（polydeoxyribonucleotide synthase）とも呼ばれ，DNAの複製や修復の時に必要な酵素であるが，組換えDNA実験では，平滑末端を連結できることから，大腸菌ファージ由来のT4 DANリガーゼがよく用いられる．制限酵素はハサミ，DNAリガーゼは糊のような働きをし，これによって試験管内で遺伝子を切り貼りできるのである．

また，真核生物のmRNAを鋳型に逆転写酵素で相補DNA（complementary DNA, cDNA）を作製し，ベクターにクローニングする方法をcDNAクローニングと呼ぶ．これによって，イントロンのない遺伝子が得られる．

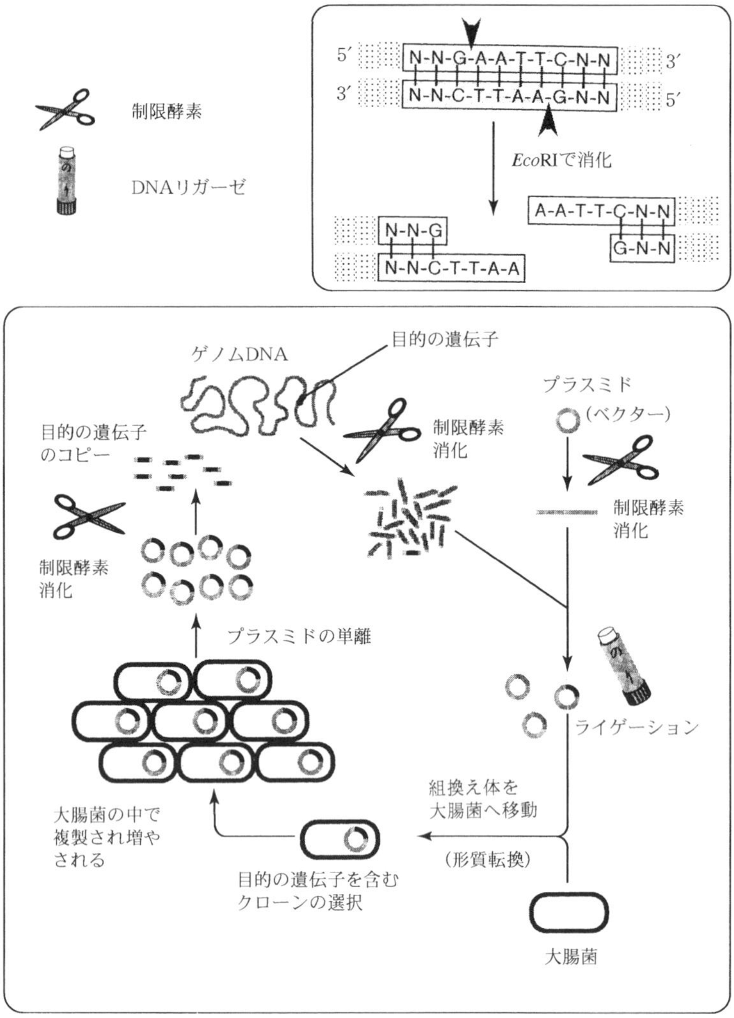

図 2-45　遺伝子クローニングの一例

［遺伝子導入法（gene transfer）］

遺伝子のクローニングでは，試験管内で作製した組換えDNA分子を宿主細胞に導入することが必要になるが，遺伝子の導入法は宿主によって様々である．一般に，プラスミドベクターを導入することを形質転換（transformation），ファージやウイルスベクターを用いる場合を形質感染（transfection）あるいは形質導入（transduction）と呼ぶ．ファージでは，ファージタンパク質をDNAと混合するだけで，ファージ粒子が再構成され感染力を持つようになる．ファージベクター（およびコスミドベクター）は，この性質を利用して遺伝子導入を行うことができる．しかし，プラスミドベクターではこのような方法は利用できない．以下に種々の遺伝子導入法を紹介する．

1）コンピテント細胞（competent cell）法

肺炎双球菌（*Streptococcus pneumoniae*）などでは，増殖のある一時期にDNAを取り込む能力がある．これをコンピテンス（competence）と呼ぶ．大腸菌（*Escherichia coli*）にはこのような時期はないが，塩化カルシウムや塩化ルビジウムなどで細胞を処理するとコンピテンスを獲得する．枯草菌（*Bacillus subtilis*）は，アミノ酸飢餓にするとコンピテンスを容易に獲得する．コンピテンスを獲得した細胞をコンピテント細胞という．

真核生物の酵母（*Saccharomyces cerevisiae*）では，リチウムイオンが有効で，酢酸リチウムで処理すると形質転換ができるようになる．また動物の培養細胞は，リン酸カルシウムやDEAEデキストラン（DEAE-dextran）を用いて遺伝子導入を行うことができる．真核生物の場合，コンピテント細胞とは呼ばないが，実験方法は類似している．

2）プロトプラスト・PEG（polyethylene glycol-mediated protoplast transformation）法

植物やほとんどの微生物には細胞壁がある．細胞内の浸透圧と等張あるいは少し高張な溶液中で，細胞壁分解酵素により細胞壁を消化すると，細胞膜のみで包まれたプロトプラスト（protoplast）になる．このプロトプラストを含む等張液にDNAを添加してポリエチレングリコール（PEG）を作用させると細胞融合が起き，2つの細胞に挟まれたDNA溶液が細胞内に取り込まれる．プロトプラストとPEGの作用は細胞融合のところで解説する．プロトプラスト法のDNA導入効率は良いが，元の形態への再生（regeneration）が必要である．植物の場合，形質転換より細胞融合のためにプロトプラスト化するが，カビや放線菌のような菌糸状の多細胞微生物の場合，他に有効な遺伝子導入手段がないことと単細胞にする目的もあって，プロトプラスト法が用いられる．酵母や枯草菌でも，以前にはプロトプラスト法が主流であったが，現在は他の簡便な方法が開発されたため，プロトプラスト法はほとんど利用されなくなった．

3）エレクトロポレーション（electroporation，電気穿孔）法

細胞の懸濁液に数千Volt/cmの高電圧を数十マイクロ秒のパルスで加えると，一時的に細胞膜に小孔が生じるが，すぐに元の状態に修復される．その際に，細胞をとりまく溶液中のDNAが取り込まれる．この方法は，条件設定ができれば再現性が良く，細菌や酵母から動植物細胞まで幅広く利用されている方法である．また条件を変えれば，動植物細胞の融合にも用いられる．エレクトロポレーションの装置を図2-46に示す．

4）パーティクルガン（particle gun，遺伝子銃）法

DNAをコーティングした金またはタングステンの微細粒子（マイクロキャリヤー, microcarrier）を，ヘリウムガスの圧力で加速し直接細胞に撃ち込む方法で，図2-46に示すような装置が必要である．最初は，火薬を爆発させた風圧で金属粒子を加速していたため，銃（ガン）という言葉が使われた．パーティクルガンは，植物の細胞壁を通過させDNAを細胞内に導入するため開発されたが，理論的にはどのような細胞に対しても応用可能である．しかし，金属粒子の大きさが0.4～2μmのものしか利用できないので，細菌などの小さな細胞では利用しにくい．より粒径の小さな金属粒子が利用できれば，細菌などへも応用できる技術である．

5）マイクロインジェクション（microinjection，顕微注入）法

マイクロインジェクションとは，主に動物の卵や植物のプロトプラストに用いられる方法で，顕微鏡下で細胞に細いガラス管を差し込み，直接DNAやタンパク質を注入する方法である（図2-57参照）．1つの細胞や細胞内の核に選択的に遺伝子を注入できる利点もあるが，一度に多くの細胞を処理するには問題がある．

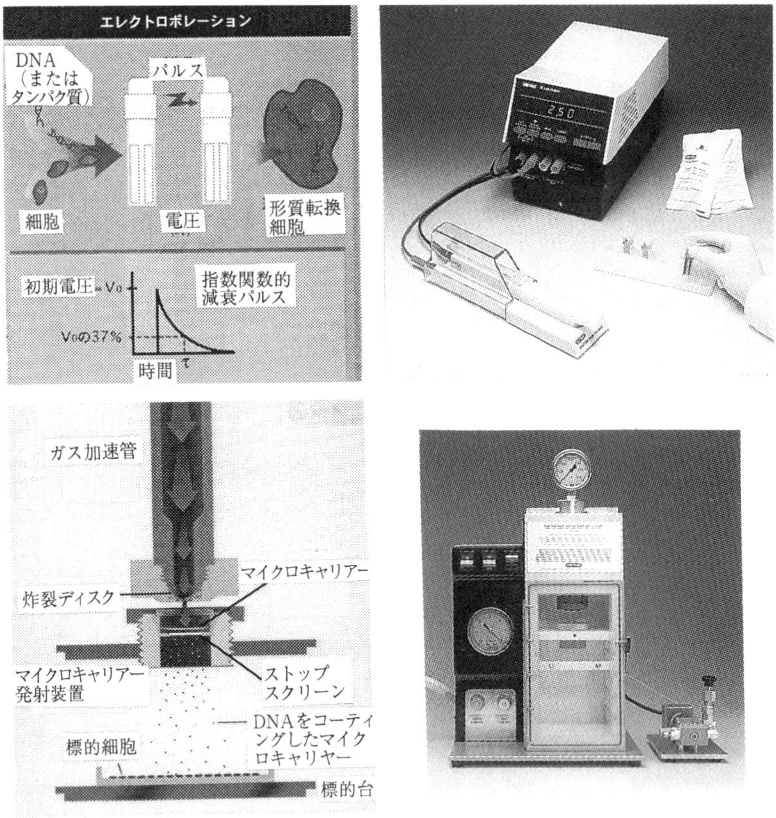

図2-46　エレクトロポレーション（上）とパーティクルガンの装置（下）
バイオラッド社のカタログより記載

［サザンブロットハイブリダイゼーション（Southern blot hybridization）］

遺伝子DNAは，塩基部分が水素結合を形成することによって二本鎖となっているが，温度やpHを上げると水素結合がはずれ二本鎖が開裂して一本鎖となる．これをDNAの変性（denaturation）という．温度を徐々に下げたり，pHを徐々に中性付近に戻してやると，DNAは再び元のペアで水素結合を形成して二本鎖に戻る．これを，アニーリング（annealing，焼き鈍しという意味）という．このとき，類似性を持つ別の変性DNAと混合すると，よく似た配列の間で混成の二本鎖DNAが形成される．このようなDNAの雑種（hybrid）を形成させることをハイブリダイゼーションと呼び，遺伝子間の相同性（homology，または類似性, similarity）を調べる手段となる（図2-47）．一方のDNAを標識しておけば，どれだけ雑種分子が形成されるか追跡できるが，溶液中の反応ではDNAのどの分子のどこの部分が雑種形成しているか判別できない．これを解決する技術を開発したのがサザン（Edwin M. Southern）で，サザンブロットあるいはサザントランスファー（Southern transfer）と呼ばれている．

この方法では，まず制限酵素で消化したDNA断片などを電気泳動で分画し，DNAを一本鎖に変性する．変性DNAを，その分画像のままニトロセルロースやナイロンのメンブレンフィルターに写し取り固定する．そのフィルター上のDNAと標識したDNAを雑種形成させれば，どのDNA断片が相同性を持つのか判別できる．標識したDNAをプローブ（probe）と呼び，RNAを標識して用いられることもある．この方法は，細菌などのコロニーや，ファージのプラークにも応用され，それぞれコロニーハイ

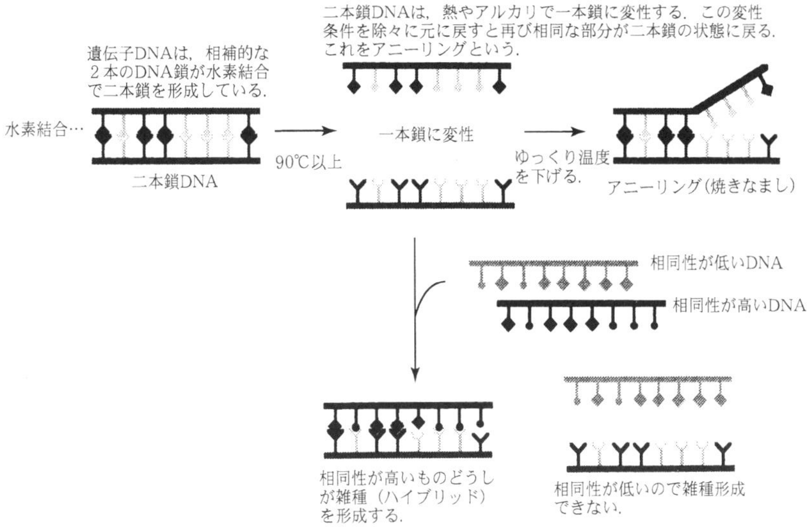

図2-47　ハイブリダイゼーションの原理

ブリダイゼーション（colony hybridization），プラークハイブリダイゼーション（plaque hybridization）と呼ばれ，遺伝子のクローニングに用いられる．サザンハイブリダイゼーションは，遺伝子診断や遺伝子鑑定など，様々な遺伝子の解析に用いられる．

［ノーザンブロットハイブリダイゼーション（northern blot hybridization)］

基本的にはサザンブロットハイブリダイゼーションと同じであるが，解析したいRNA（特にmRNA）をフィルターに固定して調べる方法で，サザン（これは人名）に対してノーザンと呼ばれている．通常RNAは一本鎖であるが，特殊な二次構造をとることが多いので，電気泳動の際に水素結合を形成しないように，ゲル中にホムアルデヒドやホムアミドを加えるなど工夫が必要である．

［DNA塩基配列の決定（DNA sequencing）とゲノムの解析］

新たな遺伝子を取得して解析するとき，そのDNA塩基配列を読み取ることが必要である．DNA塩基配列の決定法には，マクサム（Allan M. Maxam）とギルバート（Walter Gilbert, 1932-）による化学分解法（マクサム・ギルバート法，Maxam-Gilbert method）と，サンガー（Frederick Sanger, 1918-）によるDNAポリメラーゼを用いた酵素法（サンガー法またはチェーンターミネーター法，Sanger method or dideoxy chain terminator method）がある．サンガー法の原理を図2-48に示す。実験の簡便さからサンガー法が用いられるようになった．

最初は手作業でDNA配列を決定していたが，DNA抽出装置や自動DNAシークエンサー（automatic DNA sequencer）などの導入により，DNA塩基配列決定法の大部分が自動化され，短時間で多くの塩基配列の読み取りが可能となっている．当初DNAシークエンサーは，平板状のスラブゲルを用い，一回の泳動で解析できる塩基数は多くなかった。その後，高分解能で短時間に解析できるキャピラリーゲルが用いられるようになり，キャピラリーの本数を増やすことでハイスループット（高処理能力）化された．これらの技術革新によって，表2-8に示すように種々の生物の全ゲノム配列が読み取られて

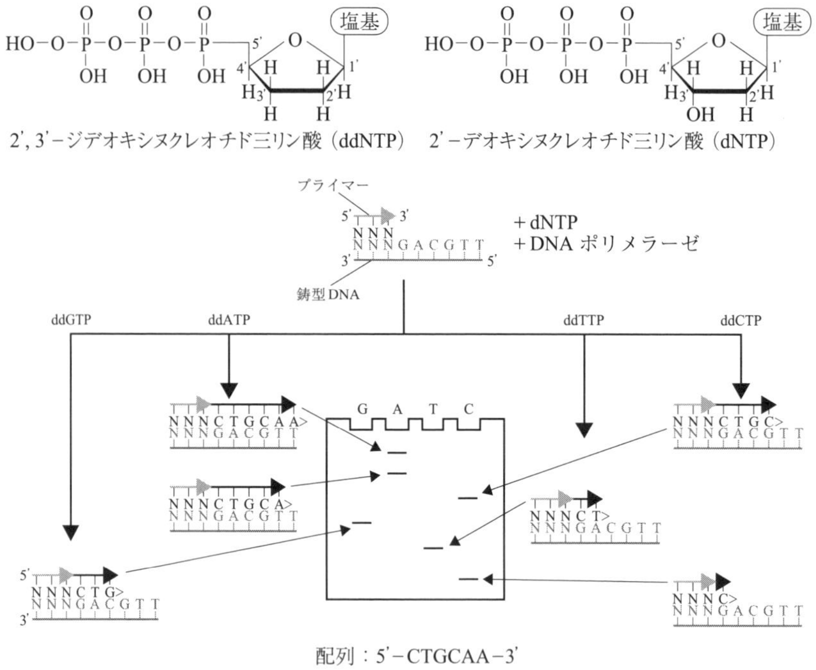

図 2-48　ジデオキシヌクレオチドの構造とサンガー法による DNA 塩基配列決定方法
決定しようとする一本鎖DNA（鋳型DNA）にプライマーをアニールし，DNAポリメラーゼ，4 種のヌクレオチド基質（dNTP）および，2', 3'-ジデオキシヌクレオチド（ddNTP）の 1 種類を加え相補鎖DNAの合成を行う．ddNTPが合成中のDNAに取り込まれると，ddNTPには 3'位にヒドロキシ基（-OH）がないためDNAの伸長が停止する．図中ではG>のように示している。合成された相補鎖を変性ゲルで分離すると，1 ヌクレオチド分の長さの違いで分離され，ゲルの下端から順に読むことで鋳型DNAの相補鎖の配列が決定される。新たに合成されるDNA鎖は，プライマーまたはヌクレオチド基質を蛍光色素などで標識しておくことで検出できるようにしておく。

いる．ゲノム解読やその後の解析には，膨大な情報処理が必要であり，ゲノム研究にはスーパーコンピューターなどの技術も不可欠である．生物の情報処理やプログラム開発などを研究するバイオインフォマティックス（bioinformatics, 生物情報学）という学問分野も誕生した．2012 年の初めまでに，真正細菌 2,702 種，アーキア 150 種，真核生物 168 種の合計 3,030 種ものゲノムが解読されている．また，ケナガマンモス（*Mammuthus primigenius*）やネアンデルタール人（*Homo neanderthalensis*）など絶滅した生物の化石などからDNAを抽出し，ゲノムが解読されている．このゲノム解読から，ネアンデルタール人は現代人とは別種であり，絶滅した人類であることが明らかとなった．

1990 年から始まったヒトゲノムの解読（ヒトゲノムプロジェクト）が 2003 年に完了した．このプロジェクトはアメリカを中心とし，日本を含めた国際チームによって進められていたが，これとは別に，1998 年ベンター（John Craig Venter, 1946-）が設立したバイオベンチャー企業であるセレラ・ゲノミックス社が参入したことで，結果として解読が早まった．民間企業の参入によって問題となるのは，情報の閲覧に料金がかかるなど，ヒトのゲノム情報が営利目的で使用されることであるが，1996 年のバミューダ原則によりゲノム情報は無料で公開されている．ヒトのゲノム解読は，難病の治療や新薬開発など，人類の健康を目的としており，ゲノム解読後（ポストゲノム）のさまざまな研究が行われている．

表 2-8　全ゲノム配列が解読された生物（抜粋）

生物名	解読ゲノムサイズ(Mb)	発表年	分類＊
Haemophilus influenzae	1.83	1995	B
Mycoplasma genitalium	0.58	1995	B
Mthanococcus jannaschii（メタン生成古細菌）	1.66	1996	A
Synechocystis sp.（ラン藻の一種）	3.57	1996	B
Mycoplasma pneumoniae	0.81	1996	B
Sccharomyces cerevisiae（出芽酵母）	12.2	1997	E
Helicobacter pylori（ピロリ菌）	1.66	1997	B
Escherichia coli（大腸菌）	4.64	1997	B
Methanobacterium thermoautotrophicum	1.75	1997	A
Bacillus subtilis（枯草菌）	4.22	1997	B
Archaeglobus fulgidus	2.18	1997	A
Borrelia buegdorferi（ライム病スピロヘータ）	1.44	1997	B
Pyrococcus horikoshii（超好熱古細菌）	1.74	1998	A
Mycobacterium tuberculosis（結核菌）	4.41	1998	B
Treponema pallidum（梅毒スピロヘータ）	1.14	1998	B
Chlamydia trachomatis（クラミジア）	1.23	1998	B
Rickettsia prowazekii（発疹チフスリケッチア）	1.11	1998	B
Caenorhabditis elegans（線虫）	97	1998	E
Arabidopsis thaliana（シロイヌナズナ）	125	2000	E
Streptomyces coelicolor A3(2)（放線菌）	8.67	2002	B
Drosophia melanogaster（ショジョウバエ）	130	2002	E
Mus musculus（マウス）	2,500	2002	E
Homo sapiens（ヒト）	2,900	2003	E
Oryza sativa subsp. *japonica* cv.（イネ）	389	2004	E
Aspergillus oryzae（麹菌）	37.2	2005	E
Oryzias latipes（ニホンメダカ）	726	2007	E

＊B：真正細菌，A：アーキア，E：真核生物

解読されたヒトゲノムは，標準を作る意味を持っており，一個人のゲノムではなく複数の人間のゲノムで解析されたものである．個人の違いを知るためには，個人ゲノムを多数解読する必要がある．しかし，ヒトゲノムプロジェクトでは13年の期間と3,000億円の費用を要し，個々の人間のゲノムを迅速かつ安価に解読する技術革新が必要である．

新たなDNAシークエンサーの開発競争が，アメリカ国立衛生研究所（National Institute of Health, NIH. 実際にはNIH傘下の組織National Human Genome Research Institute, NHGRI）からの研究助成金や民間団体の懸賞金などもあり，アメリカを中心として活発に行われている．このような開発競争から次々と新たなDNAシークエンサーが実用化されてきている．これらは，次世代シークエンサーと呼ばれ，DNAポリメラーゼまたはDNAリガーゼを用いた逐次DNA合成を光学的に検出するものが主であり，1検体あたりの読み取る長さは短いが，配列を決定するDNA断片をベクターにクローニングする手間がなく，電気泳動を行わないので多検体を同時に（超並列的）に解析できる．

ヒトゲノムのドラフト（概要版）ができあがった2000年当時，DNAシークエンサー1台で1日に読める塩基数が100万塩基であったのに対し，2005年には1,000万塩基，2008年には10億塩基，2012年の初めには1兆塩基以上となっている．現在，個人のゲノムは1カ月以内，数百万円で解読できるが，今後5年以内には1時間程度，数万円で解読できると言われている．

2007年，ヒトゲノムプロジェクトの中心的人物であるワトソンとベンターのゲノムが解読され，これが世界で初めて解読された個人のゲノム情報であり，開発中の次世代シークエンサーが使用された．次世代シークエンサーは開発途上であり，まだ改良の余地が残されている．今後は，ナノポアシークエンス法のような酵素反応も光学的検出も用いない新たな塩基配列決定法が実用化されるであろう．個人のゲノム情報は，個別医療（テーラーメード医療）などこれからの医療に大きな変化をもたらす一方，個人のゲノム情報が簡単に得られるようになると，ゲノム情報は究極の個人情報であるから，情報保護や倫理的な問題があり，取扱いには細心の注意が必要である．個人のゲノム情報を扱う機関と従事する人間の責任は重大である．

これ以外のポストゲノムの研究には，遺伝子配列中の個人による1塩基の違いであるSNP（single nucleotide polymorphism，スニップと呼ぶ）の解析から病気になりやすいかどうかなどの疫学調査や，遺伝子発現を網羅的に解析するトランスクリプトーム（transcriptome）解析やプロテオーム（proteome）解析などがある．

トランスクリプトーム解析は，ゲノム情報から遺伝子のすべてまたは必要なもののDNA断片をガラス基板（スライドガラスなど）に高密度に固定したものに，異なる細胞から抽出したmRNAから合成したcDNAをハイブリダイズ（雑種形成）して検出・比較することで，組織や細胞特異的に発現している遺伝子を知ることができる．この技術は，DNAマイクロアレイ（DNA micro array）またはDNAチップ（DNA chip）と呼ばれている．プロテオーム解析は，異なる細胞から抽出した全タンパク質を二次元電気泳動で分離して比較することで特異的に発現しているタンパク質を知ることができる．このタンパク質を，トリプシンなど特定のアミノ酸の位置で切断する酵素で限定分解すると，そのタンパク質特有のペプチド断片ができる．これをマトリックス支援レーザー脱離イオン化飛行時間質量分析計（Matrix Assisted Laser Desorption / Ionization Time of Flight Mass Spectrometry: MALDI-TOFMS）で分析し，データベースと照合することでタンパク質の同定ができる．このような解析は，遺伝子の機能同定，疾病関連遺伝子の同定や薬効の評価などに利用される．

［ポリメラーゼ連鎖反応（polymerase chain reaction, PCR）］

鋳型のDNAに，プライマー，DNAポリメラーゼ，ヌクレオチド基質を添加すれば，試験管内でDNAの合成（複製）を行うことができる．これを応用して，DNA合成方向が向き合うような2つのプライマーを用いてDNA合成を繰り返せば，それらのプライマーに挟まれた部分を試験管内で無生物的に増幅できる．これをポリメラーゼ連鎖反応（PCR）という（図2-49）．この場合，まず温度を95℃程度に上昇させ鋳型DNAを変性させる．次に，プライマーとアニールするため37～72℃程度に温度を下げる（この温度はプライマーによって異なる）．そしてDNAポリメラーゼによる合成反応を行う．この反応を繰り返すとなると，通常のDNAポリメラーゼでは95℃で活性を失ってしまうので，毎回酵素を添加しなければならなかった．ところが，高度好熱菌*Thermus aquaticus*より分離された*Taq* DNAポリメラーゼは，100℃付近の温度でも容易には失活しないので，この酵素を使用することで毎回酵素を添加しなくてもDNAの増幅が行えるようになった．現在では，様々な耐熱性（好温性）DNAポリメラーゼが市販されており，温度調節をプログラムどおり自動調節する装置も種々市販されている．これによってPCRが容易に行えるようになった．

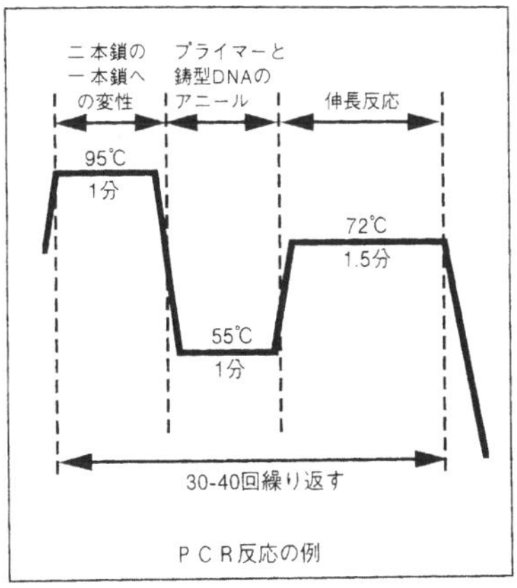

ＰＣＲによるDNA断片の増幅

サイクル数	二本鎖標的分子の数
1	0
2	0
3	2
4	4
5	8
6	16
7	32
8	64
9	128
10	256
11	512
12	1024
13	2048
14	4096
15	8192
16	16,384
17	32,768
18	65,536
19	131,072
20	262,144
21	524,288
22	1,048,576
23	2,097,152
24	4,194,304
25	8,388,608
26	16,777,216
27	33,544,432
28	67,108,864
29	164,217,728
30	268,435,456
31	536,870,912
32	1,073,741,824

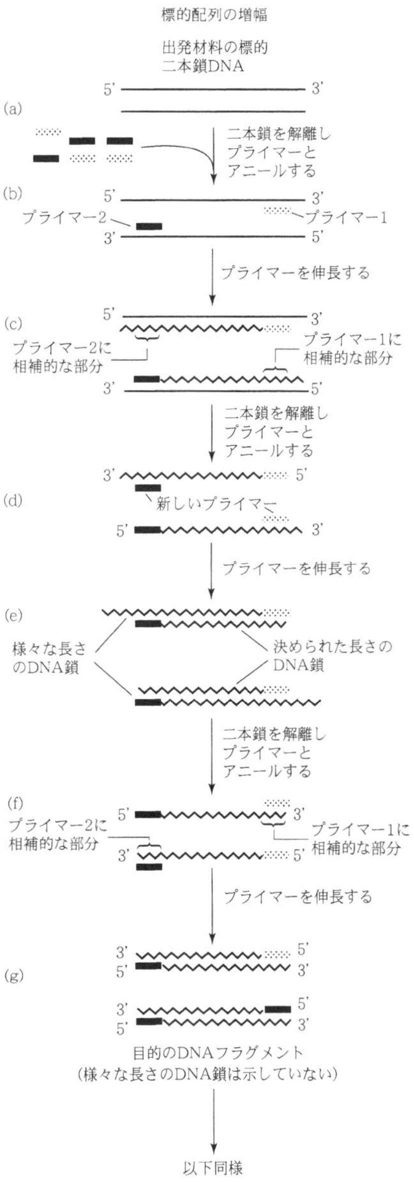

図2-49　ポリメラーゼ連鎖反応（PCR）の原理

PCRは，一連の反応を繰り返すと，指数関数的に特定のDNA断片を増幅することができる．繰り返す数をサイクル数といい，通常の増幅では，サイクル数30回程度で，特定のDNA領域を1億倍以上に増幅できる．したがって，微量のDNAサンプルからでも解析するに十分な量のDNA断片を取得できるのである．PCRは，遺伝子クローニングや遺伝子改変のほか，遺伝子診断，遺伝子鑑定，考古学など幅広く利用できる技術である．また，PCRを応用した分析技術にRT-PCRがある．これは，逆転写酵素（または逆転写酵素活性を有するDNAポリメラーゼ）をPCR反応液に加え，1サイクル目にmRNAを鋳型として逆転写反応によるcDNAを合成し，その後得られたcDNAをPCRで増幅するものである．これによって，発現しているmRNAが簡便に検出できるので，最近ではノーザンブロット法

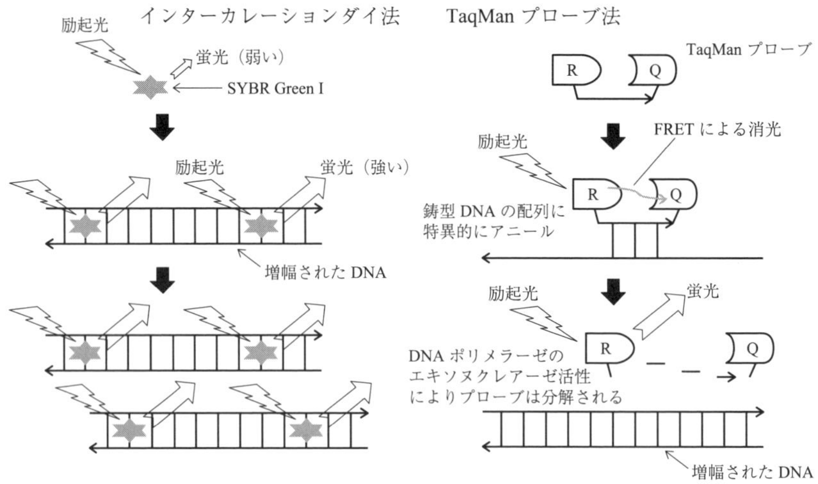

図 2-50　リアルタイム PCR 法の原理

インターカレーションダイ法（右）では，SYBR Green Iが遊離しているときは弱い蛍光しか発しないが，増幅された二本鎖DNAに入り込むと強い蛍光を発することを利用している．増幅されたDNAが多くなれば蛍光が強くなり増幅量を定量できる．TaqManプローブ法（左）では，鋳型DNAに特異的なDNAプローブの両端に異なる蛍光色素を結合させたプローブ（TaqManプローブ）を用いる．レポーター色素（R）の蛍光は，近接するクエンチャー色素（Q）への蛍光共鳴エネルギー移動（fluorescence resornance energy transfer, FRET）によって消光される．DNAポリメラーゼによるDNA合成が進みTaqManプローブの所まで来ると，DNAポリメラーゼの5′エキソヌクレアーゼ活性によりプローブが分解されレポーター色素が遊離し蛍光を発する．遊離するレポーター色素の量は，増幅されたDNAの量に比例するので増幅量を定量できる．

に代わって利用されている．しかし，定量性はノーザンブロット法が優れている．

PCRで遺伝子の量（コピー数）を定量する目的や，RT-PCRでmRNAを定量する目的には，リアルタイムPCR（real-time PCR）法またはリアルタイムRT-PCR法が用いられる．リアルタイムPCR法は，増幅された二本鎖DNAの間に入り込む蛍光色素（通常DNAの染色に用いられる色素でSYBR Green Iが用いられる）を利用したインターカレーションダイ法と，特定の配列に結合するDNAプローブの両端に蛍光色素を結合させたものを用いる方法に大別される（図 2-50）．インターカレーションダイ法は，増幅されたDNAに色素が取り込まれ励起光により発する特定波長の蛍光を検出・定量するもので，簡便で安価ではあるが非特異的なものも検出されるため，増幅終了後の解析が必要である．

一方，TaqManプローブのような蛍光色素修飾されたプローブを用いる方法は，検出の特異性は高いが高価なプローブを用意する必要がある．また，いずれの方法でも，増幅反応を行うだけではなく，増幅反応中の蛍光量を測定できる専用のPCR装置が必要である．

［遺伝子ターゲティング（gene targeting）］

細胞内の染色体上（染色体外）にある標的とする特定の遺伝子を，欠失などで人工的に変異を導入した遺伝子との相同的組換えによって，変異遺伝子と置き換えて変異を導入することを遺伝子ターゲティングという．遺伝子破壊（gene disruption），遺伝子置換（gene replacement），遺伝子ノックアウト（gene knockout）などとも呼ばれる．遺伝子の機能を解析するのに有効な手段で，細菌から動物まで広く利用される技術である．この技術を用いて，特定の遺伝子を破壊したノックアウトマウスを用いた研究により，ヒトの遺伝子の機能を解析する試みが進められている．この技術は，遺伝子機能の基礎研究のみならず，不要な機能を消失させるなど育種にも応用できるものである．また理論的には，染色体上の変異遺伝子を正常な遺伝子と置き換えることも可能で，遺伝子治療などにも応用できるものである．

2-2-4　タンパク質工学（protein engineering）

タンパク質工学とは，遺伝子工学やDNAの化学合成を駆使して，天然タンパク質のアミノ酸配列を改変し新たな機能を付与する技術のことである．究極には，目的に応じてタンパク質を自在に設計し，それを利用することを目指しているのであるが，現在タンパク質の立体構造を完全に予測することは不可能であり，その目標は完全には達成されていない．現在のタンパク質工学は発展途上の技術であり，タンパク質中の1つないしは数個のアミノ酸を変化させることによって，立体構造や活性の変化を調べる基礎的な研究が中心である．通常タンパク質は20種類のアミノ酸によって作られているが，n個のアミノ酸が連なったタンパク質の場合20^n種類の組み合わせが考えられる．すなわち，理論上ほぼ無限に近い種類のタンパク質が考えられるが，現在知られている天然のタンパク質は10^{11}～10^{12}程度であると言われている．したがってタンパク質工学は，完成すれば無限の可能性を持つ技術なのかもしれない．

タンパク質工学の始まりは，酵素タンパク質の不要な機能をエンドプロテアーゼで消化して取り除くことであろう．大腸菌のDNAポリメラーゼIは，DNA合成活性の他に5'→3'のエキソヌクレアーゼ活性と，弱い3'→5'のエキソヌクレアーゼ活性を持っている．大腸菌のDNAポリメラーゼIをズブチリシンなどのエンドプロテアーゼで限定消化すると，大小2つのポリペプチド鎖に分断される．このうち大きい方のペプチド鎖には，DNA合成活性と弱い3'→5'のエキソヌクレアーゼ活性が存在し，これをクレノウ酵素（Klenow enzyme, Klenow fragment）という．遺伝子工学の実験に使用するには5'→3'のエキソヌクレアーゼ活性はじゃまになることがあり，その活性を除いたクレノウ酵素は利用価値がある．現在はDNAポリメラーゼI遺伝子の一部（5'→3'のエキソヌクレアーゼ活性部分）を欠失させた組換え酵素が使用されている．このような不要な活性を取り除くことのほか，遺伝子工学の技術を駆使してタンパク質中のアミノ酸を1つないしは数個置換し，酵素の活性や耐熱性などを向上させる試みがなされている．このような実験を行うときに必要な技術に，部位特異的変異導入法（site-directed mutagenesis）がある．基本的な方法を以下に解説する（図2-51）．

まず，変異を導入しようとする標的遺伝子をM13ファージベクターのような一本鎖DNA調製ベクターに組み込み，鋳型となる一本鎖DNAを調製する．次に，変異を導入したい部分のDNAプライマーを合成する．このとき，変化させたいアミノ酸のコドンを変えて別のアミノ酸コドンと

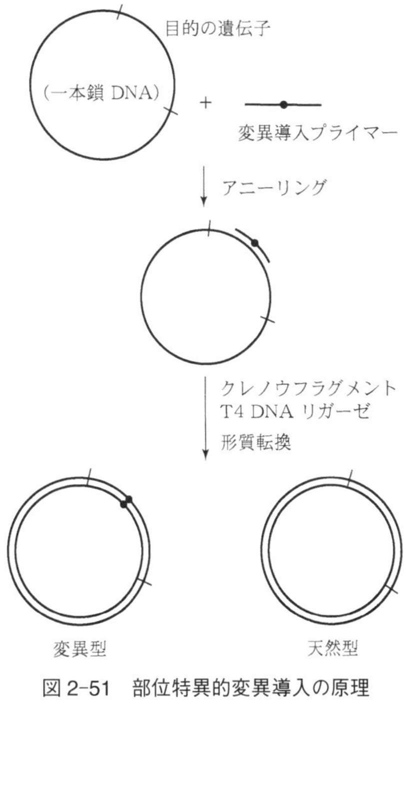

図2-51　部位特異的変異導入の原理

なるよう塩基置換し，その両側（通常10塩基程度）は鋳型DNAと相補的な配列にしておく．これを試験管内で鋳型DNAとアニールし，クレノウ酵素のようなDNA合成酵素と4種のヌクレオチド基質（dATP, dCTP, dGTP, dTTP）を加えてプライマーより鋳型DNAの相補鎖を合成すると，一方のDNA鎖に変異を持った二本鎖DNAが形成される．この二本鎖DNA分子を大腸菌に導入すると，DNAの半保存的複製によって，変異分子と正常分子となる．このとき用いる大腸菌宿主には，変異を持った分子を選択的に取得する工夫が施してあるので，高効率で変異を持った遺伝子が取得できる．これを発現ベクターなどで，タンパク質を高発現させ取得して解析する．このように，任意の部位に任意の変異を導入できるのである．また，比較的低分子のタンパク質に変異を導入する場合には，遺伝子の全DNAを化学合成で作ることもできる．

タンパク質工学の技術を完成させるには，タンパク質の立体構造予測は不可欠で，天然および変異体タンパク質のX線回折やNMR（nuclear magnetic resornance）による解析データを蓄積することと，立体構造とアミノ酸配列の相関を調べる研究が続けられている．

2-3　細胞工学（cell technology）

ウイルス類以外のすべての生物は，細胞を基本単位としている．生物のプログラムは遺伝子に記憶されているのであるから，遺伝子を操作する遺伝子工学が非常に画期的技術であることは疑う余地はない．しかし生命現象発現の場は細胞であるから，いくら遺伝子を自在に扱えても，細胞を扱う技術がなければ意味をなさない．

前節で種々の遺伝子導入法を紹介したが，目的の遺伝子を導入した細胞を増殖させる術がなければ目的達成は期待できない．また遺伝子を導入する細胞は，初めは大腸菌や酵母のような微生物であったが，目的の高度化・複雑化に伴い，次第に高等な植物や動物へと広がっている．そのためには，微生物同様に動植物細胞を培養し，場合によっては動植物の個体まで再生することが必要となる．そのような要求をかなえる技術が細胞工学である．もちろん，細胞工学は遺伝子工学のために発展した技術ではなく，動植物を研究するための様々な細胞生物学手法を利用して，育種や物質生産を行う技術である．一般には，細胞工学は細胞培養と細胞融合を主な手法とする技術とされるが，細胞核を操作する技術なども細胞工学の技術の1つと考えられる．昨今話題になっている動物のクローン技術も，細胞工学の技術基盤の上に成り立つものである．

2-3-1　組織培養（tissue culture）と細胞培養（cell culture）

動物の皮膚や臓器，植物の茎や葉など器官を形成するのは，組織と呼ばれる同一の機能や形態に分化した細胞集団で，動植物の組織や器官の一部を刃物などで小さな切片にして培養することを組織培養および器官培養（organ culture）という．これに対して，単細胞になったものを培養することを細胞培養という．広義には，器官培養と細胞培養を含めて組織培養と呼ぶこともある．細胞培養では組織で分化した機能を失うこともあるが，単一の細胞から培養でき，微生物のように均質な細胞集団を得られる利点がある．

動物の細胞培養は，組織培養で浮遊した細胞や，組織片などをトリプシンやプロナーゼのようなタンパク質消化酵素で処理し，細胞間接着をはずして単細胞に分散させて培養する．植物の場合，細胞が細胞壁でつながっているので，単細胞にすることが難しい．したがって，厳密な意味での植物細胞培養は，細胞壁を取り除いたプロトプラストを用いるか，花粉のように単細胞を調製しやすい器官などに限られる．必然的に，植物では組織培養を行うことが多い．動植物の組織培養や細胞培養を行うために，由来とする生物個体や組織などによって必要な栄養素を含む培地がそれぞれに開発されているが，いまだ培養ができない種もあり，まだ多くの課題が残されている．

組織や細胞の培養だけで目的を満たす場合もあるが，個体への再生が必要なことがある．植物の組織や細胞の培養によって増殖した不定形の細胞塊をカルス（callus）と呼ぶが，培地の成分および植物ホルモンの種類や含量を調整すると，植物細胞は再び分化を始め，器官や植物個体にまで再生させることができる．植物細胞には，一度分化した細胞からでも元の個体を再生する能力があり，このような性質を分化の全能性（totipotency）という．ところが，高等動物の細胞にはこのような性質がなく，現在皮膚や肝臓などを再生する研究が行われているが，組織片や１つの細胞から動物個体にまで再生する技術はまだない．

これを補う技術が動物のクローン技術である．しかし，このクローン技術はすべての動物で確実に行えるほど完成したものではない．また植物の場合でも，種によってはカルスから再生個体を得ることができないものもあるので，まだまだ動植物の細胞分化や発生などの研究が必要である．

組織や細胞を培養する技術は，動物や植物のバイオテクノロジーにおいて欠かせない技術の１つである．動植物の組織や細胞培養とその利用については本章の動物と植物のバイオテクノロジーの所で，企業化した例は第４章に解説してある．

2-3-2　細胞融合（cell fusion）

２つの異なる細胞を融合させること，すなわち細胞膜を融合させて多核の細胞を形成させることを細胞融合という．図 2-52 のように，細胞膜はリン脂質を主成分とする脂質の二重層で形成され，リン脂質の疎水性部分により膜構造を保持している．リン脂質分子間は共有結合を形成していないので，膜内の分子は流動性を持ち，異なる膜どうしが簡単に融合する特徴がある．細胞膜が融合する現象はしばしば天然にも観察される．細胞が細胞外の物質を取り込むときやウイルスが細胞内に侵入する際に見られるエンドサイトーシス（endocytosis）および，タンパク質などを分泌する際に見られるエキソサイトーシス（exocytosis）という現象などがその例である（図 2-53）．また，受精は天然に起きる細胞融合である．人工的に行う細胞融合は，微生物では古くから行われ，遺伝解析や育種に利用されている．動植物細胞の培養が可能になったことにより，動植物でも細胞融合が行われるようになった．

ここでは，動物と植物の細胞融合法を紹介する．その前に，細胞融合にはどのようなケースがあるか考えてみよう（図 2-54）．まず，細胞質の融合が起きると２つの核を持つ細胞ができ，この状態をヘテロカリオン（heterokaryon）という．細胞質にあるオルガネラなどを導入するだけであればこれで十分であり，染色体の移行が不要であれば一方の核を除去したものを用いればよい．しかし，染色体にコードされている形質を導入する場合は，核の融合が必要である．両者とも細胞を用いなくても，細胞と単離した核とで融合を行う場合も考えられる．そのようにして核が融合すれば，染色体は倍加することになる（動植物細胞は通常２倍体であるからヘテロな４倍体となる）．この状態から細胞が分裂を始

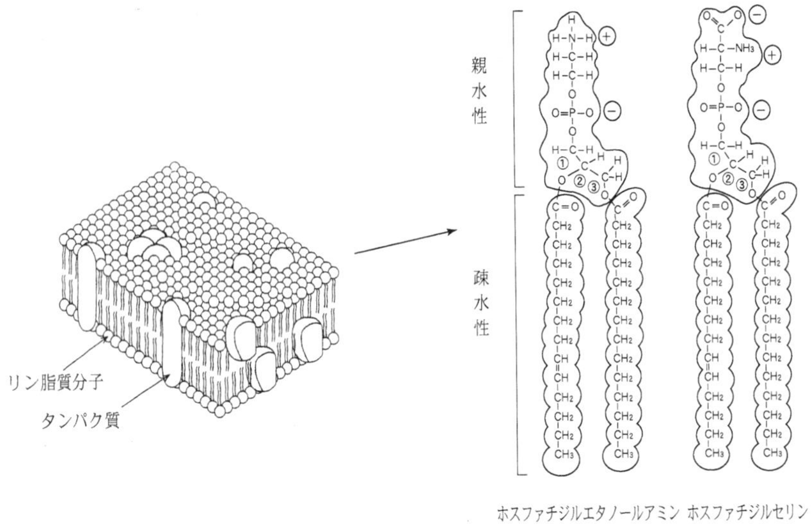

図 2-52　細胞膜構造の模式図

左のモデルは，S. J. SingerとG. L. Nicolsonの流動モザイクモデルと呼ばれる細胞膜の構造モデルである．細胞膜は，右図のような疎水性と親水性の両方の性質を持つリン脂質の二重層構造をとる．リン脂質の例として，ホスファアチジルエタノールアミンとホスファチジルセリンを示した．

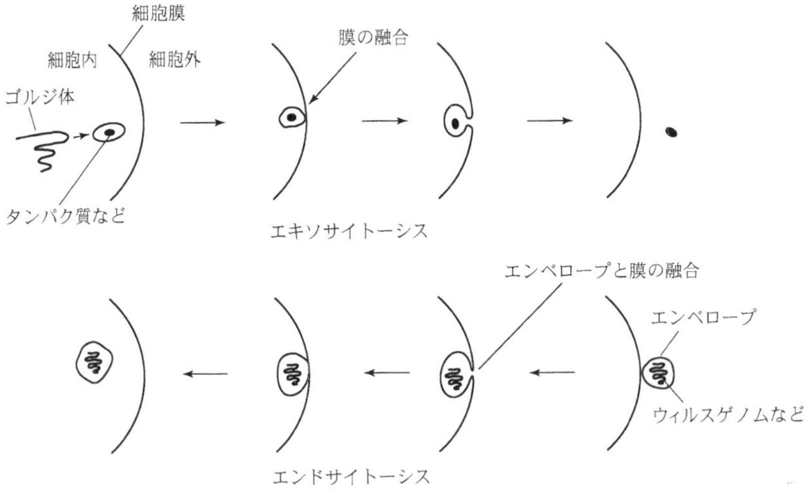

図 2-53　エンドサイトーシスとエキソサイトーシス

めると，うまくすべての染色体が残った2倍体となることもあるし，一方の染色体が失われることや，それぞれの染色体を持つ2つの細胞に分離することもある．また，両者の染色体の一部が組み換わり，目的とする形質がうまく移行することもある．どのようになるかは，ケースバイケースである．遠い種間の融合では，染色体の保持や分配がうまく行えないことが多い．さらに，厳密には細胞融合ではないが，タンパク質やDNAなどの高分子物質や，細胞膜を通過しない薬剤などを人工膜（リポソーム，liposome）に包んで細胞と融合させ，細胞内へ導入する手法もある．

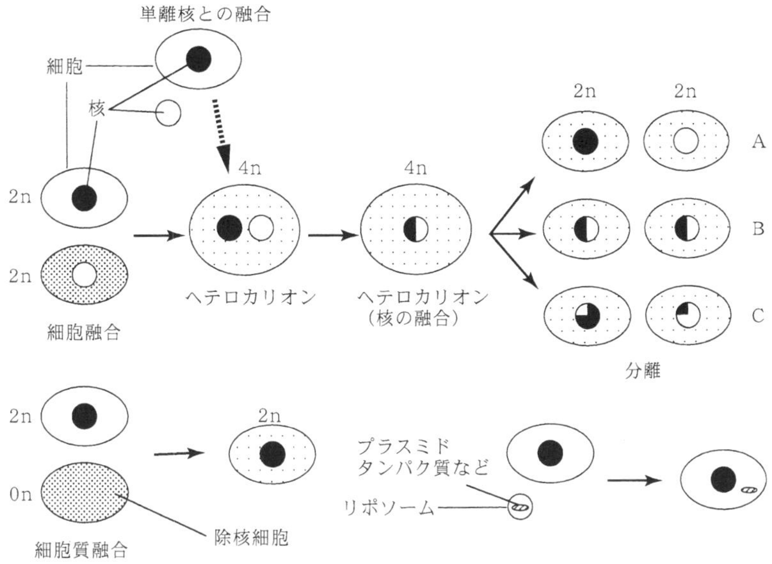

図 2-54　細胞融合の種類

A：元の核を持つ細胞に分離，B：両方の染色体が保持される．C：染色体の一部が組換わる．

［動物の場合］

動物細胞には細胞壁がないので，細胞壁を持つ生物に比べて細胞融合させることは容易である．動物細胞の融合には，①ウイルスを媒介にする方法，②ポリエチレングリコールによる方法，③電気融合法などが用いられる．以下にその原理を解説する（図 2-55）．

①ウイルスにはエンベロープと呼ばれる膜構造を持つものがあり，細胞に侵入しようとするとき，ウイルスが細胞表層のレセプター（本来は別の機能のためにある細胞表層のタンパク質など）に吸着し，細胞膜とエンベロープが融合してエンドサイトーシスにより細胞内に侵入する（2-1 微生物を参照）．このとき 2 つの細胞が，ウイルス粒子を介して近接すると細胞融合が起きることがある．岡田善雄（1928-）らは，センダイウイルス（Sendai virus: hemagglutinating virus of Japan, HVJ）などのパラミクソ類ウイルスによって 2 つの細胞が融合する現象を発見した（1958 年）．この性質を利用して，紫外線照射などで不活性化したウイルスを用いて細胞融合が行われる．

②ポリエチレングリコール（polyethylene glycol, PEG）は，親水性と疎水性の両方の性質を持つ一種の界面活性剤で，いわゆる洗剤などに用いられるものより界面活性作用は弱いため，膜構造を破壊せず膜融合を促進する．PEG が，接触している細胞間の自由水を取ることにより，細胞融合が促進するのではないかと考えられているが，PEG による膜融合の機構はまだよく分かっていない．PEG を用いた細胞融合は，PEG が安価であり特殊な装置を必要としないこと，実験操作が簡単であることが特徴であり，微生物では古くから使われていた．

③電気的に細胞融合する方法は，遺伝子導入法で紹介したエレクトロポレーションで用いるような装置を使う．細胞には様々な電荷を持つ分子が存在するので，細胞懸濁液に荷電すると細胞内で電荷の分極が生じる．特に細胞表層は細胞膜の流動性のため，陽（＋）極側に負（－）電荷の分子が，陰（－）極側に正（＋）電荷の分子が集まり分極が起きる．電荷分極した細胞は電気的吸引力で接触し，そこ

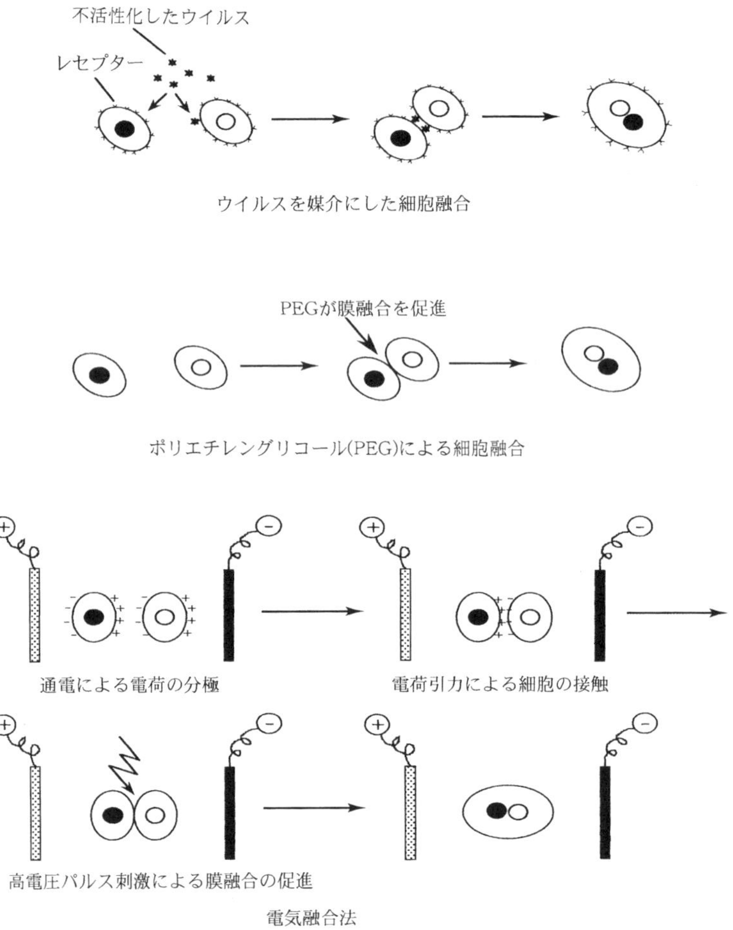

図 2-55　種々の細胞融合法

に高電圧パルスを断続的に与えることで膜融合を起こすと考えられている．一般的に，エレクトロポレーションに用いる条件よりは穏やかな条件を用いる．

動物の細胞融合は，細胞から個体への再生が不可能であるため，主に基礎的な研究に用いられているが，応用例としてはモノクローナル抗体（monoclonal antibody：単一の抗原決定基を認識する均一な抗体）生産への利用が挙げられる．通常の細胞には寿命があり，数十回程度の細胞分裂を行うと自然に死滅する．また，分化が進んだ細胞では分裂して増殖することができないことがある．抗体産生細胞は，1 つの抗体を作るためだけに分化した細胞で増殖能が弱い．ところが，ガン細胞などは無限に細胞分裂を行い増殖する．そこで，抗体産生細胞と骨髄腫（ミエローマ，myeloma）細胞とを融合し雑種を形成させ，増殖可能な抗体産生細胞を作製してモノクローナル抗体生産に利用している．このような雑種細胞をハイブリドーマ（hybridoma）と呼ぶ．

［植物の場合］

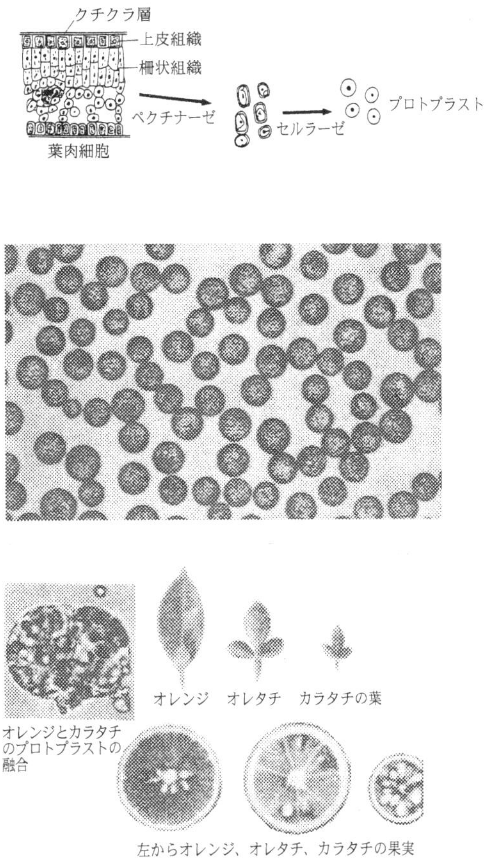

図2-56　植物のプロトプラスト
植物葉肉からのプロトプラスト調製法とプロトプラストの写真を示す．下段は，オレンジとカラタチのプロトプラスト融合によるオレタチ．葉や果実は，両者の特徴を有している．

植物細胞には細胞壁があるため，細胞融合を行う場合にはプロトプラストにする必要がある．プロトプラストを調製するのによく用いられるのは，葉や根の組織である．図2-56のように，まずこれらの組織をペクチナーゼ（pectinase）という酵素で消化し，細胞間接着分子であるペクチンを除くと，組織はある程度小さくばらばらになる．次に，植物細胞壁の主成分であるセルロース分解酵素セルラーゼ（cellulase）で消化すると，細胞壁が除かれ細胞膜だけの細胞すなわちプロトプラストとなり，細胞融合に用いられる．

初期にはカタツムリの消化酵素が用いられたが，現在では先に述べたような種々の精製酵素が市販されているので，それらを用いることが多い．プロトプラストを調製する際には，浸透圧の変化によって細胞が破裂しないように，細胞内の浸透圧と等張もしくは若干高張な溶液中で行わなければならない．一般に浸透圧調整剤として，スクロース，マルトース，ソルビトール，マンニトールなどの糖が使用される．そのような溶液中では，プロトプラストは球状となる．プロトプラストは，培地などの条件を整えて培養すると，細胞壁が作られカルスあるいは植物個体に再生させることができる．また，プロトプラストは培養中に突然変異を起こしやすいので，そのまま品種改良に用いられることもある．植物の細胞融合に用いられる方法は，主にPEGによる方法と電気融合法である．原理は動物細胞のものと同じであるので省略する．

植物の細胞融合で有名なのは，ジャガイモとトマトを融合させたポマトであろう．これは，ジャガイモの耐寒性をトマトに，トマトの耐暑性をジャガイモに付与しようという試みから始められ，結果的に地上部の茎にトマトのような実がなりジャガイモのような地下茎もできる雑種植物が生まれた．

ポマトは実用的なものではなかったが，この分野に与えたインパクトは大きかった（2-5植物のバイオテクノロジーを参照）．ポマトはドイツで行われたものであるが，日本でもオレンジとカラタチのプロトプラスト融合により，両者の性質を併せ持つオレタチが作られた（図2-56）．その後も植物の細胞融合の試験研究は，種々の分類上異なる種の植物で行われている．実用的には，タバコなどの品種改良に用いられている．また，植物ではないが，食用きのこのヒラタケは細胞融合により品種改良されたものである．

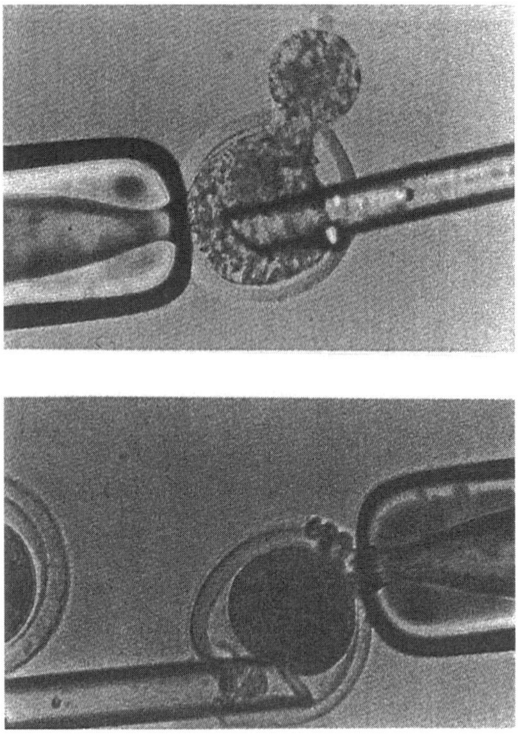

図 2-57　マイクロマニピュレーターによる核の操作
マイクロマニピュレーターは，細胞（写真中央）を吸引して固定するピペットと（写真左），細いガラス針（写真右）を，顕微鏡下で操作する装置．上段は除核を行っているところで下段は核移植を行っている写真．

2-3-3　細胞核の操作

細胞骨格（cytoskeleton）と呼ばれるアクチン（actin）やチューブリン（tubulin）などのタンパク質繊維によって，核は細胞質内に固定されている．サイトカラシンB（cytokarasin B）など，細胞骨格の機能を阻害する薬剤で動物細胞や植物プロトプラストを処理し，穏やかに遠心分離すると，細胞核と細胞質が分離する．このようにして単離核を調製したり，核を除去した細胞を得ることができる．最近では，顕微鏡下で微細な作業を行うための装置（マイクロマニピュレーター，micromanipulator）が進歩して，比較的容易に細胞を扱えるようになったため，マイクロマニピュレーターを用いた核の操作が主流となっている（図 2-57）．この装置は，一方で細胞を吸引して固定しておいて，もう一方で細いガラスの針を細胞に差し込むことが，顕微鏡を覗きながら行うことができる．そうして，ガラス針で核を吸い出したり注入することで，核の除去や移植などの操作を行う．このような細胞核の操作は，動物のクローン技術で必要な技術である．

2-4　動物のバイオテクノロジー

細胞融合や遺伝子操作により改変された動物細胞を用い，種々の物質生産がすでに実用段階で行われている．そこで，細菌などの微生物を用いた物質生産と動物細胞を用いた場合とを比較しながら，動物細胞を用いた物質生産の問題点と可能性とを概観してみる．

表 2-9　培養における細菌と動物細胞との比較

変　数	細胞のタイプ	
	細菌細胞	動物細胞
細胞の直径（μm）	1	10
表面積（cm^2）	3.1×10^{-8}	3.1×10^{-6}
体積（cm^3）	5.2×10^{-13}	5.2×10^{-10}
表面積 / 体積	59×10^3	5.9×10^3
倍加時間（h）	0.3	12
細胞密度（細胞数 /mℓ）	5×10^9	4×10^6
増殖率（細胞数 /1/h）	7.5×10^{12}	1.7×10^8
増殖率（g/1/h）	3.75	0.085
増殖率の相対比	44	1
表面積 / 体積の相対比	10	1

細菌と動物細胞との違いをまとめ表 2-9 に示す．細胞を用いて物質生産を行おうとする場合，バイオマス生産速度が問題となる．細菌の世代時間は，速い場合で 20 分であるのに対し，動物細胞では 12 時間を要する．しかし，細菌と動物細胞との体積比（動物細胞／細菌細胞）が 1,000 倍であるのに比べ，（表面積／体積）比は細菌が動物細胞より 10 倍大きい程度である．このことは，物質生産において重要となるもう 1 つの因子である細胞表面積の点において，動物細胞も有用な生産手段となり得ることを示唆し

ている．

その他，動物におけるバイオテクノロジー技術としては，クローン技術などの動物個体を扱うものがある．以下に，試験管内で培養される動物細胞の特徴と工学的な応用とについて述べる．さらに，体外受精，セックスコントロールおよびクローン技術と，それらの応用についても解説する．

2-4-1　動物細胞の培養

動物細胞の構造を図 2-58 に示す．核は核膜で覆われ，生殖細胞を除き，2 倍量の染色体を持つ 2 倍体細胞（normal diploid cell）である．エネルギー生産機関であるミトコンドリアやタンパク質の合成場である粗面小胞体，糖鎖構造をタンパク質に付与するゴルジ体など，それぞれの役目を担う小胞構造の発達した真核細胞である．この細胞のもう 1 つの特徴は，細胞壁を持たないことである．このため，細菌などと比較し，撹拌や強制通気などの培養操作により強い障害を受ける．

生体外に取り出された動物細胞は，その寿命により，初代培養細胞（primaly culture）と樹立細胞（established cell line）とに分けられる．初代培養細胞とは，文字通り生体から取り出され，試験管内で最初に培養された細胞である．この細胞は，繊維芽細胞（fibroblast）などの比較的寿命の長い細胞でも 2 週間から 1 カ月の寿命である．初代培養細胞は，生来の細胞の性質を保存している場合が多い．

一方，樹立細胞は，試験管内で適当な培養操作を行うことにより，無限に増殖可能となった細胞である．この他，ガン細胞も適切な試験管内培養を行えば，寿命は無限大である．培養された細胞は，その増殖様式により 2 つに大別される．代表的な細胞を図 2-59 に示す．一つは，増殖する際に固体表面に

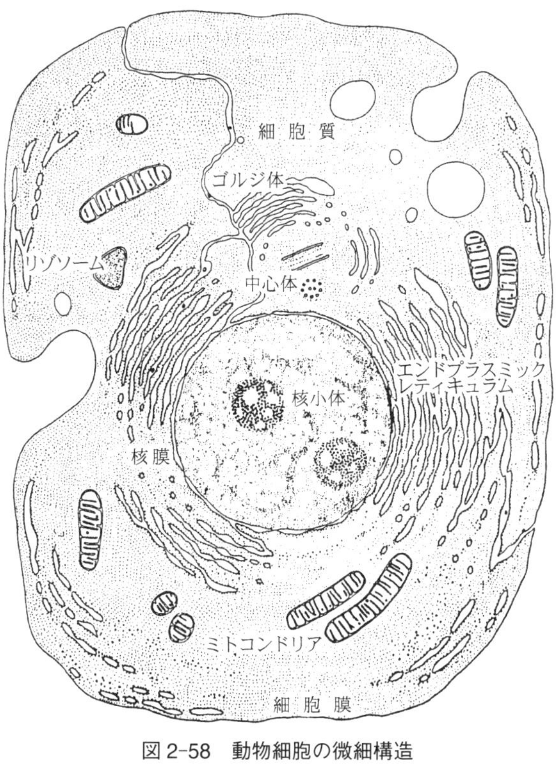

図 2-58　動物細胞の微細構造
J. Brachet, Sci. Amer., Sept.（1960）．p50 より

a)
b)

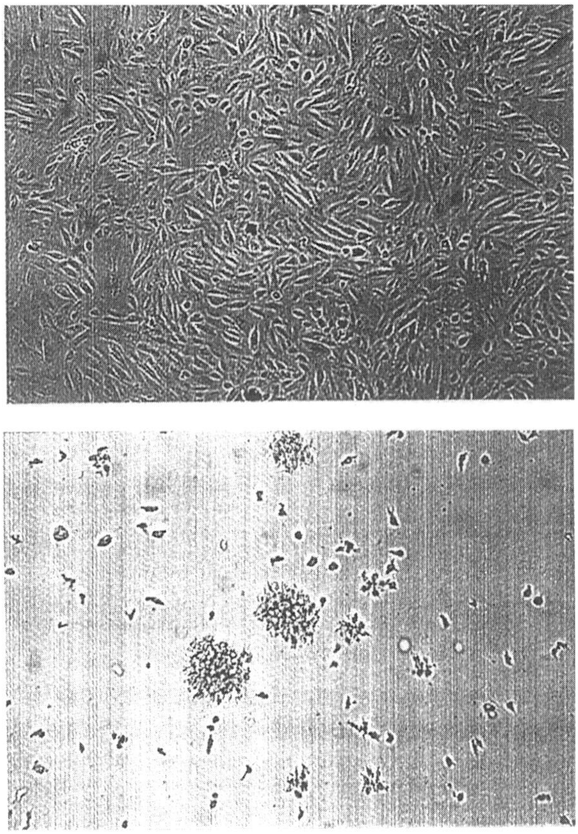

図 2–59　培養動物細胞の例（写真撮影：佐藤　俊）
a）固着細胞（繊維芽細胞），b）浮遊細胞（悪性リンパ腫細胞）

固着することを必要とする細胞で，固着細胞または足場依存性細胞（anchorage-dependent cell）と呼ばれる．前述の繊維芽細胞は，この細胞に属する．他方は，増殖するのに固体表面に固着する必要のない細胞で培地中に浮遊状態で増殖する．この細胞を浮遊細胞（suspension cell）と呼ぶ．

血液細胞は，浮遊細胞の代表である．足場依存性細胞をシャーレで培養する場合，細胞はシャーレの底を覆いつくした（confluent）ところで増殖が停止し，その上に増殖が重なるような 3 次元的増殖は起こらない．このように，細胞どうしが高密度に接触した場合に増殖が阻害される現象を接触阻害（contact inhibition）と呼ぶ．

動物細胞の培養に必要となる増殖因子については，現在も不明な点がある．例えば，足場依存性細胞をキズのあるフラスコで培養した場合，細胞はキズに沿って増殖を開始する．これは，キズと接触することによって細胞から生産される何らかの増殖因子が細胞の増殖に関与するものと考えられるが，詳細は不明である．動物細胞を試験管内で培養する場合には，初期細胞濃度が重要である．細胞濃度が低い場合には，培地や培養条件を整えても増殖は起こらない．これは，細胞から生産される何らかの増殖因子が，動物細胞の増殖に必須であることを示している．動物細胞の培養には，一般に培地成分としてインスリンや成長ホルモンなど種々のホルモンやビタミンを必要とする．これら培養に際し必要となる成分は，培養を行おうとする個々の細胞により異なる．ウシ胎児血清（fetal calf serum, FCS）は，様々なホルモンやビタミンをバランス良く含むことから，動物細胞培養における培地成分として広く用いられている.

2-4-2　動物細胞工学技術を用いた物質生産

動物細胞を用いた物質生産は，医薬品を中心に行われており，そのほとんどが遺伝子組換えによって作られている．ホルモンなどの内分泌物質は，細胞を刺激してその増殖や分化を促進または抑制する．ある種の糖尿病患者にはインスリンを恒常的に投与しなければならないが，インスリンなどのホルモンは生体内で微量しか作られず，天然のものを抽出していたのでは量が確保できない．遺伝子組換え技術が登場したことにより，インスリンなどのペプチドホルモンの生産が，大腸菌を用いて行われるようになった.

発現したタンパク質が生理活性を有するためには，mRNAからタンパク質が翻訳されるだけでは不十分な場合があることが分かってきた．これは翻訳後修飾（posttranslational modification）という過程が関係している．この過程には，N末端アミノ酸の除去，アミノ酸側鎖のS-S架橋，糖鎖付加（グリコシル化），リン酸化，ポリペプチド鎖の特異的な分解などがある．付加される糖鎖は，真核生物でも種によって特有である．糖鎖を持つタンパク質の場合，細菌などの原核細胞で生産されたものでは，糖鎖構造を伴わない．また，酵母を用いて生産されたタンパク質では，異なる構造の糖鎖が付加していることがある．これらは，生体に入った場合に異物と認識され，生物活性を示せない場合が多い．これに対し，遺伝子組換えなどの操作により動物細胞から生産されたタンパク質では，翻訳後修飾により，細胞膜を透過して分泌される過程でタンパク質に天然型の糖鎖構造が付与される．これにより，分泌されるタンパク質は組織適合性を獲得する．動物細胞は，細菌などの原核細胞や，酵母などの真核微生物では生産し得ない糖鎖構造を有する糖タンパク質（glycoprotein）の合成に有効な生産手段となる．また大腸菌を宿主とする場合，複雑な構造をとる大きなタンパク質分子（概ね分子量5kDa以上）を発現させると，タンパク質のフォールディングなどの問題が生じ，効率的に作らせることが難しいため動物細胞を用いる場合も多くなっている.

このようなことから現在では，エリスロポエチン，顆粒球コロニー刺激因子，B型肝炎ワクチン，血液凝固第Ⅷ因子などは，チャイニーズ・ハムスターに由来するCHO細胞を用いて作られている．動物細胞を利用した物質生産例を表2-10に示す．これらの生産物質の多くが，付加価値の高い医薬品となる.

一方，動物細胞を用いて物質生産を行う場合には，多くの困難が伴う．動物細胞は，細菌などと比較し，機械的強度に劣る．培地の撹拌や通気により強い障害を受け，増殖どころか死滅する場合もある．培養に伴い，アンモニアや乳酸などの老廃物も蓄積する．老廃物蓄積による細胞障害は，細菌などの場合より顕著である．さらに，前述したように細胞増殖因子が明確でなく，一般的には高価なFCSを必要とする．FCSは高価であるばかりか，ロット差も大きく，中には細胞障害に働く場合すらある．さらに，FCSを使用した場合では，生産物質の精製に煩雑な操作を必要とすることになる．FCSを含まない様々な合成培地が考案されているが，その組成は個々の細胞により異なる．また，コストもFCSと同等か，より高価となる場合もある.

これらの問題を克服すべく，様々な動物細胞培養方法が考案されている．浮遊細胞の代表的な培養装置を図2-60に示す．浮遊細胞を用いた物質生産には，灌流培養法（perfusion culture）が用いられる.

表 2-10　動物細胞を用いた物質生産

物　質	機　　能
TPA[1]	血栓溶解酵素（心筋梗塞や脳梗塞の治療薬）
EPO[2]	増血ホルモン（腎不全患者の貧血の治療）
INF[3]	抗ウイルス作用，抗ガン作用
CSF[4]	免疫担当細胞の増殖分化促進作用
血液凝固第Ⅷ因子	血液凝固系酵素の 1 つ，A 型血友病の治療薬
B 型肝炎ワクチン	B 型肝炎ウイルスの感染防止
ヘルペスワクチン	ヘルペスウイルスの感染防止
ヒト成長ホルモン	物質代謝促進による成長促進作用
IL[5] 1	免疫反応の誘導作用
1L2	免疫作用を制御する T 細胞の増殖促進作用
モノクローン抗体[6]	がん治療用，感染症治療用，血栓溶解用
プロテイン C	血液凝固阻止作用，血栓溶解促進作用
プロウロキナーゼ	局所血栓溶解促進作用
SOD[7]	活性酸素（O_2^-）の過酸化水素と酸素分子への変換
TNF[8]	がん細胞活性の障害作用
エイズワクチン	ヒト免疫不全ウイルスの感染予防
ウシ成長ホルモン	物質代謝促進による成長促進作用
ブタ成長ホルモン	物質代謝促進による成長促進作用

1）：tissue plasminogen activator：（組織性プラスミノーゲンアクチベータ）
2）：erythropoietin（エリスロポエチン）
3）：interferon（インターフェロン）：α型，β型，γ型がある
4）：colony stimulating factor：（コロニー刺激因子）；（顆粒球・マクロファージ・コロニー刺激因子，顆粒球・コロニー刺激因子，マクロファージ・コロニー刺激因子，インターロイキン 3，インターロイキン 4 などがある）
5）：interleukin（インターロイキン）
6）：monoclonal antibody：均一の分子から成る抗体
7）：superoxide dismutase（スーパーオキサイド・ジスムターゼ）
8）：tumor necrosis factor（腫瘍壊死因子）

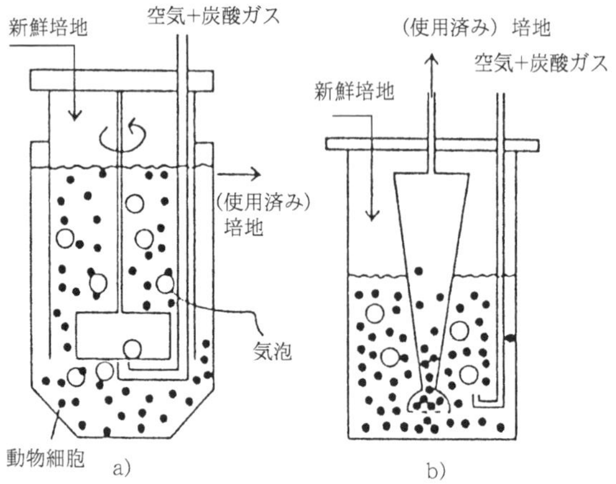

図 2-60　灌流培養法による動物細胞培養装置
重力沈降を利用した細胞分離方式の例

この方法は，使用済みの培地を一部抜き取ると同時に，同量の新鮮な培地を培養槽に加えることにより，老廃物濃度の低減を図るものである．この方法では，培地のpH，栄養分濃度，溶存酸素濃度，溶存二酸化炭素濃度などをセンサーとコンピューターとを組み合わせて制御する．その結果 10^7 ～ 10^8 個/mℓ と高密度な培養が可能となってきた．

足場依存性細胞の大量培養装置例を図 2-61 に示す．この細胞の培養における問題点は，接触障害による大量培養の限界である．したがって，単位培養液あたりの表面積（S/V）比を大きくするため，様々な装置が考案されている．図 2-61a）に示された方法では，高分子多糖などの架橋ゲルから成る微小粒子（マイクロキャリアー，microcarrier）上に細胞を固着させることにより表面積の増大を図ったものである．

撹拌や通気による細胞障害を抑制する方法として，細胞を高分子物質などで包括固定化する方法がある．この例として，アルギン酸カルシウムにより包括固定化されたランゲルハンス島細胞によるインスリンの生産例がある．

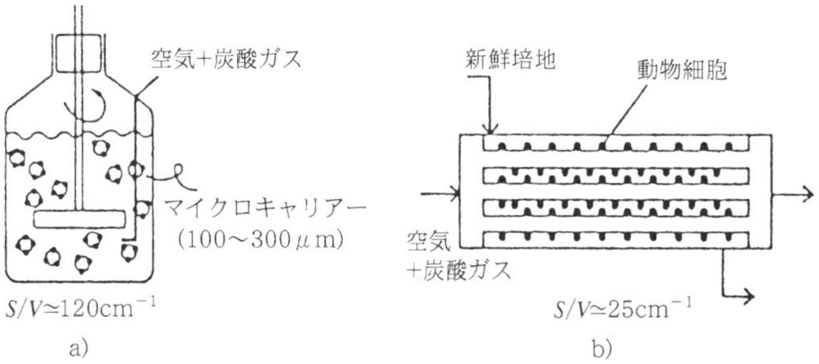

図 2-61　足場依存性細胞を用いた培養装置

2-4-3　動物の体外受精と雌雄産み分け

［体外受精（ectosomatic fertilization, *in vitro* fertilization）］

母体外で受精が行われることを体外受精という．これに対して，雄と雌の生殖行動を伴わず，精子を雌の生殖器内に注入して妊娠させることを人工受精（artificial fertilization）という．一般に体外受精は，単に受精という現象を意味するだけでなく，妊娠などの過程を経て受精卵が個体にまでなることを示すことが多い．魚類など水生動物の多くは体外で受精が行われるが，ヒトや畜産動物では自然には母体内で受精が行われる．したがって，畜産動物での体外受精を行うには，卵や精子の採取，受精卵の培養，受精卵の母体への移植などの方法を確立する必要がある．また，優良品種の繁殖・保存のためには，卵や精子および受精卵の保存方法の確立も必要である．

これらの研究は，哺乳動物では古くから行われていて，19 世紀の終わり頃までさかのぼることができる．現在畜産分野では，ウシなどの品種改良や繁殖に体外受精がよく用いられている．ちなみにヒトの体外受精は，1978 年にイギリスで初めて行われ，「試験管ベビー」として話題を集めた．現在，ヒトの体外受精は不妊治療を中心に行われているが，国によって法律（規制）が異なるし，常に倫理的・社会的問題がある．しかし，体外受精は畜産分野では重要な技術であるから，以下にウシの体外受精の基本技術を紹介する．

①性腺刺激ホルモンなどにより排卵を誘発すると，1 度に 10 ～ 15 個の卵が排卵される．これを生殖

器内から還流装置により採卵する（図 2–62 a)）．この方法は，開腹などで動物個体を傷つけなくて済む．

②射精直後の精子は受精能がないので，一度雌の生殖道内に入れて活性化したものを回収するか，精漿を遠心分離で除き，培地で培養するか薬剤で活性化する．卵巣から摘出した未熟卵の場合も，培養により成熟卵として用いる．受精は，活性化した精子と成熟卵を試験管内で混合し，保温することによって完了する．

③体外受精を行った受精卵は，図 2–62 b）のように移植器を用いて母体の子宮内に移植する（受精卵移植）．それが着床すれば受胎する．採卵した個体ではない雌ウシ（代理母ウシ）を妊娠させる場合には，母体となる雌ウシが発情していなければプロスタグランジン $F_{2\alpha}$（prostaglandin $F_{2\alpha}$,

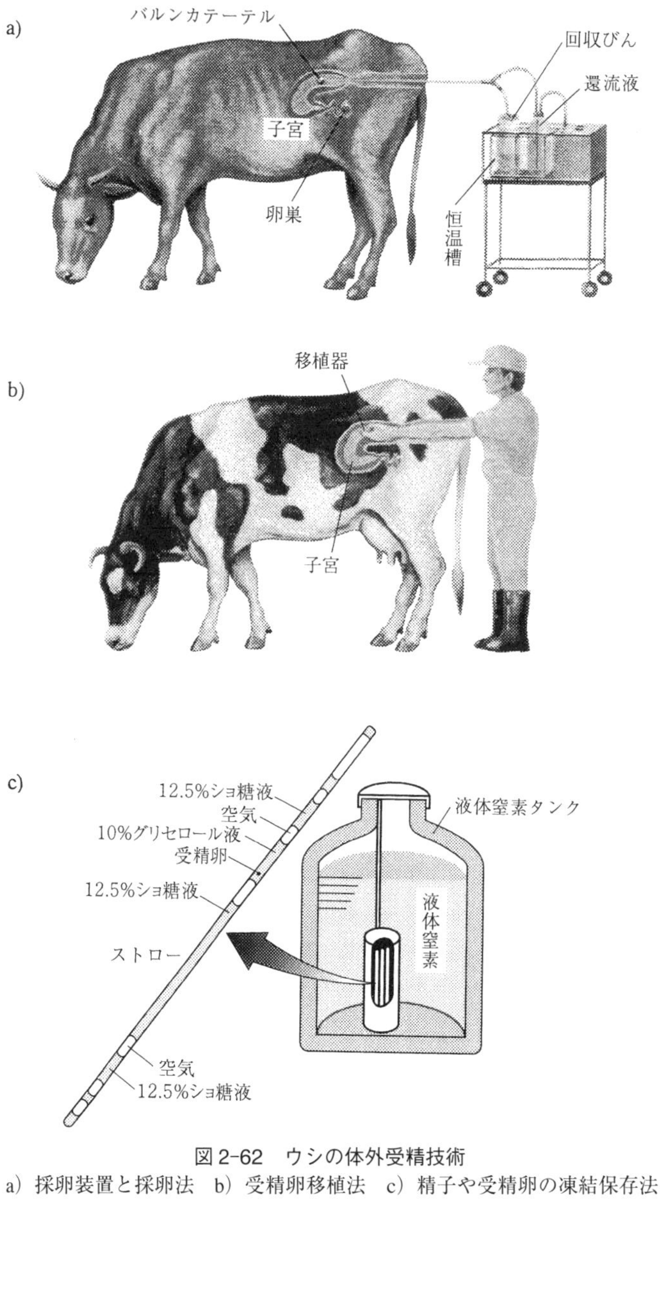

図 2–62　ウシの体外受精技術
a）採卵装置と採卵法　b）受精卵移植法　c）精子や受精卵の凍結保存法

$PGF_{2\alpha}$を投与して発情を誘発する．この方法で，1度に多数の雌ウシの発情を同調化し妊娠させることができる．

④卵や精子および受精卵は，10%程度のグリセロール溶液などの凍結保護剤を含む溶液に懸濁し，細管に封入して液体窒素中（−196℃）で半永久的に保存できる（図2−62 c））．

これらの技術は，畜産動物の品種改良や優良品種の繁殖だけでなく，ヒトにも適用できるものもあり不妊治療などに応用されている．

［動物の雌雄産み分け（セックスコントロール，sex control）］

畜産や水産の分野では，個体の雌雄によって商品価値が異なることがある．例えば，乳牛は雌の個体のみが求められるし，肉牛では雄の方が体が大きいので経済的には有利である．養殖魚においても同様の需要がある．これらを人工繁殖させるとき，雌雄を産み分けできれば経済効果は大きい．

動物の雌雄を決めるのは性染色体の組み合わせである．性染色体はXとYの2種があり，XXでは雌，XYでは雄の個体となる．この組合せは，受精の際にいずれかの性染色体を持つ精子が受精することによって決まる．精子は半数体（n）であり雄の生殖細胞であるから，X染色体を1つ持つものとY染色体を1つ持つものの2種類がある．卵は雌の生殖細胞であるから，すべてX染色体を持っている．したがって，Y染色体を持つ精子が受精すると，性染色体の組合せはXYとなり雄となる．Y染色体は，X染色体より小さい（短い）．精子の頭部はほとんど核であり，性染色体の違いにより比重が異なる．したがって，血球の分離などに用いられるパーコールやフィコールのような粘性を持つ溶液の濃度勾配（密度勾配）中で遠心分離することによって，比重の異なるX精子とY精子が分離できる．ウシの場合，この方法で分離した精子を用いれば，70～80%の確率で雌雄の産み分けが可能である．

魚類の場合，上記のような方法を用いなくとも雌雄産み分けが可能である（図2−63）．例えばヒラメは，稚魚を通常より高い水温で飼育すると雌の稚魚は雄に性転換する．雌が性転換した雄の染色体はXXであるから，これと通常の雌を交配すればすべて雌の稚魚しか出現しない．ヒラメは，雌の方が短期間で体が大きくなるので養殖には有利である．また，魚類は性ホルモンで簡単に性転換するものが多い．

餌に雄性ホルモンを添加して雌の稚魚を飼育すると，染色体はXXのままだが精巣を形成し精子を作る“雄”に性転換する．この偽雄を用いて交配すれば，生まれる稚魚はすべて雌となる．このような方法以外にも，図2−63のように紫外線やガンマ線の照射により核（DNA）を破壊した精子を用いる方法がある．この場合，精子は近縁種のものを用いれば，破壊を免れた精子による稚魚の出現を抑えることができる．核を破壊した精子でも受精能はあるので卵の発生を促進するが，染色体が半数のままだと通常は生存できない．そこで，最初の細胞分裂で染色体が倍加した時期に低温処理や水圧をかけて体細胞分裂を阻害すると，2倍体の細胞ができる．こうして生まれた稚魚はすべてXX染色体を持つので雌となる．この方法と同様に，卵の核を破壊して正常なY精子と受精させれば，染色体はYYとなり天然には存在しない雄（超雄）が誕生する．これと通常の雌を交配させれば，生まれる稚魚はすべて雄（XY）となる．このような方法は，魚類の多くは体外受精であり，哺乳類のような胎生ではないことから容易に行える．

魚類の雌雄コントロール技術に関連して，魚類の育種には高次倍数体の作製があるので，その方法も

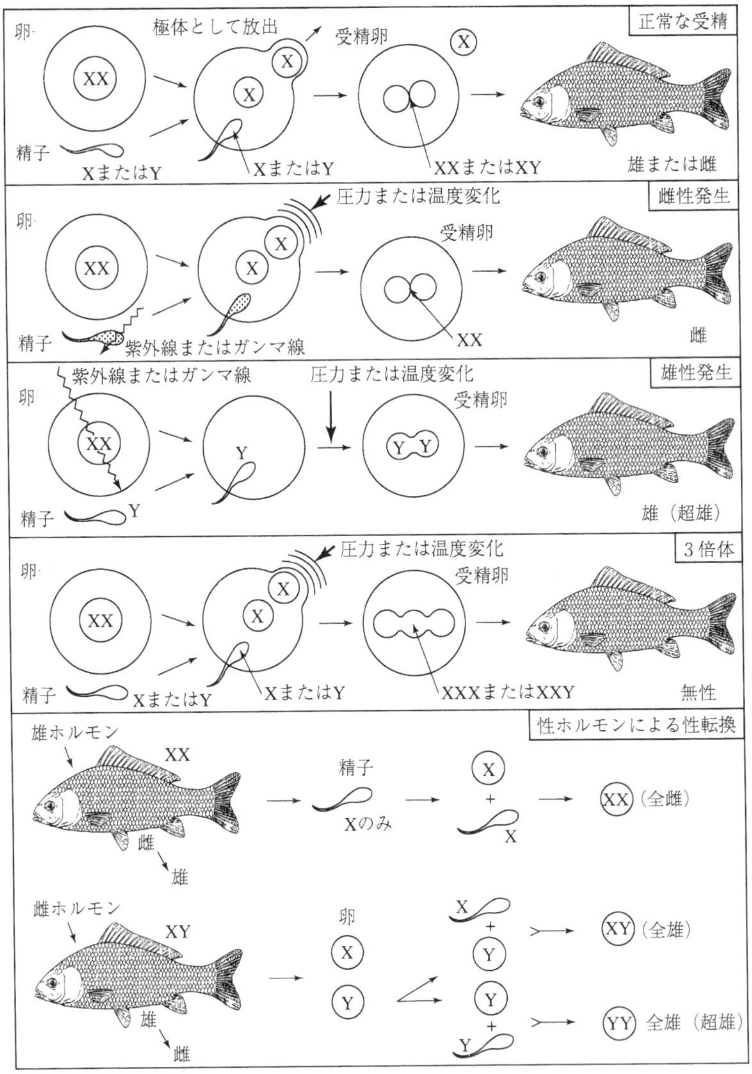

図 2-63　魚類の雌雄産み分けと染色体倍数化

魚類は水温や性ホルモンなどの環境変化で性転換するものが多く，雌発生，雄発生，染色体の倍数化などが容易に行える．この技術は，魚類のクローン作製にも用いられる．

少し紹介しておく．魚類の卵は，ヒトなどと異なり産卵された時点では 2 倍体（2n）である．これが受精すると，卵の減数分裂が始まり，一方の染色体のセットが極体として卵外に放出され半数体（n）となる．そして，精子由来の染色体セットとヘテロ 2 倍体となる．受精直後の卵に低温や高水圧などの刺激を与えると，極体放出が妨げられるので，3 倍体（3n）の稚魚が誕生する．一般に，3 倍体魚は 2 倍体魚より体が大きいので，養殖魚の生産効率が上がる．3 倍体の作製は，カキなどの養殖貝類でも試みられている．しかし，3 倍体は不妊となるので，その繁殖にはクローン技術などが必要となる．

2-4-4　動物のクローン技術（cloning technique of animal）

1997年，イギリスにおいて体細胞クローンヒツジ「ドリー」が誕生した．これを契機として，生命を操作する技術であるクローン技術がクローズアップされている．クローン（clone）とは，有性生殖を伴わないで生まれた同一のゲノム（染色体のセット）を持つ個体群のことを意味するもので，もともとは植物の挿し木による栽培個体のことを指す言葉であった．クローンの作出をクローニング（cloning）という．1つの遺伝子あるいは遺伝子群を単離し，プラスミドなどの上で複製・増幅させることもクローニングと呼び，そのような遺伝子を持つ細胞をクローンと呼ぶが，遺伝子のクローニングと個体のクローニングは技術的に異なるものである．動物のクローン技術は，主としてカエルなどの両生類や，実験動物のラットやマウスで開発されてきた．現在この技術は，畜産や水産分野では実用化されつつあり，今後医学分野への応用に発展していくと期待されている．

植物細胞は，分化の全能性を有していることが1つの特徴であるが，一般的に動物細胞の場合，全能性を有しているのは受精卵だけである．哺乳動物の個体発生は，受精卵を出発点としている．受精卵から分裂した細胞が分化し，様々なヒエラルキー（段階的細胞分化）の中で組織・個体を形成していく．図2-64に示すように，卵は受精すると細胞分裂を始め，細胞数が2個，4個，8個……というように増える（卵割という）．このような発生の初期から個体となって独立に食物を摂るようになるまでのものを胚（embryo）という．初期の分裂中の細胞（初期胚）は未分化で，まだ全能性を持っていることが知られている．

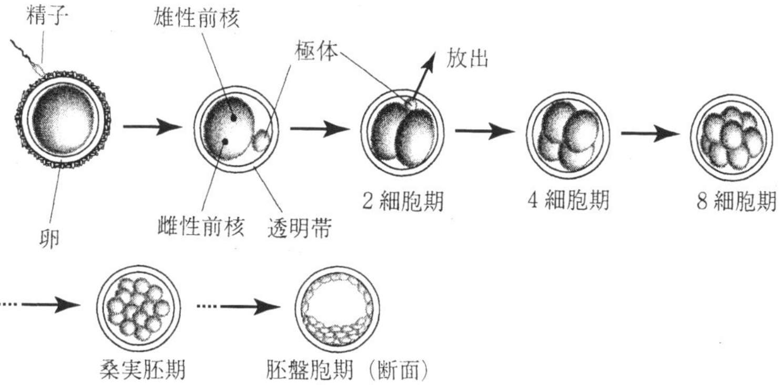

図2-64　受精卵の卵割

例えば，マウスでは受精卵が1回分裂してできた2細胞期の胚を2つに分けると，そのそれぞれから正常なマウスが生まれる．しかし，2回分裂してできた4細胞期の胚のそれぞれでは，もはや個体になる性質は失われる．このような性質は，哺乳動物の種類によっても異なり，牛では8細胞期になると消失する．畜産動物であるウシやヒツジでは，受精卵（初期胚）の分割により一卵性の双生児や4つ児が生まれている（図2-65）．これらの個体は，同一のゲノムを持つクローンである．この方法を発展させたものが受精卵クローン技術である．しかし，この方法では作出できるクローンの数に限りがある．

一方，未分化の細胞を取り出し，培養する技術が確立された．そのような細胞株を胚幹細胞（胚性幹細胞あるいはES細胞ともいう，enbryonic stem cell, ES cell）といい，これを用いたクローン作出も行

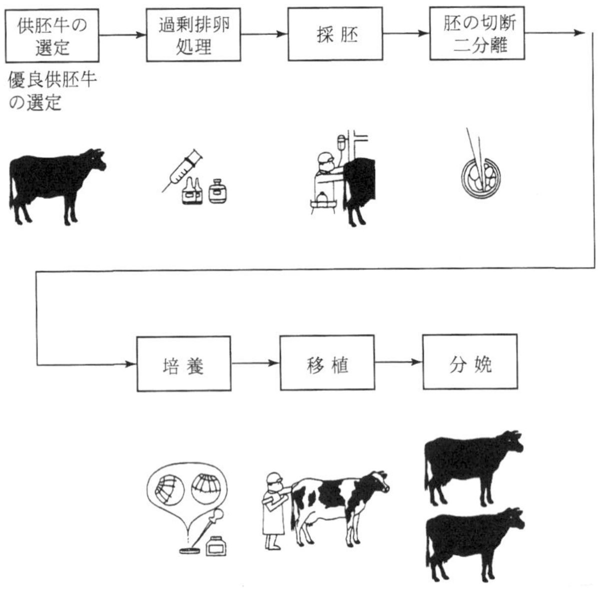

図 2-65　受精卵分割による一卵性双生児の作出（ウシ）

われている．このES細胞は，遺伝子を改変した個体（トランスジェニックという）を作るのに有効で，その利用価値は高い．また，性質の異なる2つの系統の親からの初期胚細胞（あるいはES細胞）を混合し，1つの卵の透明帯の中に封入して発生させると，両者の特徴を合わせもつキメラ動物も作ることができる（図2-66）．キメラ動物作製は，畜産動物の品種改良への応用が期待されている．

核移植という技術は，あらかじめ核を取り除くか，紫外線照射で核を不活化した細胞に，別の細胞から取った活性のある核を挿入することである（図2-57）．実際には，導入する核は単離したものではなく，細胞ごと移植して除核卵細胞と電気的細胞融合によって行う．この核移植の技術から，カエルの体細胞（肺，腎臓，皮膚）を未受精卵に注入してクローンオタマジャクシが創り出されたが，カエルにまで成長させることはできなかった（1970年）．しかしこの成果は，分化の可逆性を示すものとして注目され，クローンの作製がにわかに現実視され始めた．その後，1983年には哺乳動物としては初めて，マウスを用いて核移植が行われた．マウス受精卵の雌雄前核を除去し，他の受精卵の前核に置き換えることに成功した．

最近，羊において親の乳腺細胞と脱核卵母細胞との融合細胞を代理母の羊に移植することにより，ついに体細胞からのクローン個体作出に成功した（1997年）．これは哺乳類のみならず，カエルなども含めた脊椎動物における初めての体細胞クローン作出の成功例となった．これにより，すでに分化した細胞の核にも個体形成に必要なすべての遺伝子が存在することが明らかになった．1998年に入ると，マウスにおいても体細胞クローンが得られ，その後我が国において牛で初めて体細胞クローンが生まれた．クローン作出の成功には，ドナー（donor）となる細胞とレシピエント（recipient）の卵細胞の，細胞周期（図2-67）の同調化が重要であると考えられている．また，用いられる体細胞も乳腺細胞だけでなく，卵丘細胞，卵管上皮細胞，耳由来繊維芽細胞など種々の細胞からクローンが誕生している．このように哺乳動物におけるクローン技術は，様々な種にその適応が広がっており，体細胞クローンの現実性が高まっている．受精卵クローンでは使用できる細胞数に限りがあるので，限られた数のクローンしか作れないのに対し，理論的に体細胞クローンでは，使用できる体細胞の数だけクローンの作出が可能である．これらのクローン作製法を図 2-68 に示す．

動物におけるクローン技術は，医薬関係においては移植臓器の作製や動物個体を用いた医薬製造（動物製薬工場）を目指す方向と，畜産分野においては人工受精や受精卵移植による品種改良技術の延長線上に位置づけられており，優良品種の繁殖法として期待されている．このように，クローン技術は各方面で注目を集めている反面，ヒトへの応用も可能なので批判的な人々も多い．

先進国では，ヒトクローンの作製は法律により禁止されている．日本では，「クローン技術規制法」が 2001 年に施行されている．また，2008 年文部科学省はヒトクローン胚研究に関係する法律や指針の改正案をまとめ，翌 2009 年には難病などの治療を目指した研究に限りヒトクローン胚の作製を解禁した．もちろんクローン胚からクローン人間を誕生させることは禁止されており，作製したヒトクローン胚は必ずES細胞にしなければならない．

この分野の研究は競争がし烈で，論文のねつ造が行われ研究者のモラルが問われた．また，真偽は判明していないが不妊治療としてクローン人間が誕生したという報道もあった．世界において，クローン研究に関わる法的・倫理的な規範の整備が未だ十分ではないため，世界

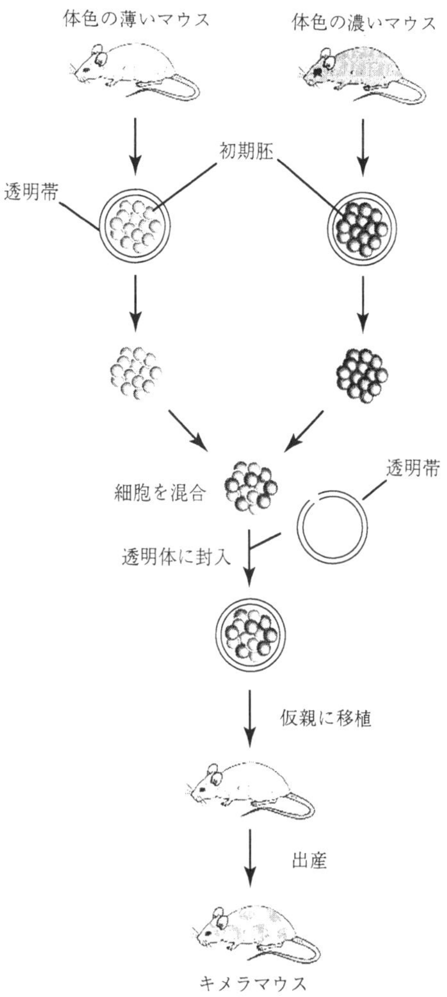

図 2-66　キメラ動物の作製（マウス）

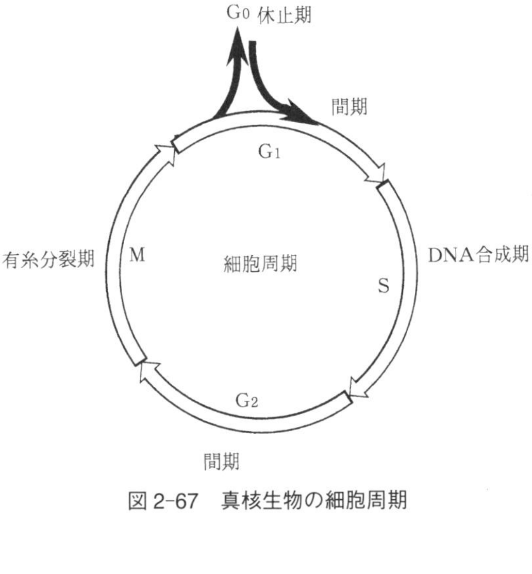

図 2-67　真核生物の細胞周期

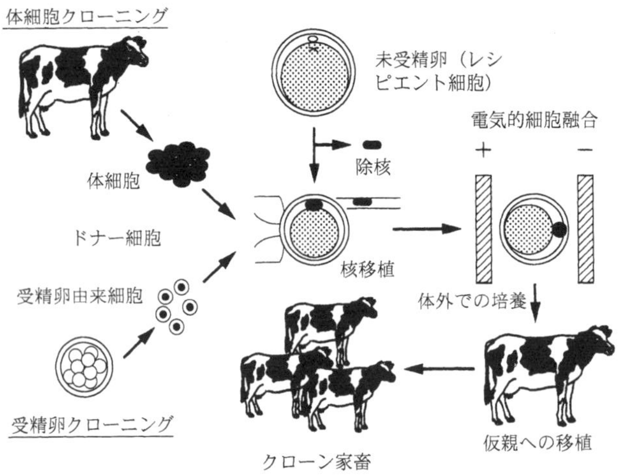

図 2-68　クローン動物の作出（ウシ）

共通の利用指針や法整備，また倫理観の醸成や社会のコンセンサス作りが必要である．

2-4-5　iPS 細胞と再生医療

臓器移植しか治療手段のない患者は，臓器が提供されるのを待っているが，日本での提供臓器は限られているため，海外で移植を希望する患者が少なくない．また，臓器提供者（ドナー）が現れても不適合な患者には移植できない．このような状況で，我が国での移植臓器不足は深刻である．

一方，脳や脊髄に損傷を受けて失った機能を元に戻すことはほとんど不可能であるし，パーキンソン病や筋萎縮性側索硬化症（ALS）などの特定疾患（いわゆる難病）は，発症の原因が不明であったり，完治する治療法が未確立な疾患である．このような患者を救済するのが再生医療であると期待されている．

ヒトの再生能力は限定的で，ほとんどの組織や臓器は再生しない．再生医療とは，そのような自然には再生できない組織や臓器を再生させ，機能を回復させるものである．そのアプローチとしては，人工物で補うものと，幹細胞を利用するものとがある．ここでは，幹細胞を利用するものを紹介する．

大部分のヒトの細胞には分裂限界がある．ところが，中には分裂を続けることができる細胞があり，それらは完全には分化していない．このような細胞を幹細胞と呼び，ヒト組織には組織幹細胞（体性幹細胞）があることが分かってきた．この細胞はこれまで，骨髄，網膜，神経などさまざまな組織から発見されている．マウスの実験では，胎児の神経幹細胞を移植することで脊髄損傷による機能障害を改善できることが確認された．

ヒトの組織幹細胞で治療を行う場合，本人の細胞でなければ拒絶反応が起こることが予想される．しかし，組織幹細胞は豊富にあるものではなく，患者から必ず得られるものではない．そこで，ES 細胞（胚性幹細胞）を利用することが考えられた．ES 細胞は未分化の万能細胞であり，全能性（totipotent）はないが多能性（pluripotent）をもっていて，あらゆる組織・臓器の細胞に分化することができる．

ヒト ES 細胞は，1998 年ウィスコンシン大学のトムソン（James Thomson, 1958–）らによって初めて作製された．しかし，ES 細胞は受精卵から作製され，患者本人の細胞ではないので，移植すれば拒絶反応が起こる．この問題を解決するため，ES 細胞と（患者の）体細胞を融合する方法や，クローン

ES細胞の作製が考案されているが，ヒトではまだ成功していない．前者は体細胞を初期化でき，後者は核移植を行うクローン技術の応用である．これらのES細胞を利用する技術が確立し，ヒトの治療に応用されるようになった場合にはもう一つの問題が残る．それは，卵子や受精卵の提供とヒトクローン胚の作製を伴うなどの倫理問題である．

再生医療の実現に障害となる問題の解決が望まれる中，奈良先端科学技術大学院大学の山中伸弥（現京都大学 1962–）らは画期的な技術であるiPS細胞（induced pluripotent stem cell, 人工多能性幹細胞）の作製に成功した（2006年；マウス，2007年；ヒトの細胞）．ヒトiPS細胞作製は，トムソンらと同時であった．

山中らとトムソンらは，ES細胞で働いている因子（遺伝子）の中に分化した細胞の初期化に関わるものがあると考え，最終的に4つの因子に絞り込んだ．山中ファクターと呼ばれる4つの因子は，*Oct3/4, Sox2, Klf4, c-Myc*であり，トムソンらは*Oct3/4, Sox2, Nanog, Lin28*の4つに絞り込んだ．両者に共通している*Oct3/4, Sox2*は転写因子の遺伝子で，細胞の初期化に関与すると考えられている．*Klf4, c-Myc*または*Nanog, Lin28*は，細胞の分裂限界をなくすことに関与すると考えられている．この4つの因子を遺伝子組換え技術を用いて細胞に導入することでiPS細胞は作製されたのである．山中らの方法の概略を図2–69に示す．

iPS細胞は卵子提供の必要がなく，ヒトクローン胚を作製することも不要なことから，ES細胞を利用する場合の問題をすべて解決できる．しかし，iPS細胞作製にはレトロウイルスベクターを用いていることや*c-Myc*はガン遺伝子であることなどから，細胞がガン化することがある．その後，培養条件を変えることで*c-Myc*はなくてもよいことがわかったが，ガン化のリスクがなくなったわけではなく，レトロウイルスベクターを用いない方法を開発する必要がある．さまざまな培養条件を試みて，iPS細胞を肝臓，膵臓，神経，骨，血球などいろいろな細胞に分化させる研究が多くの研究機関で行われており，臨床研究も行われようとしている．安全性の問題が解決すれば実用化もそう遠くないであろう．

iPS細胞の利用は，再生医療だけではなく薬効や副作用を評価する実験材料にも広がる．患者個々の体質に合わせたテーラーメード医療（オーダーメイド医療ともいう）の実現に貢献できる技術であり，新薬開発への応用が期待される．iPS細胞の早期実用化を待っている患者が多い一方で，不妊治療への

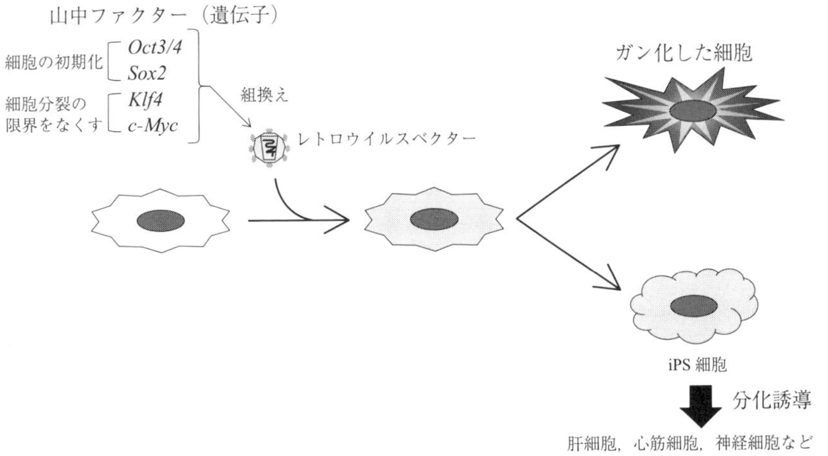

図2–69　iPS細胞の作製方法

応用は子孫への影響を考慮すれば慎重に行わなければならい.

2-5 植物のバイオテクノロジー

植物細胞を利用したバイオテクノロジー技術も確実に身近なものとなっている．植物培養技術で生産された色素を利用したバイオ口紅はすでに定着した感があり，農作物から食品の分野でもバイオテクノロジーの技術は浸透しつつある．1998年現在，我が国で栽培されているジャガイモの9割以上，イチゴの6割以上の苗がウイルスフリーとして使用されている．産業的には花や野菜を中心として，100種類以上がバイオテクノロジー技術を使用した植物種であるといわれている．またアメリカを中心として，病害虫に抵抗性を付与した遺伝子組換え植物種が普及し始めており，今後益々産業的に広がりを見せるであろう．

植物細胞は，動物細胞と違い1つの細胞がホルモン量の調節で1個体の植物体まで再生することができる特徴（植物細胞の全能性）を有しており，植物バイオテクノロジーの大きな特徴の1つになっている．植物のバイオテクノロジーは，大きく植物増殖技術，植物保存技術，植物育種技術および物質生産技術から成り立っている．ここでは上記技術を中心に解説する．

2-5-1 植物増殖技術

植物増殖技術は，植物の細胞や組織から植物体を再生する技術を源流としている．古くは園芸家の挿木や取り木に見られるようなものである．これらは，成長点培養（茎頂培養）や胚培養，さらにはラン類のメリクロン培養などに見られるように歴史は古く深い．

(1) ウイルスフリー苗

植物も動物などと同じようにウイルスや細菌などが感染し，植物細胞の正常な代謝を乱し，その結果種々の生理的機能の障害や形態異常を引き起こす．農業生産において安定した収量をあげるためには，ウイルスフリー苗を作製することは非常に重要である．

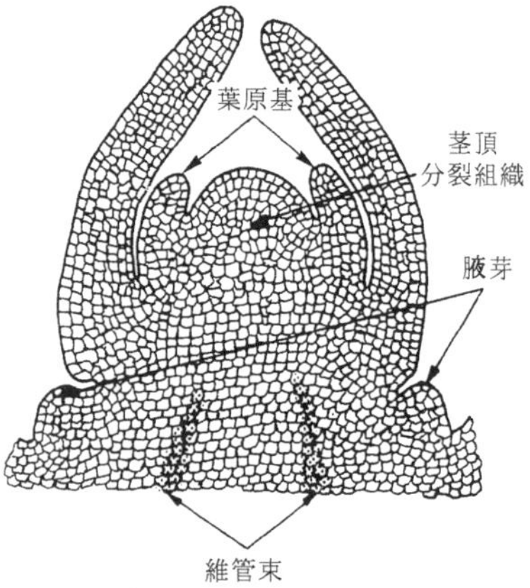

図2-70　茎頂の構造

［茎頂培養］

茎頂（meistem）は，半球形をした茎頂分裂組織（成長点）とそこから分化した数枚の葉原基から成っている（図2-70）．

茎頂を切り出して栄養素や糖を含む固形培地を用いて培養するのが茎頂培養である．茎頂を培地中に埋め込まないようにする，また茎頂の上下を間違えないできちんと置くなどの注意は必要であるが，本来，成長する能力に富む部位なので，特別な植物ホルモンの添加がなくても順調に生育する．培養の難易度は，植物の種類や切り出した茎頂の大きさによって大きく異なる．

一般的には茎頂が小さければ小さいほど，ウイルスを除去できる可能性が高くなるものの培養は困難となる．植物の種類によってウイルスが除去される茎頂の大きさに，随分大きな差があるところから，ウイルスが除去されるしくみについてもいくつかの説がある．現段階では結論が出ていないが，最も有力なのは，「外部から感染したウイルスが細胞間連絡によって次々に周辺の細胞に感染を広げていく速度に比べて，茎頂分裂組織での細胞分裂の速度の方が速いため，茎頂はウイルスに感染されない」とする説である．つまり，維管束組織が未発達の茎頂近傍にはウイルスが到達しにくいと考えられている．

（2）大量増殖技術

植物の大量培養技術は，大きく分けて2つある．1つは，「茎頂を出発点にした大量増殖法」であり，もう1つは「不定芽や不定胚を利用する大量増殖法」である．前者は，培養部位の茎頂が有する活発な再生能力を利用する方法であり，後者は培養部位にはこだわらない，幅広い培養部位から誘導した不定芽や不定胚を活用する方法である．

[茎頂を出発点にした大量増殖法]

茎頂近傍に発生した新しい茎頂（腋芽）を多数，短期間に誘導して植物を増殖させる方法である．茎頂分裂組織に葉原基を2, 3枚つけた状態で培養する．それは葉原基の腋に生じる芽（腋芽，新しい茎頂）を活用するためである．

[不定芽や不定胚を利用する大量増殖法]

植物のあらゆる部位から植物体を再生させて大量増殖に利用しようとする方法で，現在のプロトプラスト培養法につながるものである．この方法は，植物ホルモンであるオーキシンとサイトカイニンのバランスにより誘導する方法が基本となっている．この場合，培養するそれぞれの植物の種類や部位で内生ホルモンが異なっているため，それぞれの植物により最適なホルモン条件は異なる．オーキシンとは，植物茎の先端で形成され，茎中をその基部に向かって移動しながら成長を促進する植物ホルモンのことである．サイトカイニンとは，DNAの加水分解物からタバコのカルスの細胞分裂促進物質として抽出されたのが最初で，その後，同様の生理活性を有する物質が数多く合成され，サイトカイニンという名称が与えられた植物成長ホルモンのことである．

大量増殖技術を用いて誘導した植物は，現在我々の生活の中にかなり入ってきている．その実用化は1970年代から始まり，当初は困難だとされていたラン類の増殖にも活用され，最近では誰もが簡単に楽しめるようになってきている．

2-5-2　植物保存技術

植物体自身は，周囲の環境に対し著しい耐性を持つ種子という形で，種の保存と繁殖を行っている．植物バイオテクノロジーの発展に伴い組織・細胞培養，細胞融合，さらには遺伝子組換え植物といった，従来考えられなかった新たな培養物や幼植物が誘導され，それらの保存技術が必要となってきた．特に育種により不稔性（種子がとれなくなったもの）になった重要な系統を保存するためには，その保存方法が重要である．現在，保存技術としては低温培養や成長抑制剤の利用による試験管内保存（中期保存）と液体窒素による凍結保存（長期保存）がある．

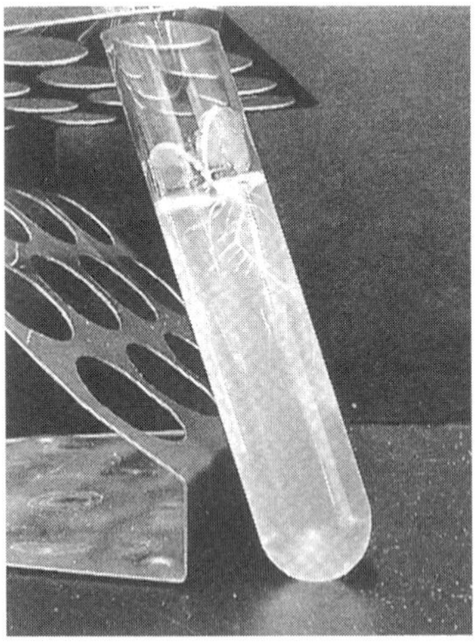

図 2–71　試験管内で寒天培地を用いて培養した植物

(1) 試験管内保存

この方法は，高濃度の糖と数種の植物成長抑制剤を培地に添加し，低温で培養することで培養物の呼吸を抑え，また代謝活性を抑制することにより，試験管内で保存しようというものである．試験管で寒天を用いて培養した植物を図 2–71 に示す．

この方法は，対象とする植物の種類により条件が異なっているため，それぞれの植物に合った方法を検討する必要がある．現在，あらかじめ耐凍性を付与するための前処理を行う「ハードニング」や培地表面にミネラルオイルを重層する「ミネラルオイル重層法」が開発されている．

(2) 凍結保存

植物の凍結保存は，動物の精子や卵子の保存に学ぶ形で研究が進んだ．現在では 60 を超える植物種で凍結保存が可能となっている．凍結保存は，液体窒素（–196℃）を用いる．予備凍結法という方法が基本であり，最近ではガラス化法やビーズ乾燥法などの簡便法が開発されてきた．保護剤としてはグリセリン，ショ糖，エチレングリコール，DMSO（ジメチルスルホキシド）などが用いられる．

2–5–3　植物育種技術

植物の育種は古くから行われていた．胚培養，葯培養，プロトプラスト培養などは，今までの新品種を作ってきた技術であり，オールドバイオテクノロジーと分類されている．一方，最近は細胞融合や遺伝子組換え技術といった新しい技術が現れており，これらはニューバイオテクノロジーと呼ばれている．図 2–72 および図 2–73 に実験で用いられる一般的な植物培養装置を示す．

図 2–72　実験室内植物培養装置

図 2–73　屋外植物培養装置

（1）胚培養

育種の原点は，交雑によって両親の雑種を作り，変異の幅を広げていくことである．したがって，交雑によって雑種胚を獲得して，それを育てていくことが現在でも植物育種の中心技術である．しかしながら，植物種によっては雑種胚が正常に発育しない場合が多く（特に栽培種と野性種），後に述べる新しい技術が生まれてきた．

胚培養には「受精した胚」が存在しなくてはならない．受精しているにもかかわらず，胚が死滅したりする場合も多いが，この場合，胚だけを摘出して培養したり，胚だけの摘出が困難な場合，胚を包み込んでいる胚珠や子房で培養して胚の発育を促進していく．胚培養を成功させるためには，用いる材料の組み合わせの吟味と，それぞれの植物種に適合した受精促進法の開発が特に重要である．

植物バイオテクノロジーの中で，植物ホルモンの種類やバランスが技術の中心になることが多いが，胚培養においては用いられないことが多い．これは，胚培養では本来それ自身が有している再生能力を利用した培養法のためである．

（2）葯培養

葯とは，雄ずいの先にある花粉を作る器官のことである（図2-74）．

葯を無菌的に培養すると，その中に存在する花粉母細胞が分裂して植物体にまで生長することがある．普通の植物は，染色体を2セット持っているが（2倍体），葯は1セットしか有していない（半数体）．これは花粉母細胞が減数分裂によって生じ，元来生殖のための細胞だからである．通常，半数体の植物は正常な形態をとることは少ないが，花粉細胞が分裂しているときに，コルヒチン（イヌサフランの種子，鱗茎から抽出されるアルカロイド）などの薬品で処理すると，染色体が倍加する．この薬品は染色体の倍加は抑えないが，細胞分裂は抑える．その結果，染色体が倍加した細胞（ホモ接合体）ができ，容易に普通の形態を持つ植物体にまで生長する．

品種をかけ合わせた後，胚培養を行い，できた種子を収穫し，次にその種子をまた生育させていくのが一般的である．しかしながら，できた種子すべてが，かけ合わせの際に期待した性質を有しているとは限らない．雑種の場合，同じ個体からとれた種子からは，少なからず異なった種類の性質を持つ個体が現れる．通常は，農業的に利用できる均質な種子がとれるまで，このような栽培を何代も続け，目的とする性質がいつも現れる種子（純系）を作らなければならない．

一方，優れた性質を持つ雑種の葯を培養し，染色体を倍加させ植物を育成すると，最初から完全に同じ染色体が2セット含まれる（純系）ことになり，この植物から自家受精して種子ができると，その種子から生育する種子はすべて同じ性質を示すことになる．葯培養によって，農業的に利用価値がある種子の作製にかかる時間が大幅に短縮され，現在では非常に有効な技術として利用されている．

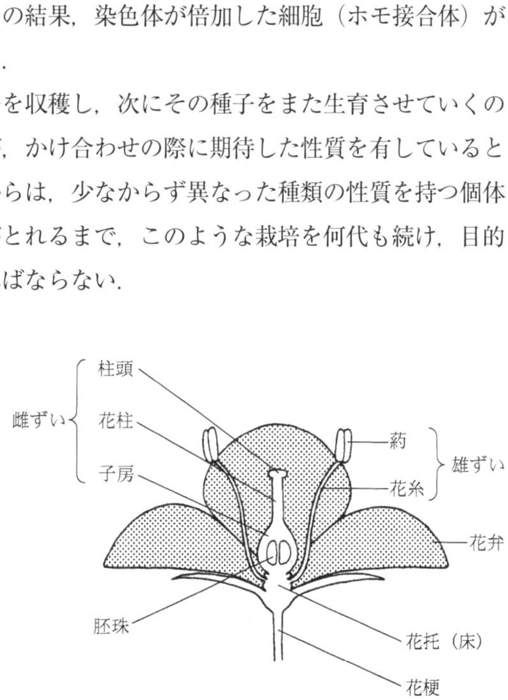

図2-74　花の構造

我が国においては，1970年代にニコチンやタールの量を低減させたタバコの新品種が葯培養により作られており，1980 年代に入ってからはイネ科の葯培養が積極的に進められ成果を出している.

(3) プロトプラスト培養

骨格を有さない植物は，細胞の 1 つ 1 つに細胞壁を持つことによりその体勢を保持している．細胞壁を取り除いた裸の細胞をプロトプラスト（protoplast）と呼ぶ．プロトプラストは，従来微生物の分野で開発された技術で，1960 年以降，植物において酵素を利用したプロトプラストの単離と培養が一般的な技術となり，植物の分野でも広く用いられるようになった.

植物体からプロトプラストを作るためには細胞壁を除去する必要がある．植物の細胞壁は，多糖類でできているため，基本的にはセルロース，ヘミセルロース，ペクチンなどの糖質の分解酵素を用いて，細胞壁を消化させる．プロトプラストは微生物の場合と同様に，細胞壁をいきなり消化してしまうと，プロトプラストができる前に細胞は内部の高い浸透圧のため破裂する．そこで，細胞質膜は通過しない溶質（マンニトールやソルビトールなど）を高濃度で溶かした溶液の中で，酵素処理を行う.

プロトプラストは，植物体からでも培養細胞（カルス，懸濁細胞）からでも調製可能である．プロトプラストを再生用培地で培養すると，数日後には細胞壁を再生し，分裂を開始し，1 つの塊を形成する．この塊に含まれる細胞は，すべて 1 つのプロトプラストに由来しているため，その性質は同じであるとみなせる.

プロトプラスト培養は，薬剤や病原菌の耐性の細胞を見つけるときに広く応用されている．分裂を始めたプロトプラスト培養液に，薬剤や植物病原菌を入れ，生き残った細胞の塊を選別すれば薬剤や病原菌に対する耐性細胞を効率よく選択できる．何万個体もの植物個体から同様の選別を行うためには，膨大な労働力と栽培面積が必要で，プロトプラスト培養を用いると，何万個の細胞の中から耐性を有する細胞を見つけることが非常に簡単に行える.

プロトプラストは，細胞壁がないため遺伝子導入を行いやすいことから，後で述べる細胞融合や遺伝子組換え技術に幅広く応用されている.

(4) 細胞融合

プロトプラストの形成と再生は，耐性細胞の選抜などへの応用のみならず，植物の分化全能性を証明したものとしても意義深かった．その後，プロトプラスト細胞は，近接する細胞同士融合して 1 個の細胞になることが見いだされ，新しい展開が始まった．現在では，ポリエチレングリコール（PEG）を用いると細胞融合の効率が高まることが明らかになり，植物の種類に関係なく，プロトプラストにすればどんな細胞とでも細胞融合可能なことが分かり，各方面で研究・開発が行われている.

このように，従来交雑が不可能であった植物においても雑種が獲得できるようになり，ドイツのマックスプランク研究所で初めてジャガイモとトマトを細胞を融合させ，「ポマト」を育成した．その後，ポマトを一つの指標として世界中で多くの細胞融合実験が進められ，タバコ，ジャガイモ，ニンジン，イネなどを中心として，70 種を越える雑種個体（体細胞雑種）が育成されている．1980 年代に入ると，電気刺激によって物理的にプロトプラストを融合させる電気融合法が開発され，さらに融合効率が上昇した．細胞融合を用いた植物の育種例を表 2-11 に示す.

細胞融合により得られた植物体にも多くの問題点がある．例えば，先に示したポマトも花の色や葉の形などは両者の中間を示すが，地下部の塊茎はイモにならず，果実もトマトのように大きくならない．細胞融合は，どんな細胞同士でも融合は可能であるが，植物体を形成後，種子がとれないものも多く（不稔性），種子による個体の維持ができないなどの問題点があり，実用化への難しさを示す事例にもなっている．今後は，比較的近縁での細胞融合技術を用い，実用化を目指した研究が展開されるものと予想されている．

表 2-11　日本の企業における細胞融合植物例

植物の組み合わせ	研究機関
レッドキャベツ×ハクサイ	タキイ種苗
トマト×ペピーノ	タキイ種苗
ジャガイモ×トマト野性種	キリンビール
（ジャガイモ×トマト）×トマト	キリンビール
キャベツ×ハクサイ	サカタのタネ
ナス×ナス野性種	サカタのタネ
メロン×台木カボチャ	サカタのタネ
クマネギ×ニンニク	ピアス
ラッキョウ×ニラ	桃屋
ダイコン×カリフラワー	大和農園

（5）遺伝子組換え技術

微生物で始まった遺伝子工学技術は，植物の分野にも取り入れられ，新しい育種技術として期待されている．この技術は，細胞融合と違い目的とする遺伝子のみを導入することができるという特徴を持つ．植物への遺伝子導入法は，生物的遺伝子導入法と物理的遺伝子導入法がある．植物の主な遺伝子導入法とその特徴を表 2-12 に示す．

表 2-12　植物の主な遺伝子導入法とその特徴

導入法	方法名称	長　所	短　所
物理的遺伝子導入法	エレクトロポレーション法	植物種を選ばない	装置が必要 プロトプラスト再分化系が必要
	パーティクルガン法	植物種を選ばない	装置が必要 再生植物体のキメラ化が起こる
	PEG 法	植物種を選ばない 装置を必要としない	プロトプラスト再分化系が必要
生物的遺伝子導入法	アグロバクテリウム法	適用できる組織や細胞の範囲が広い	感染しにくい植物体がある

［生物的遺伝子導入法］

生物的遺伝子導入法のうち最もよく使用されている方法は，アグロバクテリウム法である．アグロバクテリウム（*Agrobacterium tumefaciens*）は，野菜や果樹など多くの植物の根や茎にこぶ（腫瘍のことでクラウンゴールという）を作る，根頭腫瘍病の原因となる細菌であり，自己複製可能なプラスミド（Ti–プラスミド）を持っている．Ti–プラスミドのうち植物の染色体DNAに組み込まれ，腫瘍を形成する部分を特にT–DNAと呼んでいる．T–DNA領域には，植物ホルモンとオパインと呼ばれるタンパク質をコードする遺伝子があり，この両物質により腫瘍が形成される．遺伝子組換えは，この領域に有用な遺伝子を組換えて，植物中で発現させようとするものである．現在育成されている遺伝子組換え植物の多くは，この方法により作られている．しかしながら，イネやムギなどの単子葉植物ではアグロバクテリウムの感染が難しく，本方法を適用できない場合もある．

［物理的遺伝子導入法］

エレクトロポレーション法やパーティクルガン法に代表される物理的遺伝子導入法は，アグロバクテリウムに感染しない植物のために開発された．最近では，その簡便さにより，多くの植物種で使用されている．

エレクトロポレーション法は，DNAの存在する溶液にプロトプラストを入れ，瞬間的な電気パルスによって細胞膜に穴をあけ，DNAを取り込ませる方法である．細胞内に入ったDNAは，ある確率で染色体に取り込まれ，このプロトプラストから植物体を再生させて遺伝子組換え植物を育種する．

パーティクルガン法は，タングステンや金の微小粒子（径0.4～2μm）にDNAをまぶし，これを散弾銃のようにカルスや植物組織に向かって発射する（図2–46），その結果，粒子は植物の細胞壁や細胞膜を突き抜け，DNAは細胞内に入り込む．植物を再生後，いくつかの組換え体の中から，目的とする遺伝子組換え体を選択する方法である．最近では，シリコンカーバイトの針で植物細胞に微細な穴をあけ，そこからDNAを確実に注入するシリコンカーバイト法も開発されている，

我が国において，組換え植物について「組換えDNA実験指針」と「農林水産分野における組換え体利用のための指針」に基づいて実験が行われ，人間や生態系に対して安全性が確認されれば，最終的に開放形での試験に移行できることになっている．

最近，遺伝子操作を用いて作る遺伝子組換え植物（トランスジェニック植物）は，実験室レベルでは日常的に行われるようになってきた．これは，除草剤耐性やウイルス耐性植物などの実用に即した新しい植物を創製することはもとより，未知の遺伝子がどのような機能をするかを調べるなど，大切な技術になっている．表2–13にこれまでに分離されている植物由来遺伝子をまとめた．

現在世界で商品化されている遺伝子組換え植物は，1994年，アメリカのカルジーン社が売り出した「フレーバー・セイバー」という名称のトマトである．トマトは，実の成熟に伴ってセルロース分解酵素の1つであるポリガラクチュロナーゼが大量に生産され果実組織が柔らかくなることにより成熟する．カルジーン社では，このポリガラクチュロナーゼ遺伝子の発現を抑えてトマトの成熟化を遅らせることにより，貯蔵性の高いトマトの育種を目指した．

ポリガラクチュロナーゼ遺伝子のアンチセンスDNAをトマトに導入し，そこから発現するアンチセ

表2–13　植物育種において有用な遺伝子

遺伝子	遺伝子発現効果	対象植物
TMV, CMV, RSVなどの各種ウイルスの外被タンパク質遺伝子	ウイルス病の抵抗性付与	タバコ，ペチュニア，イネ，メロン，トマトなど
卒倒病のBT毒素タンパク質遺伝子	殺虫物質	タバコ，シバなど
トリプシンインヒビター遺伝子	殺虫物質	タバコ
ポリガラクチュロナーゼ抑制遺伝子	遅成熟化	トマト
イネアレルゲン抑制遺伝子	低アレルゲン米	イネ
わい化遺伝子	草丈のわい化抑制	タバコ，トルコキキョウなど
グリホサート抵抗性遺伝子	除草剤抵抗性	大豆，タバコなど
キチナーゼ遺伝子	うどんこ病抵抗(期待)	イチゴ
カロチノイド合成酵素遺伝子	黄色色素の発現(期待)	シクラメン，セントポーリア

ンスRNAによりポリガラクチュロナーゼ遺伝子の発現を制御しようと考えた．その結果，トマトの実の中に存在するポリガラクチュロナーゼ量は激減し，硬いトマトが育種できた．この遺伝子組換えトマトは，突然変異で育種された成熟しないトマトに比べると，時間が経過すれば赤くなるが，従来のトマトと比べると軟腐せず格段に日持ちの良い貯蔵性の高いトマトが育種できた．その後，8年間にわたり組換え植物の安全性が実験され，アメリカにおいて1994年に発売されるに至った．

今後，この組換えトマトは我が国にも輸入される見通しで，今後ますます付加価値の付いた遺伝子組換え植物が商品化されるものと予想される．

2-5-4　物質生産技術

植物の組織や細胞を人工的に培養する技術は，1930年代から研究されており，その歴史は古い．組織や細胞を培養する利点は，分化や成長などの基礎的解析を助けるだけでなく，その大量培養ということで，農業や工業の方面に利用されるようになった．

植物細胞の生産技術は，微生物の培養で培われた膨大な技術的背景による．最近では植物由来の有用物質の生産を目指して，植物組織や細胞の培養に関する研究・開発が各方面で行われている（第4章参照）．

（1）カルス

植物組織を傷つけると，傷を受けた組織の近くの細胞が分裂して，白い無定型の組織（癒着組織）ができる．これをカルスという．これは，もともと分化していた細胞が，傷という環境変化で，形態的に特徴のない細胞を再生産したものと考えられている．これを脱分化と呼んでいる．

カルスを植物体から切り離し，適当な栄養分とホルモンを含んだ寒天培地の上で培養すると，さらに細胞分裂を行い増殖する．寒天培地中の栄養分やホルモンがなくなれば，その増殖は止まるが，また栄養分やホルモンを与えると増殖が始まる．このようにして，ほぼ半永久的にカルスを増殖させることができる（無限生長）．

無定形のカルスの増殖に必要なホルモンは，オーキシンとサイトカイニンである．これら両物質の量をコントロールすることにより，カルスを高濃度で培養したり，分化させてカルスから根を出させたり茎を出させたりする．一般に，低いサイトカイニン，高いオーキシン濃度で根が形成され，逆の場合は芽が形成され茎や葉ができる．カルスはどの器官から生じたかによらず，ホルモン量の調節で植物個体まで再生することができる．このような植物細胞の能力を分化全能性という．

（2）懸濁培養

植物の傷口から生じたカルスを寒天培地上で増殖させると，1カ月後には約10～20倍のカルスが得られる．通常，カルスの寒天培地上での倍加時間（生物体が生長して2倍になるのに要する時間）は，約1週間である．これは大腸菌の倍加時間が約20分であるのと比べると，植物細胞の増殖は著しく遅いことになる．そこで，カルスの低い生長率を上げるために考えられた方法が，懸濁培養である．この方法は，増殖中のカルスを寒天培地と同様の組成の液体培地で培養する方法のことである．その結果，著しく増殖率が高くなり，倍加時間は1～2日程度まで短縮された．寒天培地上では，寒天に直接接した細胞しか養分を吸収できないのに対し，懸濁培養では小さな細胞の塊や単細胞に分かれることにより，どの細胞も均一に養分を吸収できることで，増殖率が向上する．

懸濁培養においては，酸素の供給がポイントとなり（酸素不足が植物細胞の増殖を止めてしまうため），現在は様々な植物培養用の装置が作られている．また培地成分も検討されて，工業化できる段階にまで達している．

現在は，この懸濁培養を応用して，植物細胞を大量培養することにより，植物由来有用物質の生産が，各方面で試みられるようになってきた．

【参考文献】
・日本微生物学協会編：『微生物学辞典』（1989）技報堂出版．
・今堀和友，山川民夫監修：『生化学辞典〈第2版〉』（1990）東京化学同人．
・石浜　明他編：『生命科学を推進する分子ウイルス学』（蛋白質・核酸・酵素　別冊 Vol.37, No.14）（1992）共立出版．
・J. Errington：Microbiological Reviews, Vol57, 1-33（1993）．
・日本放線菌学会編：『放線菌図鑑』（1997）朝倉出版．
・山中　茂：『化学と生物』日本農芸化学会編　Vo1.27 656-662（1989）学会出版センター．
・M.　Dworkin：The Myxobacteriales，In Handbook of Microbiology，A. I. Laskin and H.　A. Lechcvalier（eds），182-193（1974）CRC Press.
・M.　W. Gray：Nature, Vol.383, 299-300（1996）．
・C. R. Woese *et al*.：Proc. Natl. Acad.　Sci. USA, Vol.87, 4576-4579（1990）．
・古賀洋介：『古細菌』（1989）東京大学出版会．
・宇田川俊一，椿　啓介他：『菌類図鑑［上，下］』（1993）講談社．
・長谷川武治編著：『改訂版微生物の分類と同定［上］』（1984）学会出版センター．
・D. L. Hawksworth：Biodiversity and global change，In IUSB Monograph 8，Solbrig *et al*.（eds）83（1992）IUSB, Paris.
・J.　D.　ワトソン他著，松原謙一　他監訳：『ワトソン遺伝子の分子生物学［第4版］』（1988）トッパン．
・M.　シンガー &P.　バーグ著，新井賢一，正井久雄監訳：『遺伝子とゲノム』（1993）東京化学同人．
・村松正實　他監修：『分子細胞生物学辞典』（1993）東京化学同人．
・日本生化学会編：『新生化学実験講座1，タンパク質Ⅶ，タンパク質工学』（1993）東京化学同人．
・相田　浩　他編著：『バイオテクノロジー概論』（1995）建帛社．
・クローン技術研究会：『クローン技術　加速する研究・加熱するビジネス』（1998）日本経済新聞社，
・J. M. ウーカー，E. B. ギンゴールド編，大島靖美訳：『分子技術としてのバイオテクノロジー』（1988）啓学出版．
・海野　肇他：『生物化学工学』（1992）講談社サイエンティフィック．
・F. Lim. A. M. Sun, Science, Vol.210, 908-912（1980）．
・神阪盛一郎他：『植物の生命科学入門』（1992）培風館．
・大澤勝次：『植物バイテクの基礎知識』（1994）農文協．
・P. A. Powell *et al*：Science, Vol.232, 738-743（1986）．

第3章

生物反応工学の基礎

微生物や酵素など生体触媒を用いた有用物質生産プロセスの開発は，図 3-1 に示すように，川の流れにたとえられ，3 つの段階に分けられる．第 1 段階は上流工程（up-stream process）と呼ばれ，自然界から有用な生体触媒を探索し，これを改良する過程である．第 2 段階は，探索・改良された有用生体触媒を用いた目的物質生産方法の開発段階であり，中流工程（middle-stream process）と呼ばれる．第 3 段階は，生産された有用物質に製品の必要とする純度や安定性などの品質を付与し，最終製品とする工程で，下流工程（down-stream process）と呼ばれる．

生物工学では，主に中流，下流に関する問題を取り扱う．例えば，微生物を用いて物質生産を行う場合，仕込んだ基質（栄養源）や反応（培養）条件によって，生成物がどれくらい得られるか，またその生成速度はどれくらいなのかを予測することは，生産現場において重要な問題である．これができなければ，工場での生産計画に至らない．

酵母を用いた物質生産の場合でも，パンやピザ製造に用いる酵母の生産を目的とした場合，培養時の酸素供給量が減れば，生産される酵母量は激減する．逆に，酵母を用いてアルコールを製造する場合であれば，嫌気的条件で培養を行う必要があり，好気的に培養すれば，所定のアルコール濃度に達しない．このように，同一酵母を用いた場合にも，目的生産物により，培養条件が明らかに異なる．生物を用いた物質生産においても，化学反応における反応物と生成物との量論関係と同様，培養の前後における量的な関係や反応速度を予測することが重要である．本章では，生物を用いた物質生産における反応

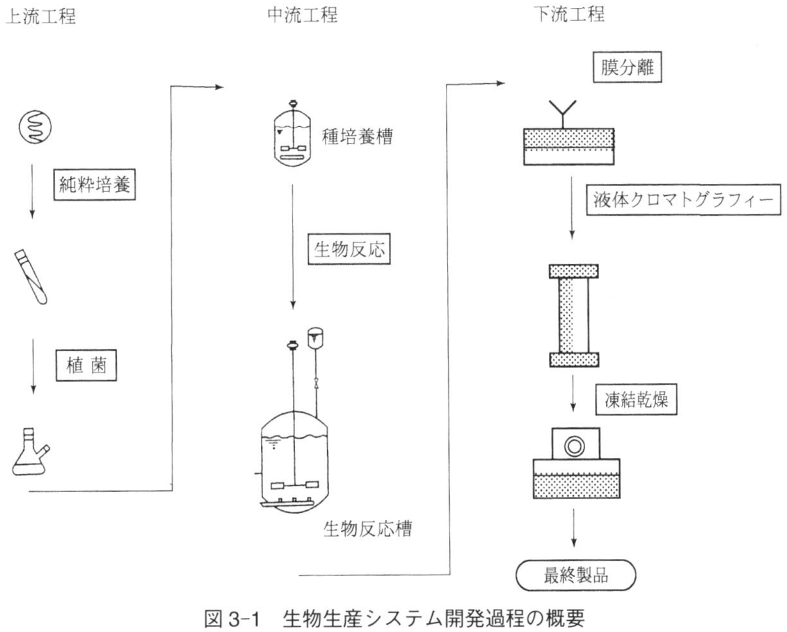

図 3-1　生物生産システム開発過程の概要

工学的な取り扱いを紹介する.

3-1　生物反応工学量論

微生物は利用可能なエネルギー源，炭素源により表3-1のように分類される．光合成生物では，エネルギー源と炭素源とが異なる．化学合成従属栄養生物では，同一の有機物をエネルギー源と炭素源のいずれとしても利用する．化学合成従属栄養微生物の体内で行われる代謝反応は1,000以上に上り，単純な基質（栄養源）を細菌に与えた場合においても，細菌内では多数の生化学反応が活発に進行する．培養により得られる生物量（バイオマス）は，これら微生物体内で行われるすべての生化学反応の総和である．厳密に微生物増殖を予測するには，これらすべての生体内反応の量論関係を調べる必要がある．しかし，これは困難なことであり，実際的ではない．ここでは，知られる情報から，微生物の増殖を予測する方法を述べる．

表3-1　エネルギー源，炭素源による微生物の分類

種　類	エネルギー源	炭素源	属する微生物
光合成独立栄養生物	光	二酸化炭素	緑藻，ラン藻，緑色硫黄細菌など
光合成従属栄養生物	光	有機物	紅色非硫黄細菌など
化学合成独立栄養生物	無機化合物	二酸化炭素	硫黄細菌，水素細菌など
化学合成従属栄養生物	有機物	有機物	多くの微生物がこれに属する

3-1-1　収率因子

化学合成従属栄養微生物を培養した場合の量論関係の概要を図3-2に示す．微生物の増殖に影響を与える因子には，微生物の種類，培養の際の炭素源，窒素源，無機塩類などの栄養源の種類と濃度，pH，溶存酸素濃度などの化学的因子が挙げられる．さらに，培養温度や圧力などの物理的因子も重要である．一方，培養に伴い生成する物質には，細胞，二酸化炭素，代謝産物がある．また，培養に伴い発生する培養熱（反応熱）も生成物の1つとして考えられる．微生物を増殖させ，菌体を生産しようとした場合の生産効率である菌体収率（cell yeild, $Y_{x/s}$）は，次式で示される．

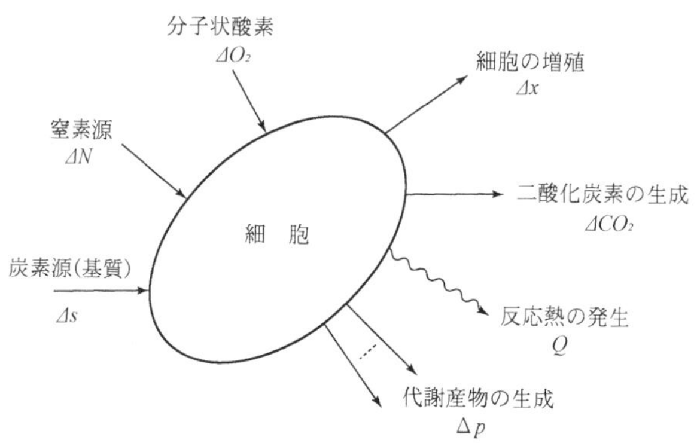

図3-2　化学合成従属栄養微生物を培養した場合の量論関係の概要

$$Y_{x/s}=\frac{\text{生成した菌体の乾燥重量}}{\text{消費された基質の質量}}=\frac{\Delta x}{-\Delta s}\quad\cdots\cdots\cdots\cdots\cdots(3.1.1)$$

ここで，Δxは，生成した菌体の乾燥重量，$-\Delta s$は消費された基質の質量である．Yx/sは，エネルギー源となった基質の代謝過程により大きく変動する．一般にATP生成が多い代謝過程でYx/sが大きくなる傾向を示す．ATP生成を基準とした菌体収率（Y_{ATP}）は，次式で示される．

$$Y_{ATP}=\frac{\Delta x}{\Delta ATP}\quad\cdots\cdots\cdots\cdots\cdots\cdots\cdots\cdots\cdots\cdots\cdots\cdots\cdots\cdots(3.1.2)$$

ΔATPはATPの生成量である．BauchopとElsdenは，嫌気条件下でエネルギー源を制御した培養における基質消費量とYx/s，Y_{ATP}との関係を調べ，表3-2に示す結果を得ている．Yx/sは，菌株，基質の種類により変動するが，Y_{ATP}は，いずれの場合でも，ほぼ10 ± 0.2[g/mol ATP]の範囲内であった．このことから，菌体生成量はATP生成量と密接な関係にあることが分かった．しかし，この関係成立には，エネルギー源以外のものが増殖の律速となっていないという前提条件が必要である．例えば，培養液中に有害物質が存在する場合のY_{ATP}は，10以下となるであろうし，エネルギー源が過剰な場合であれば，細胞内の貯蔵物質が増えるため，10を超えるであろう．

表3-2　嫌気条件下でエネルギー源を制御した培養における菌体収率

微生物	エネルギー基質	ATP生成（mol）	Yx/s（g/mol 基質）	Y_{ATP}（g/mol ATP）	文献
Streptococcus faecalis	グルコース	2.0	22	11	Bauchop, T., Elsden, S. R. (1960). J. Gen. Microbiol. 23, 457
	グルコース	2.0	23	11.5	
	グルコース	2.0	18.5	9.3	
	リボース	1.67	21	12.6	
	アルギニン	1.0	10	10	
Saccharomyces cerevisiae	グルコース	2.0	21	10.5	
Pseudomonas lindneri	グルコース	1.0	8.3	8.3	
Propionibacterium pentosaceum	グルコース		37.5		
Lactobacillus plantarum	グルコース	2.0	18.8	9.4	Oxenburg, M. S, Snoswell, A. M. (1965). J. Bacteriol. 89, 913
Aerobacter aerogenes	グルコース	2.55	26.1	10.2	Hadjipetrou, L. P. et al. (1964). J. Gen. Microbiol. 36, 139
	フラクトース	2.50	26.7	10.7	
Clostridium tetanomorphum	グルタミン酸	0.62	6.8	10.9	Twarog, R., Wolfe, R. S. (1963). J.Bacteriol. 86, 112
Aerobacter cloacae	グルコース	2.15	27.1	12.6	Hernandez, E., Johnson, M. J (1967). J. Bacteriol. 94. 991
	グルコース	2.43	21.8	9.0	
Escherichia coli	グルコース	2.55	24.0	9.4	
Desulfovibrio desulfuricans	ピルビン酸	1.0	9.4	9.4	Senez, J.C. (1962). Bact. Rev. 26. 95
	乳酸	1.0	9.9	9.9	

合葉修一他，『生物化学工学（第2版）』p.79（東京大学出版会）より

（例題1）

*Saccharomyces cerevisiae*の増殖における生物化学量論について，以下の問いに答えよ．

(1) *Saccharomyces cerevisiae*を元素分析した結果，表3-3に示す結果が得られた．このとき，微生物の化学組成式（$C_\alpha H_\beta N_\gamma O_\delta$）を求めよ．ただし，各原子の原子量は以下の通りとする．C：12.01, H：

1.01，O：16.00，N：14.01.

(2) グルコースを基質として*Saccharomyces cerevisiae*を培養したところ，以下の生物化学量論式で表されることがわかった．反応式中の$a \sim d$を求めよ．ただし，グルコースに対する増殖収率Yx/sは0.51[g/gグルコース]とする．

$$C_6H_{12}O_6 + aNH_3 + bO_2 \rightarrow cC_\alpha H_\beta N_\gamma O_\delta + dCO_2 + eH_2O$$

表 3-3　*Saccharomyces cerevisiae* の元素組成*

元　素	重量分率［wt%］
C	47.17
H	7.42
N	6.47
O	33.20
Ash	5.74

柳田高志他．(2010)『エネルギー・資源学会論文誌』Vol. 31, No.6, p.1 より一部改変

(解答)

(1) 微生物の重量を100gとすると，各元素比は，

$$\alpha : \beta : \gamma : \delta = \frac{47.17}{12.01} : \frac{7.42}{1.01} : \frac{6.47}{14.01} : \frac{33.20}{16.00}$$

$$= 3.93 : 7.35 : 0.46 : 2.08$$

となる．これより微生物の化学組成式は$C_{3.93}H_{7.35}N_{0.46}O_{2.08}$となる．

(2) 未知数は$a \sim e$の5つとなる．炭素，水素，窒素，酸素の各元素収率を考えれば4つの収支式が得られる．この他に菌体収率より物質収支式が1つ与えられ，方程式が5つとなりすべての未知数を求めることができる．

グルコースに対する増殖収率Yx/sおよびグルコースの分子量180.18より，

$$Yx/s = 0.51[\text{g/g グルコース}]$$

$$= \frac{c \times 94.35}{180.18}$$

$$c = 0.974$$

また，各元素収率より，

炭素：$6 = 3.93c + d$

水素：$12 + 3a = 7.35c + 2e$

酸素：$6 + 2b = 2.08c + 2d + e$

窒素：$a = 0.46c$

となる．この連立方程式を解き次式を得る．

$$C_6H_{12}O_6 + 0.45NH_3 + 1.73O_2 \rightarrow 0.97C_{3.93}H_{7.35}N_{0.46}O_{2.08} + 2.17CO_2 + 3.09H_2O$$

3-1-2　反応熱

微生物は，与えられた栄養源を利用して，自身の生命維持，増殖さらに物質生産を行う．これら一連の生化学反応の進行に伴い，熱の出入りが生じる．ほとんどの場合は培養液の温度上昇を伴う．この培地の温度上昇を発酵熱という．場合によっては，発酵熱により培地の温度が上昇し，微生物の増殖を妨げることもある．したがって，予め培養に伴って発生する熱量を知ることは有意義である．反応熱量Qは，次式で示される．

$$Q = \Delta Hs\Delta s - \sum \Delta Hp\Delta p - \Delta Hx\Delta x \quad \cdots\cdots (3.1.3)$$

ここで，ΔHs，ΔHpは，基質および代謝産物の燃焼熱量を表す．主な微生物培養に関連する化合物の燃焼熱量を表3-4に示す．ΔHxは，微生物の燃焼熱量を表す．ΔHxは，微生物の種類による差異がなく，ほぼ22.2kJ/g cellで一定である．

好気培養の場合，酸素消費速度と反応熱生成速度とは比例することから，呼吸速度すなわち酸素消費速度から反応熱量を推定することができる．反応熱量Qと酸素消費量との関係は次式で示される．

$$Q = \Delta Ho \Delta O_2 \quad \cdots\cdots (3.1.4)$$

ここで，ΔHoは酸素消費量1mol当たりの反応熱量を表し，微生物の種類によらずほぼ520kJ/mol O_2である．

表3-4　生物化学関連化合物の燃焼熱量

化合物	燃焼熱量（kJ mol^{-1}）
メタン	891
メタノール	727
エタノール	1370
グリセロール	1670
ホルムアルデヒド	561
アセトン	1830
ギ酸	263
酢酸	873
ピルビン酸	1170
酒石酸	1150
キシロース	2350
グルコース	2820
ガラクトース	2810

（例題2）

*Saccharomyces cerevisiae*をグルコースを唯一の炭素源とする培地で好気的に連続培養した際の反応熱量[J・s^{-1}]を求めなさい．微生物の化学組成式および好気培養における化学量論式は例題1で与えられた値とし，増殖速度は3.0 kg cell・m^{-3}・h^{-1}，培養液体積は10 m^{3}とする．

（解答）

菌体の生成速度は3.0 × 10 ＝ 30[kg cell/h]となる．

菌体の対酸素収率Yx/o[g/g O_2]は

$$Yx/o = \frac{0.97 \times 94.4 \times 10^{-3}\,\text{kg cell}}{1.73 \times 32.0 \times 10^{-3}\,\text{kg } O_2}$$

$$= 1.65\,[\text{kg cell/kg } O_2]$$

となる．これより酸素吸収速度Qo_2[kg O_2/h]

$$Qo_2 = \frac{30[\text{kg cell/h}]}{Yx/o[\text{kg cell/kg } O_2]}$$

$$= \frac{30}{1.65}$$

$$= 18.1[\text{kg } O_2/\text{h}],\ 5.05[\text{g } O_2/\text{s}],\ 0.158[\text{mol } O_2/\text{s}]$$

（3.1.4）式より

$$Q = \Delta Ho \Delta O_2,\ \Delta Ho = 520\text{kJ/mol } O_2$$

$$= 520 \times 0.158$$

$$= 82.2\text{kJ/s}$$

これより，同条件で*Saccharomyces cerevisiae*を連続培養するためには82.2 kJ/sの熱を除去する必要がある．

3-2　生物反応速度論

生物を用いた物質生産を行う場合，仕込んだ基質から代謝産物の生成量を予測することに加え，生成速度を予測することも重要である．反応の速度や平衡定数，解離定数などの測定により得られる速度論的なデータを解析することで，様々な情報が得られる．酵素の場合であれば，その純度は反応速度によって評価される．酵素反応の機構や阻害剤の存在，その阻害機構などに関する情報を得ることができる．ここでは，生物を用いた物質生産に関わる速度論のうち，基本となる酵素反応速度論，細胞の増殖に関する速度論，細胞の死滅（滅菌，sterilization）に関わる速度論について解説する．

3-2-1　酵素反応速度論

酵素の活性測定は，酵素が触媒する反応の速度を測定することによって行われる．反応の速度は，反応が溶液中で進行するのであれば，基質または生成物の単位時間当たりの濃度変化として定義される．酵素の場合では，その純度の測定にも反応速度が用いられる．国際生化学連合の酵素委員会によれば，酵素活性をカタール［katal, kat］で表すことになっている．カタールとは，最適反応条件下で1秒間当たり生成物1molを生成する酵素量と定義されている．しかし，一般には30℃，1分間当たり1μmolの基質を変換させせる量で定義された単位（U）が広く用いられている．1Uは16.7nkatに相当する．また，酵素タンパク質1mg当たりの酵素活性を比活性（specific activity）と定義する．比活性の値から，酵素の純度が評価される．

反応速度論的データは，酵素濃度，基質濃度，pH，反応温度などを系統的に変化させ，それぞれの場合の反応速度を測定することによって得られる．つまり，酵素反応における生成物または反応物濃度の経時変化（time course）を種々の条件で測定する．これらの結果から，酵素反応の機構に関する情報を得ることができる．多くの酵素反応は，1913年にL. MichaelisとM. L. Mentenとによって提出された理論に従う．酵素Eは基質Sと結合し，酵素—基質複合体（ES複合体，enzyme-substrate complex; ES complex）を形成する。生成したES複合体は，解離して遊離の酵素と反応生成物Pとを形成する．この反応を次式に示す．

$$\mathrm{S+E} \underset{k_{-1}}{\overset{k_1}{\rightleftarrows}} \mathrm{ES} \xrightarrow{k_{cat}} \mathrm{P+E} \quad \cdots\cdots\cdots\cdots\cdots\cdots (3.2.1)$$

ここで，k_1，k_{-1}，k_{cat}はそれぞれ矢印の方向の速度定数である．k_{cat}は所定の酵素量における単位時間当たりの基質から生成物に変化する回数を示している．このためk_{cat}は代謝回転数（turnover number）と呼ばれる．代謝回転数は1から10^6[S^{-1}]の値である．炭酸脱水素酵素（E.C.4.2.11）は高い代謝回転数600,000S^{-1}を示し，1秒間に600,000回の反応を触媒する．これは1回の触媒反応が1.7μsであることを示す．一般的な，酵素反応における反応関連物質濃度の経時変化を図3-3に示す．酵素—基質複合体が形成される段階は非常に速く，その速度はストップドーフロー法などの迅速速度測定装置を用いなければ測定することはできない．この段階を酵素反応における第1段階と呼ぶ．生成したES複合体の解離速度と再生成速度とが平衡となった状態が第2段階である．この段階では，生成物濃度が時間とともに直線的に増加する．この段階における速度が，速度論的解析に用いられる初速度（initial rate）

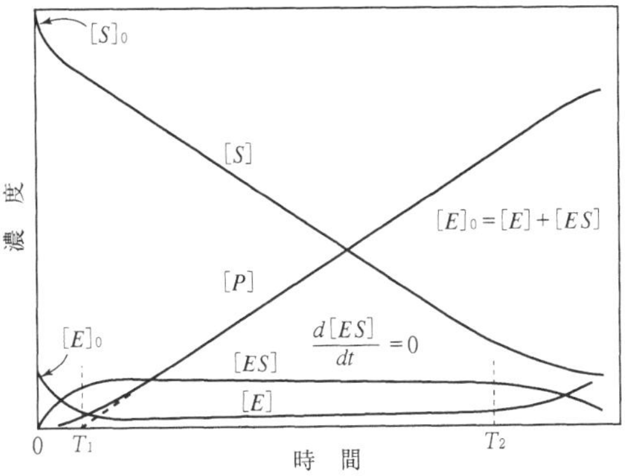

図 3-3　酵素反応における反応関連物質濃度の経時変化
[S]；基質濃度，[S]0；基質初濃度，[E]；酵素濃度，
[E]0；酵素初濃度，[P]；生成物濃度
時間 0–T_1；酵素反応第１段階，T_1-T_2；酵素反応第２段階，
T_2 以降；酵素反応第３段階

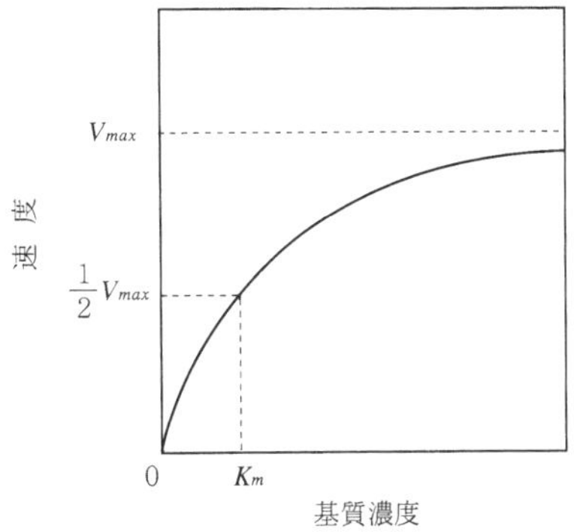

図 3-4　酵素反応速度の基質濃度依存性

である．厳密な意味での初速度は，基質の減少や生成物の存在による影響が無視できる反応の第２段階の初期をいう．さらに，反応が進行し基質濃度および複合体濃度がともに減少し，生成物の生成速度（反応速度）が減少した状態が第３段階である。初速度と基質濃度との関係を調べ，多くの酵素反応の場合に得られる代表的な結果を図 3-4 に示す．低い基質濃度範囲における初速度は，基質濃度に大きく影響を受け，基質濃度の増加に伴い急激に増加する．しかし，高濃度域では，濃度増加に伴い一定値に近づく傾向を示す．基質濃度を増やし，もはやそれ以上反応速度が増加しなくなったところの反応速度を最大反応速度（maximum velocity, V_{max}）と呼ぶ．この速度論的ふるまいは，次のように説明されている．酵素は，高い選択性と高い触媒能を有することから，低濃度で反応を進行させることが可能である．基質濃度に比べ酵素濃度が極めて低い場合では，基質濃度の変化に比べES複合体濃度の変化がわずかである（図 3-3，T_1–T_2；酵素反応第２段階）．このことから，定常状態近似法が適用できる．すなわち，

$$\frac{d[ES]}{dt} = 0$$

$$\frac{d[ES]}{dt} = k[E][S] - (k_{-1}+k_{cat})[ES] \quad \cdots\cdots(3.2.2)$$

Eの初濃度を$[E]_0$とし，$[E]$を$[E]_0 - [ES]$で置き換えると，

$$\frac{d[ES]}{dt} = k_1[S]([E]_0-[ES]) - (k_{-1}+k_{cat})[ES]$$
$$= k_1[S][E]_0 - \{k_1[S]+(k_{-1}+k_{cat})\}[ES]$$

$$[ES] = \frac{k_1[S][E]_0}{k_1[S]+(k_{-1}+k_{cat})} \quad \cdots\cdots(3.2.3)$$

生成物Pの生成速度vは，

$$v = \frac{d[P]}{dt} = k_{cat}[ES] = \frac{k_{cat}\cdot k_1[S][E]_0}{k_1[S]+(k_{-1}+k_{cat})} \quad \cdots\cdots(3.2.4)$$

酵素すべてがESの形で存在するとき，すなわち$[E]_0 = [ES]$であるなら，反応速度は最大（V_{max}）と

なり，次式で表せる．

$$最大反応速度(V_{max}) = k_{cat}[E]_0 \quad \cdots\cdots(3.2.5)$$

ここで，$K_m = \dfrac{k_{-1}+k_{cat}}{k_1}$とおけば，(3.2.4)式は次のように変形できる．

$$v = \frac{k_{cat}[S][E]_0}{[S]+\dfrac{k_{-1}+k_{cat}}{k_1}} = \frac{[S]\cdot V_{max}}{[S]+K_m} \quad \cdots\cdots(3.2.6)$$

この式が，ミカエリス - メンテン（Michaelis–Menten）式である．K_mはミカエリス定数と呼ばれている．$[S] = K_m$のとき

$$v = \frac{K_m \cdot V_{max}}{K_m+K_m} = \frac{V_{max}}{2} \quad \cdots\cdots(3.2.7)$$

であり，最大速度の 1/2 の速度となる基質濃度がミカエリス定数であることを示している．また，K_mに対して$[S]$が非常に大きい場合，

$$\lim_{[S]\to\infty} v = \lim_{[S]\to\infty} \frac{[S]V_{max}}{[S]+K_m} = V_{max}$$

となり，酵素反応は最大速度で進行する．ミカエリス定数は，ES 複合体の解離定数である．通常の触媒反応で用いられる吸着定数は平衡定数であり，ミカエリス定数の逆数である．したがって，ミカエリス定数（K_m値）が大きい場合は，酵素と基質との親和性が低いことを意味し，K_m値が小さい場合では，酵素と基質との親和性が高いことを示している，

ミカエリス - メンテン式中の動力学的定数であるV_{max}とK_mとを求めるには，(3.2.6)式を直線式に変形し，交点や傾きから算出する方法が用いられる，このうち，Lineweaver–Burk プロット（L–B プロット）は，式の両辺の逆数から導かれ，次式で表される．

$$\frac{1}{v} = \frac{[S]+K_m}{[S]\cdot V_{max}} = \frac{K_m}{V_{max}} \cdot \frac{1}{[S]} + \frac{1}{V_{max}} \quad \cdots\cdots(3.2.8)$$

このほかに，(3.2.9)式に示すHofstee プロット，(3.2.10)式に示すEadie プロットなどがあり，それぞれ特徴を有する．Hofstee プロットの例およびEadie プロットの例を図 3–5 に示す．

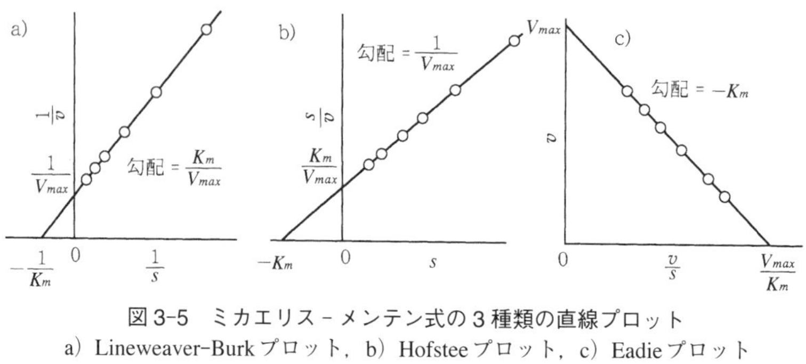

図 3–5　ミカエリス - メンテン式の 3 種類の直線プロット
a）Lineweaver–Burk プロット，b）Hofstee プロット，c）Eadie プロット

$$\frac{[S]}{v} = \frac{K_m}{V_{max}} + \frac{[S]}{V_{max}} \quad \cdots\cdots(3.2.9)$$

$$v = V_{max} - K_m \cdot \left(\frac{v}{[S]}\right) \quad \cdots\cdots(3.2.10)$$

3-2-2　酵素反応の可逆阻害

酵素は，種々の物質との結合により，変性することなく触媒活性が低下する場合がある．この現象を酵素阻害という．例えば，活性中心にSH基を持つ酵素では，金属イオン（Ag^{+}，Hg^{2+}，Cu^{2+}など），酸化剤，アルキル化剤（モノヨード酢酸）などによって阻害される．活性中心に金属を有する酵素では，シアン塩（KCNなど），キレート剤（EDTAなど）の共存で阻害される．阻害剤には，基質と類似の構造を持つ基質アナログ，補欠分子族に結合してその働きを阻害するもの，または酵素タンパク質の触媒部位以外の箇所に結合するものなどがある．酵素の阻害は，その機構により以下の3つに区別できる．それぞれの阻害形式は，阻害剤共存下における反応速度の基質濃度依存性を調べ，得られた測定結果についてL-Bプロットを行うことにより区別することができる．

（1）競争阻害（competitive inhibition）

阻害剤が基質と類似の構造を有することから，基質と阻害剤とが酵素の活性中心への結合を競い合うことによって生じる阻害である．阻害剤が，基質と類似の構造でない場合でも，活性中心またはその近傍に結合することによっても，この形式の阻害を生じる．阻害剤をI，基質をSとした場合の反応式は次式のように表せる．

$$\begin{array}{lllll} E & + \; S & \rightleftarrows \; ES & \rightarrow & E + P \\ + & & K_m & & \\ I & & & & \\ \uparrow\downarrow K_i & & & & \\ EI & & & & \end{array} \qquad (3.2.11)$$

この反応式において，ES複合体や酵素－阻害剤複合体（EI複合体）は形成されるが，酵素－基質－阻害剤複合体（ESI複合体）は生じない．基質濃度を増加させると平衡はES複合体を生成する方向にずれ，阻害効果は減少する．この場合の阻害の様子を図3-6に，速度式を表3-5に示す．

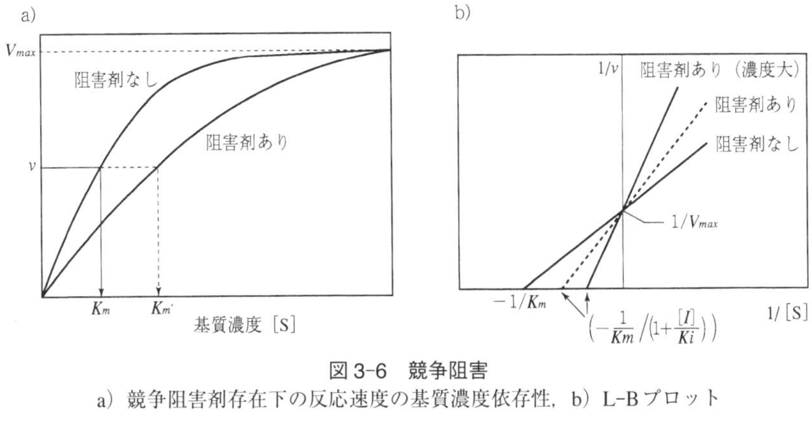

図3-6　競争阻害

a）競争阻害剤存在下の反応速度の基質濃度依存性，b）L-Bプロット

表 3-5　種々の阻害剤が存在する場合の反応速度

阻害形式	速度式	V_{max}	K_m
なし	$v = \dfrac{V_{max}[S]}{K_m+[S]}$	—	—
競争	$v = \dfrac{V_{max}[S]}{K_m(1+[I]/K_i)+[S]}$	不変	増大
非競争	$v = \dfrac{V_{max}[S]}{(K_m+[S])(1+[I]/K_i)}$	減少	不変
反競争	$v = \dfrac{V_{max}[S]}{K_m+[S](1+[I]/K_i)}$	減少	減少

(2) 非競争阻害（noncompetitive inhibition）

酵素が基質結合部位の他，阻害剤結合部位を有し，酵素と阻害剤との結合が，酵素と基質との結合と無関係に生じる場合を非競争阻害という．この場合の反応式を(3.2.12)式に示す．非競争阻害剤存在下の反応速度の基質濃度依存性，およびL-Bプロットを図 3-7 に示す．IはEI複合体のみならず，ES複合体にも結合しESI複合体を形成する．この場合では，基質濃度を増加させてもV_{max}に達することはない．また，阻害剤は活性部位との結合と無関係に酵素と結合することから，K_m値は変化しない．

$$
\begin{array}{ccccccc}
E & + & S & \rightleftarrows & ES & \rightarrow & E + P \\
+ & & & K_m & + & & \\
I & & & & I & & \\
\upharpoonleft\!\downarrow K_i & & & & \upharpoonleft\!\downarrow K_i & & \\
EI & + & S & \rightleftarrows & EIS & &
\end{array}
\qquad (3.2.12)
$$

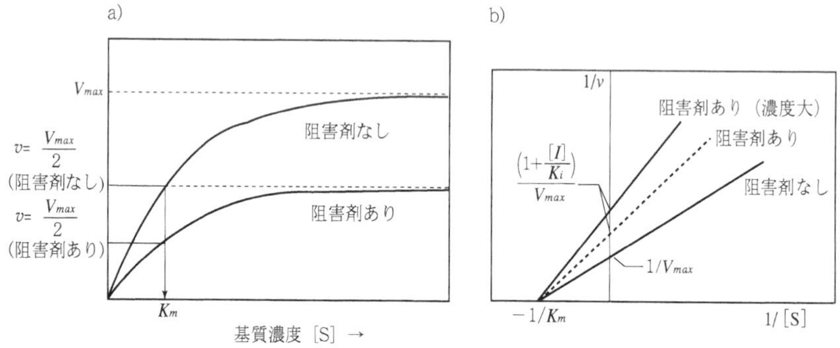

図 3-7　非競争阻害
a) 非競争阻害剤存在下の反応速度の基質濃度依存性，b) L-B プロット

(3) 反競争阻害（anticompetitive inhibition）

酵素に基質結合部位の他，阻害剤結合部位が存在し，阻害剤はES複合体となったものにのみ結合する場合を反競争阻害という．反競争阻害剤共存下の反応速度の基質濃度依存性およびL-Bプロットを図 3-8 に示す．この場合阻害剤は，遊離の酵素とは結合しない．基質濃度を増加させても阻害はなくならず，阻害剤がない場合に比べK_m値（K_m'）が減少する．これは，阻害剤がES複合体とのみ結合し，V_{max}が低下することから見かけ上K_mが減少するためである．

$$
\begin{array}{ccccccc}
E & + & S & \rightleftarrows & ES & \rightarrow & E + P \\
 & & & K_m & + & & \\
 & & & & I & & \\
 & & & & \uparrow\downarrow K_i & & \\
 & & & & EIS & &
\end{array}
\qquad (3.2.13)
$$

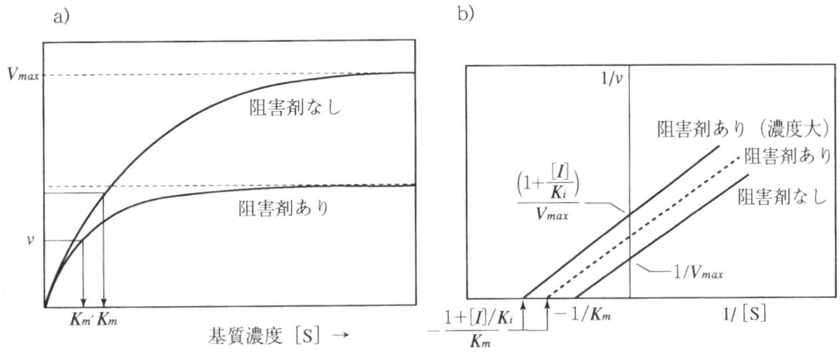

図3-8　反競争阻害
a）反競争阻害剤存在下の反応速度の基質濃度依存性，b）L-Bプロット

（例題3）

ある酵素反応における阻害剤の効果について表3-6の結果を得た．

（1）阻害形式を推定せよ．

（2）最大反応速度，ミカエリス定数，阻害定数K_iを求めよ．

表3-6　阻害剤の添加結果

基質濃度［mM］	反応速度［mM/min］		
	阻害剤濃度		
	0mM	0.50mM	1.00mM
0.10	0.50	0.33	0.25
0.20	0.67	0.40	0.29
0.30	0.75	0.43	0.30
0.40	0.80	0.44	0.31
0.50	0.83	0.45	0.31

（解答）

L-Bプロットより，K_mは9.95×10^{-2}mM，V_{max} = 1.00mM/minとなる．

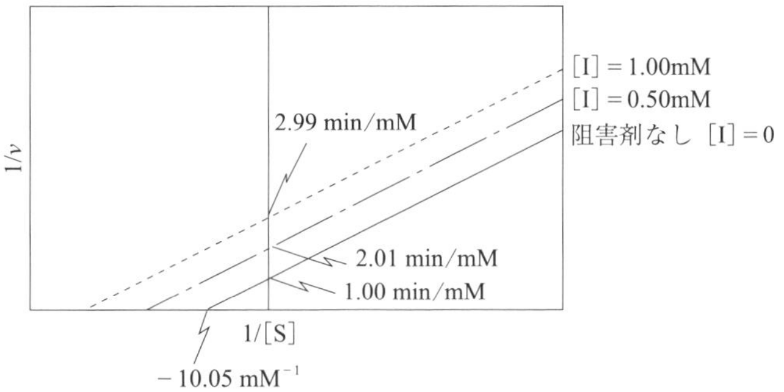

また，阻害剤に対する各L-Bプロットより，阻害形式は反競争阻害であることがわかる．L-Bプロットの切片よりK_iは0.50mMとなる．

3-2-3　アロステリック酵素

基質濃度が非常に高くなった場合では，多くの酵素で反応速度が低下する．これは，非特異的な現象で，溶液の物性や酵素構造の変化による．しかし，次式に示すように，基質による特異的な酵素阻害を生じる場合がある．酵素分子の活性中心以外に基質結合部位がもう一つあり，両方の部位に基質が結合した場合（ESS複合体を形成）では生成物を生じなくなる場合である．

$$\begin{array}{ccccc} E + S & \underset{k_{-1}}{\overset{k_{+1}}{\rightleftarrows}} & ES & \xrightarrow{k_{+2}} & P \\ & & + & & \\ & & S & & \\ & & \downarrow K_{ESS} & & \\ & & ESS & & \end{array} \qquad (3.2.14)$$

ここで，K_{ESS} はESS複合体の解離定数である．

反応速度は次式で表される．

$$v = \frac{k_{+2}[E]_0[S]}{K_m + [S]\left(1 + \dfrac{[S]}{K_{ESS}}\right)} \quad \cdots\cdots (3.2.15)$$

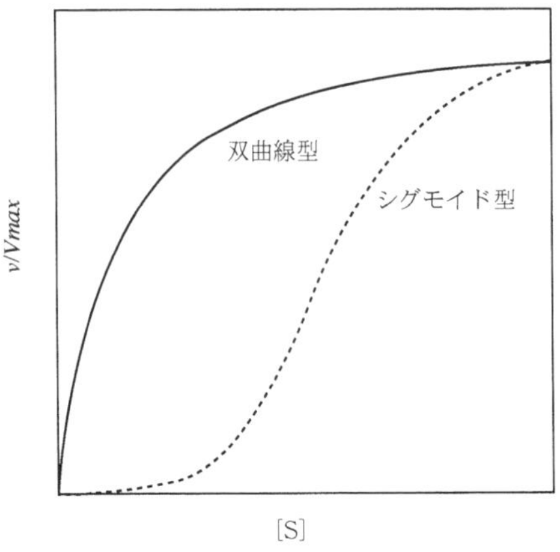

図3-9　アロステリック酵素における反応速度の基質濃度依存性

このような酵素をアロステリック酵素（allosteric enzyme）という．アロステリック酵素は，ここに示すような酵素活性が阻害される場合のみならず，反対に活性化される場合もある．前者を負の協同作用（negative cooperativity），後者を正の協同作用（positive cooperativity）という．活性中心以外の基質結合部位をアロステリック部位（allosteric site）という．アロステリック部位に結合し，アロステリック効果を示す物質は，基質のみならず反応生成物など様々な化合物がある．このような物質をエフェクター（effector）という．正の協同作用を示す酵素について，最大反応速度に対する初速度を基質濃度に対しプロットした例を図3-9に示す．この場合では，通常の酵素が示す双曲線型とはならず，S字型（シグモイド型）の曲線を与える．この場合の反応速度式は，次式で与えられる．

$$v = \frac{V_{max}[S]^n}{(S_{0.5})^n + [S]^n} \quad \cdots\cdots (3.2.16)$$

ここで，$S_{0.5}$ は V_{max} の半分の速度のときの基質濃度を示す．n はHill係数（Hill's coefficient）と呼ばれ，アロステリック効果の強さを示す．このようなシグモイド型の曲線を示す酵素では，ある一定以上の基質濃度に達した場合，急速に反応速度が増加することを意味する．これは，細胞内基質濃度を一定に保つ効果があり，生物にとって重要な機能である．

3-2-4　微生物の増殖速度

生物を用いた物質生産は，細菌をはじめ動物細胞，植物細胞など様々な細胞を用いて行われている．この際，用いる細胞の増殖が物質生産に重要となったり，細胞自身を得ることを目的に培養が行われる場合もある．このような場合では，細胞の増殖速度の解析が必要となる．現在，速度論的解析が可能な細胞は細菌が中心である．ここでは，細菌の増殖に関する速度論を扱う．

最適生育環境におかれた菌体の増殖は自己触媒反応（autocatalytic reaction）的に進行する．つまり，菌体濃度の増加に伴い，増殖速度も時間とともに徐々に増加する傾向を示す．増殖速度（growth rate）は，次式に示すように菌体濃度に比例する1次反応速度式に従う．

$$\frac{dx}{dt} = \mu_x x \quad \cdots\cdots (3.2.17)$$

ここで，xは菌体濃度，μ_xは増殖速度定数である．xは菌体数，細胞中タンパク質濃度，DNA濃度，RNA濃度などを用いた場合でも同様である．生物工学的には単位体積当たりの乾燥菌体重量（kg-乾燥菌体重量/m^3）が用いられる．

時間t_0におけるxをx_0とし，(3.2.17)式を積分し，さらに対数で表すと

$$\ln x - \ln x_0 = \mu(t - t_0) \quad \cdots\cdots (3.2.18)$$

したがって，速度定数μ_xは

$$\mu_x = \frac{\ln x - \ln x_0}{t - t_0} \quad \cdots\cdots (3.2.19)$$

$\mu_x(s^{-1})$は，測定を行った培養系における細菌の増殖速度を表す．増殖速度を表す別の指標に世代時間（generation time）がある．世代時間は平均倍加時間（mean doubling time）ともいい，菌体濃度が2倍となるのに要する時間，または菌体が2分裂するのに要する時間ともいえる．ここで，g時間後に菌体濃度が2倍になったとすると

$$\mu_x = \frac{\ln 2x_0 - \ln x_0}{(t_0 + g) - t_0} = \frac{0.693}{g} \quad \cdots\cdots (3.2.20)$$

大腸菌が複合培地を用い最適な条件で生育した場合の世代時間は約20分である．

（例題4）

1.0 ℓの培地に，100個の大腸菌を含む菌液0.10mℓを植菌し，40℃で24時間培養した．植菌直後から対数増殖するとして，24時間後の菌体濃度を求めよ．ただし，40℃における大腸菌の世代時間は21分である．

（解答）

（3.2.20）式より，速度定数μ_x[min^{-1}]は，

$$\mu_x = \frac{0.693}{21} = 0.033[min^{-1}]$$

となる．（3.2.18）式より24時間後の菌体濃度は，

$$\ln x - \ln x_0 = \mu(t - t_0)$$

$$\ln x - \ln \frac{100\text{個}}{1.0\ \ell} = 0.033(24 \times 60 - 0)$$

$$x = 4.3 \times 10^{17}[\text{個}/\ell]$$

となる．ただし，植菌液量0.10mℓは無視した．

3-2-5　微生物の死滅速度

微生物の滅菌には，様々な方法が用いられる．熱，紫外線，放射線などの物理的方法に加え，エタノール，クレゾール石鹸液などの薬品やエチレンオキサイドガスなどの酸化性ガスを用いた化学的方法がある．微生物を用いた工業的な物質生産には，加熱蒸気を用いた方法など熱による方法が多く用いられる．ここでは，微生物の熱による滅菌における速度論を述べる．

熱により滅菌を行う場合に重要となるのは，滅菌対象細胞が栄養細胞か胞子形成細胞かである．胞子は栄養細胞よりはるかに滅菌しにくい．図3-10に胞子形成細胞の例として*Geobacillus stearothermophilus*を，栄養細胞の例として*E. coli*の場合の死滅曲線を示す．死滅曲線は，縦軸にその時刻における細胞数Nと初期菌数N_0との比の対数をとり，横軸に加熱時間をとったものである．

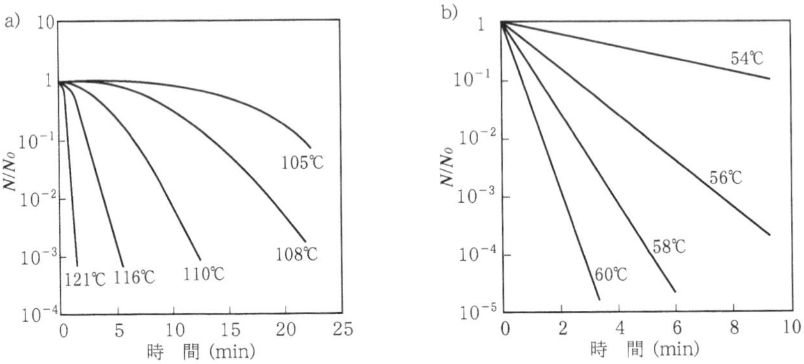

図3-10　熱滅菌における微生物死滅曲線
a）*Geobacillus stearothermophilus*胞子細胞の場合，b）*E. coli*の場合
N＝生存菌数，N_0＝初期菌数

このように明らかに胞子形成細胞は滅菌しにくい．栄養細胞の場合の熱による死滅は，次式に示すように1次式に従う．

$$\frac{dN}{dt} = -kN \quad \cdots\cdots (3.2.21)$$

ここで，kは熱死滅速度定数（min^{-1}），Nは生菌数，tは加熱時間である．滅菌においては，初期菌数が1/10に減少するのに要する時間Dが用いられる．(3.2.21)式を$t = 0$のとき$N = N_0$として積分すると

$$N = N_0 e^{-kt} \quad \cdots\cdots (3.2.22)$$

これより，Dは，

$$\frac{N}{N_0}=\frac{1}{10}=e^{-kD},\quad D=\frac{2.303}{k} \quad\cdots\cdots\cdots (3.2.23)$$

図3-10に示すように，熱死滅速度は処理温度に依存する．一般に，kに対する温度の影響はArrhenius式に従い，次式で表される．

$$k=Ae^{-Ea/RT} \quad\cdots\cdots\cdots (3.2.24)$$

ここで，Aは実験定数，Tは絶対温度，E_aは活性化エネルギー，Rは気体定数である．(3.2.24)式から栄養細胞と胞子形成細胞の活性化エネルギーを計算すると200～400kJ/molの場合が多い．この値は，酵素やビタミンの場合の値（10～90kJ/mol）に比べ非常に大きい．

3-3　バイオリアクター

微生物や植物，あるいは動物などの細胞または酵素など生体触媒を用いた物質生産や廃棄物の処理が生物工学の目的である．この過程で行われる反応は，生体触媒を用いることから，化学反応の場合と異なる条件が多い．例えば，微生物を触媒とした物質生産では，微生物の触媒としての能力を最大限に引き出すため，微生物の生存に最適な条件を維持する必要がある．このように，生体触媒を用いて物質生産を行う際に，考慮しなければならない環境因子をまとめ表3-7に示す。この条件には，反応温度はもちろんのこと，反応溶液の粘度，pH，溶存酸素濃度，基質濃度，生成物質濃度などがある．反応温度については，微生物の菌体増殖に伴う発熱量（発酵熱）の増大を考慮する必要がある．場合によっては，発酵熱増大により反応液温度が上昇し，最適な反応温度を維持するには反応容器を加温ではなく冷却しなければならない．生物工学では，このような特徴を有する生体触媒を用いて物質生産を行う場合に適した様々な生物反応槽（バイオリアクター，bioreactor）が考案され用いられている．本章では，バイオリアクターを運転する際に考慮しなければならない，反応槽内での基本的な物理現象，さらに生体触媒を用いた物質生産の効率化に有効な固定化生体触媒，実験室レベルのスケールから実用化に向けたスケールアップに関する基礎的事項について概説する．

表3-7　生体触媒反応に関与する環境因子

種類	測定量	影響項目
物理量	温度	生体触媒活性，反応速度
	粘度	物質移動速度，細胞破壊
	圧力	溶解濃度
化学量	pH	生体触媒活性，反応速度，安定性
	溶存酸素濃度	代謝反応
	物質濃度	遺伝子発現の制御
生物量	菌体濃度	増殖速度，物質生産速度

3-3-1　バイオリアクター内での物理現象

（1）流れと拡散

反応溶液内での物質の移動は，主に流れ（flow）と拡散（diffusion）の２つの要因によって行われる．通常は，両方の影響を同時に受ける．流れによる物質の移動は，移動方向単位断面積，単位時間当たりの移動量N_A[mol/(m^2・s)]で表され，物質流束（mass flow，単位時間，単位面積当たりの物質輸送量）と呼ぶ．N_Aは次式に従う．

$$N_A = uC_A \cdots\cdots (3.3.1)$$

ここで，uは流速［m/s］，C_Aは物質のモル濃度［mol/m^3］である．物質の移動を担うもう一方の拡散は，溶媒分子のブラウン運動によって生じる．この場合の拡散を分子拡散（molecular diffusion）と呼ぶ．溶媒と一成分の溶質から成る二成分系における物質の移動流束J_A[mol/(m^2・s)]は，物質の濃度勾配が推進力となり，次式で表される．

$$J_A = -D_A\left(\frac{dC}{dy}\right) \cdots\cdots (3.3.2)$$

ここで，D_AはA成分の拡散係数（diffusion coefficient）［m^2/s］，yは移動方向の距離［m］である．式中のマイナスは，物質Aの濃度が減少する方向に拡散が進行することを意味する．拡散係数は物質により異なるが，分子量数百から数千の低分子化合物ではおよそ10^{-10}[m^2/s]，分子量10,000以上のタンパク質などの高分子化合物では10^{-11}[m^2/s]オーダーである．

一般に，固体―液体間や液体―気体間など異なる相の境界面近傍（境膜）における物質移動は，主に拡散によって行われる．したがって，多孔質粒子や生物を用いた物質生産によく用いられる固定化生体触媒内部における反応物や生成物の移動は拡散によるものである．

（2）熱移動

熱の移動方法（伝熱）には，熱伝導伝熱，対流，放射伝熱の3つがある．このうち，放射伝熱は高温の場合について考慮する必要があるものの，生物を用いた反応では無視できる．対流伝熱は物質の流れとともに熱エネルギーの移動が起こる場合であり，伝導伝熱は物質の流れを伴わずに，熱エネルギーが移動する場合である．

対流伝熱は，さらに2つに分けられる．温度差に基づく物質の流れによる自然対流伝熱と，撹拌などにより物質の流れを生じさせる強制対流伝熱である．一般に培養槽内などの生物反応槽では，反応物濃度が均一になるように十分に撹拌される．この撹拌操作は反応成分の均一化とともに，強制対流伝熱による生物反応槽内の温度分布を均一化する目的もある．

固定化生体触媒内の熱移動は，物質の流れを伴わない伝導伝熱による．一般に，物体内に温度勾配が存在する場合，伝熱量q[J/s]は(3.3.3)式で与えられる．

$$q = -\lambda A\frac{\partial T}{\partial x} \cdots\cdots (3.3.3)$$

λは熱伝導度［W/(m・K)］，Aは伝熱面積［m^2］である．この関係式をFourierの法則とよぶ．固定化生体触媒などに用いられる高分子ゲルなどの熱伝導度は金属のそれの1/100程度である．加えて生物反応槽では，熱容量の大きい水溶液を用いることから，反応槽内で温度分布が生じやすい．反応速度は反応温度により大きく影響を受けるため，生物反応を効率的に行うには，温度分布は阻害要因である．したがって，生物反応装置の設計や運転に際しては，温度分布の低減化に配慮する必要がある．

（3）物質移動（酸素移動容量係数k_La）

培養液中で微生物を培養する場合，様々な界面が存在する．培地に攪拌や通気を行った場合に発生する気泡と培養液との間には気 — 液界面が生じる．菌体と培養液との間には固 — 液界面がある．液体の炭化水素を炭素源とした培地では，液 — 液界面が存在する．培養に際しては，これら異なる相間の物質移動が生物反応に影響を与える．特に，好気性微生物を培養する際，とりわけ大容量での培養（スケールアップ）においては，気 — 液間における酸素の移動が重要となる．酸素は好気性微生物の最終電子受容体であり，培地中の溶存酸素濃度（DO，dissolved oxygen）の低下は，微生物の生育に大きな影響を与える．しかし，他の栄養源が十分にあり，老廃物濃度がごく低い場合においても，溶存酸素濃度を上げれば，これに比例して微生物増殖が進行するわけではない．ここでは，培養における酸素移動について述べる．

培養中の酸素移動は図 3-11 に示す二重境膜説により説明される．一般に液相側の酸素移動速度は気相に比べ非常に小さく，境界膜における移動が酸素溶解の律速段階となる．気相における酸素移動速度は液相に比べ大きいことから，界面における酸素濃度C_i[mol O_2/m^3]は気相の酸素分圧p[Pa]に平衡な濃度C^*[mol O_2/m^3]と考えることができる．これより，気液界面積をS[m^2]，液境膜酸素移動係数をk_L[m/s]とすると，酸素移動速度N_{O_2}[mol O_2/s]は(3.3.4)式で与えられる．

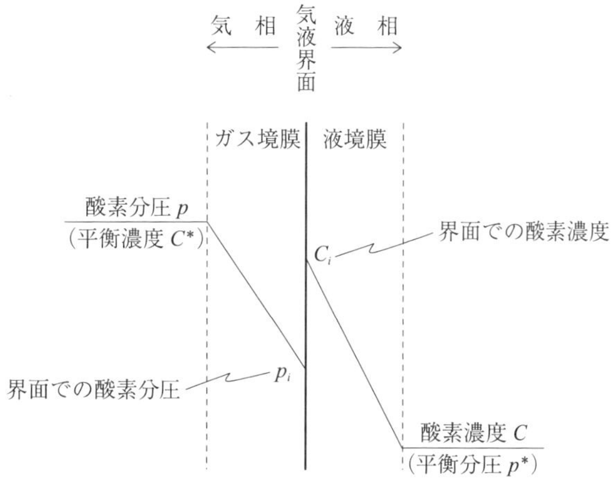

図 3-11　二重境膜説

$$N_{O_2} = k_L S(C^* - C) \quad \cdots\cdots (3.3.4)$$

(3.3.4)式を利用する場合，気液界面積を求める必要があるが，気泡のサイズや個数を計測することは困難である．そこで，培養液単位体積当たりの酸素移動速度n_{O_2}[mol O_2/(s·m^3)]を定義し，n_{O_2}が濃度差($C^* - C$)と比例関係であるときの比例定数をk_Laとする(3.3.5)式が利用されている．

$$n_{O_2} = k_L a(C^* - C) \quad \cdots\cdots (3.3.5)$$

ここで，a[m^2/m^3]は培養槽単位体積当たりの気液界面積である．k_Laは培養槽の酸素供給能力を示す指標であり，酸素移動容量係数と呼ばれている．

酸素移動容量係数の測定には亜硫酸ナトリウム法，溶存酸素電極を用いて培養液中の酸素濃度を実測する動的測定法がある．亜硫酸ナトリウム法は亜硫酸ナトリウムと酸素の反応による反応速度より酸素移動速度を求める方法である．この酸化反応は触媒として加える 2 価の銅イオン存在下で 0 次反応として進行するため，任意の時間間隔での亜硫酸ナトリウム濃度の減少量から酸素移動速度n_{O_2}を算出できる．液相中の酸素濃度Cはゼロであり，ヘンリーの法則$p = HC^*$（Hはヘンリー定数）を用いて(3.3.6)式よりk_Laを求めることができる．

$$n_{O_2} = k_L a C^* = k_L a \frac{p}{H} \quad \cdots\cdots(3.3.6)$$

動的測定法は培養液の酸素移動速度を直接求めることができる．菌体増殖は，培養液への酸素供給速度のみならず，菌体の酸素利用能である呼吸能Q_{O_2}に依存する．菌体の酸素要求速度と供給能力との間には，次の関係がある，

$$\frac{d\overline{C}}{dt} = k_L a(C^* - C) - Q_{O_2} X \quad \cdots\cdots(3.3.7)$$

ここでtは時間，Xは菌体濃度（kg cell/m^3）である．上式を変形すると，

$$C = -\frac{1}{k_L a}\left(\frac{d\overline{C}}{dt} + Q_{O_2} X\right) + C^* \quad \cdots\cdots(3.3.8)$$

Cは連続的に測定可能である．得られたCの値から，(3.3.8)式を用いて酸素移動容量係数$k_L a$を測定するには，一般に図 3–12 に示すように以下の方法がとられる．

①培養系のある時点で通気を停止し，呼吸能Q_{O_2}[mol O_2/(m^3·kg cell)]を求める．

②溶存酸素濃度が低下した時点で，通気を再開し（dC/dt）を求める．

③X 軸に（dC/dt+$Q_{O_2}X$）を，Y 軸にCをプロットすることにより，Cと$k_L a$とを求める．

得られた$k_L a$は，発酵槽の酸素移動能力を表し，$k_L a$値が大な程，酸素移動能力が大きい．この値は，通気撹拌装置をともなう培養槽スケールアップの際の重要な指標となる．

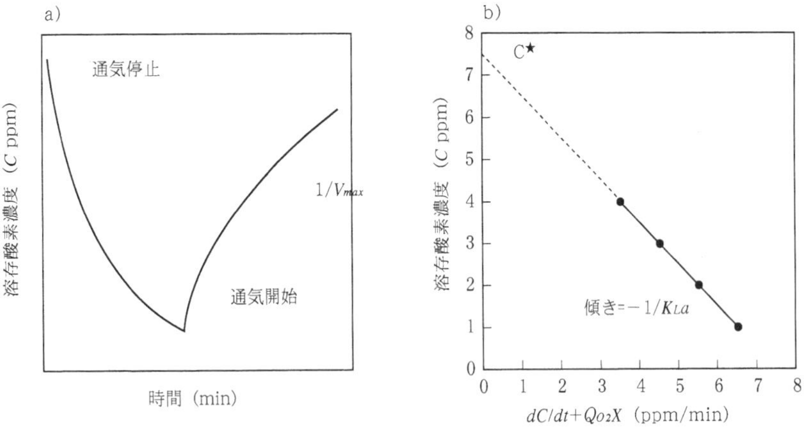

図 3–12　$k_L a$ 値測定法

a)：溶存酸素濃度の経時変化，b)：溶存酸素濃度と（dC/dt+$Q_{O2}X$）の関係

3–3–2　固定化生体触媒

微生物や酵素など生物由来の触媒を用いて物質生産を行う方法には，可溶性の生体触媒と反応物とを均一状態で反応させる場合と，生体触媒を固定化して行う場合とがある．前者では，反応生成物を得る際に，含まれる触媒を分離しなければならない．とりわけ酵素は水溶性であることから，この段階にコストが掛かる．加えて，前者の場合では，連続反応ができない．生体触媒は，一般に高価であることから，1 回の反応のみにしか使用せず再使用ができなければ，効率的でない．生体触媒を水に不溶性の担体に結合，または担体中に閉じこめることにより不溶性として用いる方法が後者である．不溶化した触

媒が固定化生体触媒である．酵素を固定化したものを固定化酵素（immobilized enzyme）と呼ぶ．固定化酵素を用いた場合の考えられる利点を以下に示す．

①反応生成物からの酵素の分離が不要である．

②生成物の精製が容易となる．

③反応を連続化できる（反復使用が可能である）．

④反応容器内の触媒密度を高められる．

⑤固定化条件を選ぶことにより酵素の安定化が可能である．

一方，固定化することにより予想される欠点としては，以下の点が考えられる．

①固定化の過程で，酵素活性が低下または失活する．

②固定化により，担体粒子内への基質および生成物の物質移動抵抗が発生するため，正味の反応速度が低下する．

しかしながら，工業的な物質生産を考えた場合では，固定化生体触媒を用いることにより高価な生体触媒を長期にわたって利用可能であり，生成物の分離・精製が不要となる利点は，欠点を十分に補うものと考えられる．実際，アルコール，アミノ酸，抗生物質など様々な製品が固定化生体触媒を用いて生

表3-8　種々の固定化法

生体触媒	固定化法	担　体	結合の種類
酵素	担体結合法		
	物理吸着法	シリカゲル アルミナ 活性炭 セラミック 合成樹脂	物理吸着
	イオン結合法	デキストラン セルロース アガロース系のイオン交換体 合成イオン交換樹脂	静電気的相互作用
	共有結合法	デキストラン，セルロース， アガロース系の多糖ゲル 多孔性ガラス	化学結合
	包括法		
	モノマー法	ポリアクリルアミド	
	プレポリマー法	光硬化性樹脂 ウレタン樹脂	
	ポリマー法	カラゲナン アルギン酸 寒天	
	マイクロカプセル	ナイロン皮膜など	
	架橋法	酵素同士を多官能試薬で橋かけ	化学結合
微生物菌体 細胞オルガネラ 動物細胞 植物細胞	包括法	カラゲナン アルギン酸 光硬化性樹脂 ポリアクリルアミドゲル	
	物理吸着法	セラミック 合成樹脂	物理吸着
	マイクロカプセル	ナイロン皮膜	

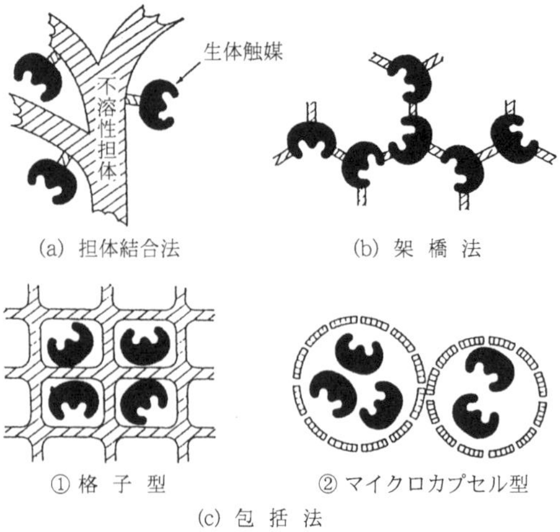

図 3–13　固定化生体触媒の模式図

産されている．

固定化酵素を例に固定化の方法について述べる．固定化酵素の調製に用いられる担体と担体への酵素結合様式をまとめ表 3–8 に示す．固定化に用いられる不溶性担体には，多孔質ゲル，多孔質樹脂，マイクロカプセル，膜などがある．これら不溶性担体に酵素を固定化する方法には，担体結合法（carrier binding method），包括法（entrapping method），架橋法（briging method）がある．これらの方法の模式図を図 3–13 に示す．担体結合法は，結合に寄与する結合方式により共有結合法（co-valent binding），イオン結合法（ionic binding），物理吸着法に分けられる．物理吸着法は，主に担体と酵素との疎水性相互作用により酵素を担体に結合するものである．

共有結合法は，担体上の官能基と酵素分子中のアミノ酸側鎖との間で，直接またはスペーサーと呼ばれる短い炭化水素鎖を介して共有結合させる方法である．代表的な方法には，図 3–14 に示す臭化シアン活性化法（CNBr 法）がある．担体中の OH 基を臭化シアンで活性化した後，酵素のアミノ基との間でイソウレア結合を形成させることにより担体に酵素を固定化するものである．この方法の担体への酵素結合力は，他の方法に比べ最も強固である．他方，この方法は固定化段階がやや面倒であることに加え，酵素を化学修飾することから，酵素活性への影響を生じる場合もある．

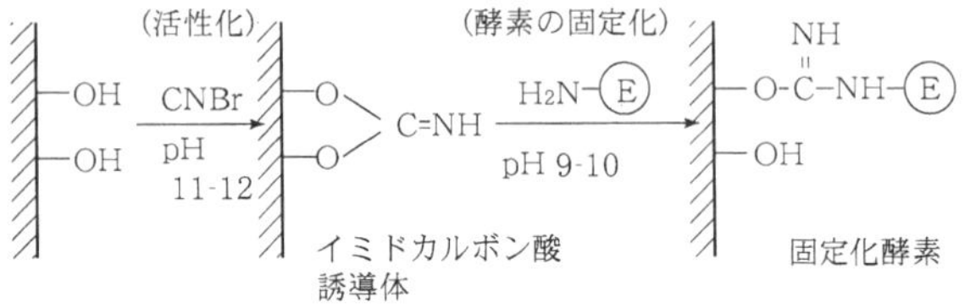

図 3–14　臭化シアン化法（CNBr 法，共有結合法）による酵素の固定化

イオン結合法は，最も容易な酵素固定化法である．陰イオン交換体である DEAE Sephadex ゲルを担体とする方法はよく用いられる．しかし，連続反応において，経時的な酵素の脱離を生じる場合がある．

包括法は，担体中に酵素を封じ込める方法である．この場合に用いられる担体は，ゲル状物質やマイクロカプセルであり，ゲル状物質として当初よく用いられた物質にポリアクリルアミドゲル（polyacryl-amide gel）がある．このゲルは，低分子モノマーのアクリルアミドと架橋剤として *N*, *N'*–メチレンビスアクリルアミドとを適当な配合比で重合させて調製する．この方法では，重合過程で酵素失活につながるラジカルが発生すること，モノマーに毒性があるなどの問題点があった．その対策として，モノマーの代わりに，予め重合した分子量 2,000 〜 6,000 のプレポリマーを用いる方法が開発されている．天然のゲル状物質である κ- カラゲナン（κ-caragenan）やアルギン酸（alginate）ポリマーなどを用いる方法もある．包括法は，酵素のみならず，微生物や動物，植物細胞を固定化する方法としても用いられ，包括固定により細胞は機械的衝撃から保護され，触媒活性が長期にわたって安定に保たれる．

架橋法は，1分子内に2官能基を有する試薬を用い，酵素間を結合させるものである．グルタルアルデヒドを用いた場合の反応を図3-15に示す．架橋形成により見かけの酵素分子量が増大する．このため，反応生成物を膜により分離する膜型反応器に適用される．架橋法は単独では用いられることは少なく，他の方法と組み合わせて用いられることが多い．

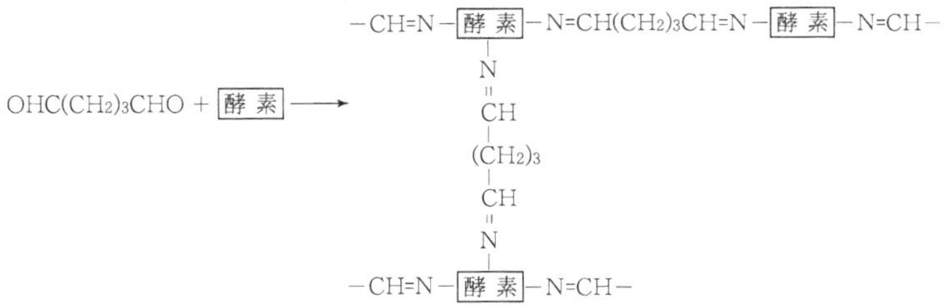

図3-15　グルタルアルデヒド（架橋法）による酵素の固定化

3-3-3　バイオリアクターの種類と特徴

生体触媒を用いて生化学反応過程（バイオプロセス）を行わせるための装置がバイオリアクターである（広義のバイオリアクター）．これには診断を目的としたバイオセンサーも含まれる．ここでは，酵素や微生物などの生体触媒を用いた物質生産のための反応器について述べる（狭義のバイオリアクター）．バイオリアクターは，生体触媒を用いることから，反応器を雑菌汚染から防ぐ機構を備える必要がある．この点を除けば，通常の化学反応器（リアクター）と大きな違いはない．したがって，その分類もリアクターの場合と同様である．図3-16に操作法と形状によるバイオリアクターの分類を示す．

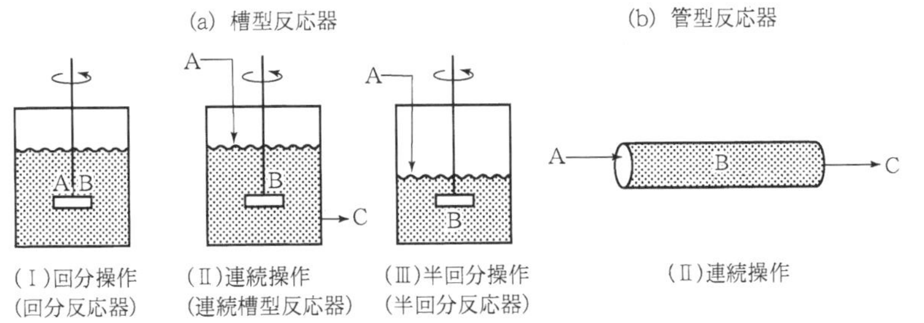

図3-16　操作法と形状によるバイオリアクターの分類
A：基質，B：生体触媒，C：生成物
小林　猛編『バイオリアクターの世界』p.20，㈱ハリオ研究所（1992）より

基質と酵素とを一度に仕込み反応温度，pHなどを最適条件に保ちながら反応を行う回分操作には，撹拌槽が用いられる．微生物培養に用いられる回分培養槽を図3-17に示す．回分培養槽には，装置の滅菌に必要な高温蒸気を供給するシステム，反応温度を維持するのに必要な恒温水循環システム，DO維持に必要な撹拌装置や滅菌空気供給システムが備えられている．回分操作は，連続操作に比べ，反応条件の維持や雑菌汚染からの防止が容易である．また，少量の生産も可能であり，同一反応器を多目的

にも使用可能である．

基質阻害がある場合では，基質を徐々に反応装置に加える必要がある．この場合には，半回分操作が適している．触媒が酵素ではなく，微生物の培養である場合の半回分操作を流加培養と呼ぶ．この場合の反応器にも，撹拌槽が多く用いられる．連続操作は，生成物の品質を一定に維持したり，自動制御が

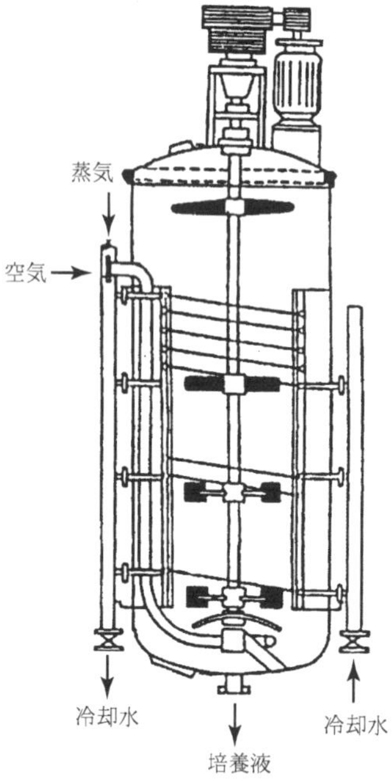

図 3-17　微生物培養用回分培養槽

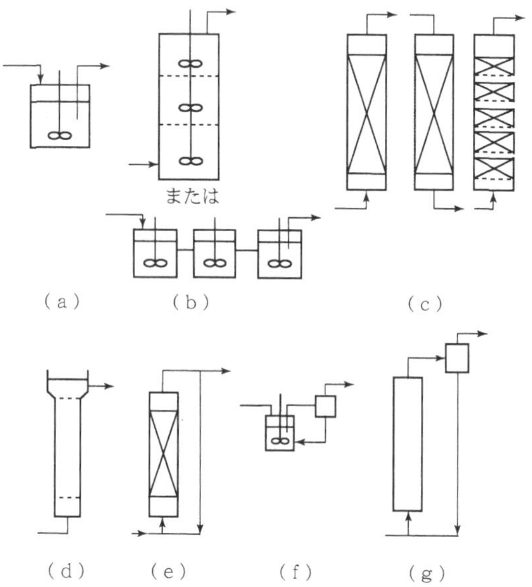

図 3-18　固定化生体触媒を用いたバイオリアクター
(a)，(b)，(f)：撹拌槽型
(c)，(d)，(e)，(g)：充填槽型
小林　猛編『バイオリアクターの世界』p.21，㈱ハリオ研究所（1992）より

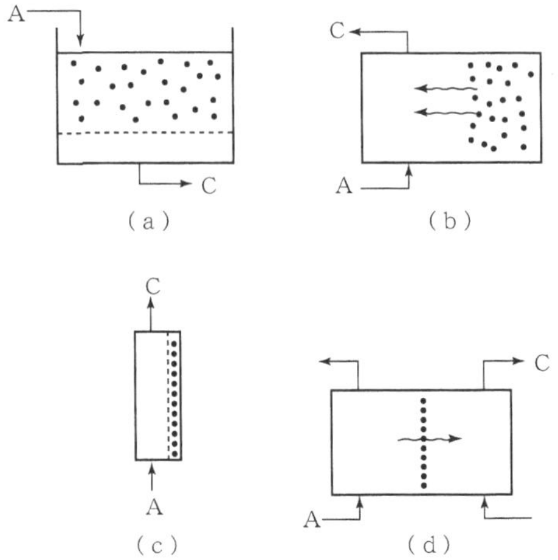

図 3-19　代表的な膜型バイオリアクター
A：基質，C：生成物
小林　猛編『バイオリアクターの世界』p.21，㈱ハリオ研究所（1992）より

容易であるなどの利点を有する．しかし，雑菌汚染対策や触媒として微生物を用いた場合では，その変異への対策などにおいて他の方法に比べ困難な点がある．また，これらに対する方法も確立され，連続操作による物質生産例も増加している．酵素や微生物などの細胞を固定化したり，膜を利用し生体触媒を反応器中に閉じ込めて利用する場合のバイオリアクターを図3-18に示す．この場合の反応装置には，撹拌槽型と充填槽（または流動槽）型がある．後者のうち，生体触媒分離に限外ろ過膜やミクロフィルターなどを用いた装置を特に膜型バイオリアクターと呼ぶ．膜型バイオリアクターの代表的な装置を図3-19に示す．

3-3-4　スケールアップ

実験室で行った小スケールの実験結果をもとに有用物質生産の実用化を目指すには，パイロットプラントさらに工業規模での装置へと規模の拡大を図らねばならない．この過程がスケールアップ（scale-up）である．スケールアップでは，反応工学的手法をもとに撹拌による効果を中心に考慮される場合が多い．細胞をそのまま用いた物質生産，固定化した生体触媒を用いた場合のいずれにおいても，スケールアップに際し考慮しなければならない因子は多岐に及ぶ，モーターの先端に取り付けられた撹拌羽根を伴った培養槽で，好気性微生物を培養する場合のスケールアップに関わる物理的因子をまとめ表3-9に示す．

表3-9　スケールアップに関わる物理因子

因子	小型培養層（0.080m^3）	大型培養層（10m^3）			
d	1.0	5.0	5.0	5.0	5.0
P	1.0	125	3125	25	0.2
P/V	1.0	1.0	25	0.2	0.0016
n	1.0	0.34	1.0	0.2	0.04
F_r	1.0	42.5	125	25	5.0
F_r/V	1.0	0.34	1.0	0.2	0.04
nd	1.0	1.7	5.0	1.0	0.2
$nd^2\rho/\mu$	1.0	8.5	25	5.0	1.0

P：撹拌所要動力，P/V：液体単位容積当たりの動力，n：撹拌羽根の回転速度，d：撹拌羽根の直径，F_r：槽内の液循環還流量，F_r/V：槽内の液循環回数，nd：撹拌羽根の先端速度，$nd^2\rho/\mu$：槽内の循環液のRe数
ここで，$P \propto n^3d^5, P/V \propto n^3d^2, F_r/V \propto n, v \propto nd, nd^2\rho/\mu \propto nd^2$ の関係を用いた．また，dを5倍にすることを前提としてスケールアップしている．
S.Y.Oldshure., Biotechnol.and Bioeng.,8.3 (1966)

ここに示した例は，0.080m^{3}の培養槽から10m^{3}にスケールアップを行った場合である．この場合，液体単位容積当たりの動力［W/m^3］を0.080m^{3}スケールと同様に保とうとすると，撹拌羽根の先端速度（nd）は1.7倍に増加するものの，槽内の液循環回数（F/V）は0.34倍に減少する．液循環回数（F/V）を小スケールの場合と同一に保とうとすると，液体単位容積当たりの動力（P/V）が25倍に増加する．このように，1つの因子を小スケールと同値に保とうとした場合においても，他の因子にも様々な変化を生じる．スケールアップに際しては，予め用いる生体触媒の活性に影響を及ぼす因子の順位について調べておく必要がある．

好気性の微生物で，呼吸能の大きい生物では，酸素移動容量係数k_La[s^{-1}]がスケールアップの重要因

子となることがある．この場合では，k_Laを一定に保つ必要がある．小型の発酵槽を1とし，大型の発酵槽を2とし，機械的な撹拌操作を行わず，通気のみによる場合のk_Laは近似的に次式に従う．

$$\frac{(k_La)_1}{(k_La)_2}=\frac{(F/V)_1}{(F/V)_2}\left(\frac{H_{L1}}{H_{L2}}\right) \quad \cdots\cdots(3.3.9)$$

k_Laを一定とすると

$$\frac{(F/V)_1}{(F/V)_2}=\frac{H_{L1}}{H_{L2}} \quad \cdots\cdots(3.3.10)$$

ここでF[m^3/s]はガス供給流量，V[m^3]は培養液体積，H_L[m]は培養液の深さを表す．

(3.3.10)式において，F/V = 1.0m^3/m^{3}min，容積のスケールアップ比を125倍（H_{L2}/H_{L1} = 5）とし，k_Laを一定に保つ場合の大型発酵槽への通気速度は（$(F/V)_2$ = 5^{-1} = 0.2m^3/m^{3}minとなり，1/5の通気速度でよいことが分かる．

3-4　回収と分離精製

生物を利用して生産される医薬品・食品などは，化学的に生産されたりする物質と比べると性質や性状が多岐にわたる生成物を含む場合が多い．アミノ酸や抗生物質などの比較的低分子のものから，高分子のタンパク質や核酸にいたるまで，広い分子量範囲にわたるばかりではなく，荷電状態，疎水性，立体構造など様々な特性を示す．したがって，その工業的な分離・精製プロセスも対象物によって異なり，化学合成における場合よりも複雑である．また，医薬品の場合，高度精製が要求される．

生物反応プロセスと化学反応プロセスの分離・精製における特徴を表3-10に示す．

表3-10　生物反応プロセスと化学反応プロセスの分離・精製における特徴

生物反応プロセス	化学反応プロセス
一般的に生産物の濃度が低いため濃縮が必要	大量生産可能のため濃縮の必要がない場合が多い
反応が複雑なため，多くの不純物が存在する	比較的反応がシンプルなため，副生成物等が不純物となる
変性や失活しやすいものが多く，マイルドな条件で分離・精製を行わなければならない	比較的安定なものが多く，pH変化や熱変化にも耐えられるものが多い

このように，生物反応由来生産物を分離・精製する際は，各分離法の特質を理解した上で，目的物質の性質に応じて分離プロセスを考えると同時に，生産工程において生成物分離精製段階が負担とならない方法を選択する必要がある．

3-4-1　前処理および粗分画

（1）菌体分離

微生物培養液からの菌体分離は，菌体内や菌体外に生産された目的物を得る場合，まず行われる操作である．通常行われる菌体分離操作は，濾過および遠心分離である．濾過は，精密濾過膜が用いられ一般的にクロスフローフィルトレーション（3-4-2に詳述）が適用される．遠心分離は，工業プロセスの場合，連続遠心法が用いられる．

（2）菌体破砕

目的物質が，菌体内や細胞内に存在する場合は，通常菌体や細胞を破砕して水溶液中に溶解させなければならない．一般的な破砕方法を表 3–11 に示す．

表 3-11　菌体や細胞の破砕方法

破砕方法	操作の原理
超音波法	超音波による振動破砕
フレンチプレス	急激な減圧による膨張破砕
浸透圧法	低張液中へおくことにより浸透圧の差で破砕
酵素法	リゾチームなどによる細胞壁溶解
凍結・融解法	凍結と融解の繰り返しによる細胞壁や細胞膜の破壊

菌体や細胞の破砕されやすさは対象となる細胞で異なる．一般に動物細胞は破砕されやすく浸透圧法や凍結融解法が利用される．これに対し，微生物や植物細胞は細胞壁があるため破砕されにくく，フレンチプレスと酵素法の組み合わせなど，複数の方法を組み合わさなければならない場合もある．

（3）沈殿分画

生物由来物質の多くは培養液中で濃度が低い場合が多く，まず目的物質を含む画分をできるだけ高濃度に得て処理量を減らす必要があることから，沈殿分画がよく利用される．初期にできるだけ処理量を減らすことは，後の分離装置の容積や処理時間などに関係し，コストを低減させるためにも重要である．

沈殿分画としては，塩や有機溶媒を加えて溶解度を減少させる塩析，有機溶媒沈殿や，等電点で両性電解質の溶解度低下に基づく等電点沈殿などがある．

塩析（salting out）は，大量の塩を加えることにより沈殿させる方法である．タンパク質の分離の初期段階でよく用いられ，塩としては硫酸アンモニウム，リン酸カルシウム，硫酸ナトリウムなどが用いられる．大量の塩で高塩環境にしてやると，大量のイオンが水和して溶質から水分子を奪う．その結果，水に溶解していた物質が沈殿してくる．硫酸アンモニウムは，水に非常によく溶け（1 ℓ の水に 767g 可溶），また溶解の際，発熱せず吸熱することから，タンパク質の安定性を考えた場合効果的で使いやすい．塩析は，イオン濃度ではなくイオン強度に依存しているため，一価の酸よりも多価の酸からなる塩の方が効果的である．一方，塩析を大規模なスケールで実施する場合，塩の均一な混合や後処理，また後段の分離を行うための脱塩操作が問題となる．

有機溶媒沈殿は，エタノールやアセトンなどを加え誘電率を低下させ，タンパク質や核酸などを沈殿させるもので，塩析と比べ脱塩の必要性はないが変性を引き起こしやすい．

両性電解質は，等電点で静電的反発が小さくなり，溶解度が低下して沈殿する（等電点沈殿）．タンパク質などのほか，アミノ酸の晶析にも利用される方法である．

3–4–2　膜分離

膜分離は，膜の有する分子の大きさによるふるい分け機能，膜内の溶質の溶解・拡散速度，静電的相互作用などに基づく分離方法である．バイオテクノロジーで主に使われる膜分離法を表 3–12 に示す．

表 3-12　バイオテクノロジーで使用される主な膜分離法

膜分離法	分離粒子径	対象物
通常の濾過法	粗大粒子・微粒子	ごみの除去，除菌
精密濾過法（MF）	ミクロ粒子・高分子	除菌，清澄化
限外濾過法（UF）	ミクロ粒子・高分子・イオン	タンパク質の分離・濃縮脱塩
逆浸透法（RO）	高分子・イオン	糖，アミノ酸，抗生物質の分離・濃縮
透析法（DS）	イオン	脱塩
電気透析法（ED）	イオン	脱塩

濃度差を駆動力とする分離法は，透析法（DS, dialysis）と呼ばれるが，実験室などでの小規模の処理にも長時間を要することから，工業規模の利用の場合は工夫を要する．

電場を駆動力とする分離法は，電気透析法（ED, electrodialysis）と呼ばれ，溶質の電気的特性の差を利用して電解質などを分離する目的に使用される．この方法は，電力の問題と熱の除去に注意しなければならない．

圧力を駆動力とする膜分離方法は，精密濾過法（MF, microfiltration），限外濾過法（UF, ultrafiltration），逆浸透法（RO, reverse osmosis）に分類される．MF膜は0.1 ～数μm程度の懸濁微粒子が分離対象であり，集菌および菌体やその破砕物の除去に利用される．また，このMF膜は菌体分離膜として用いられ，発酵培地から阻害物質を除去したり，微生物分離を伴う連続反応器にも応用されている．UF膜は，分子量数千から数百万の高分子を分離対象とし，セルロース系やテフロン，ポリプロピレン，ポリスルフォンなどの有機材料のほか，セラミックスなどの無機材料もUF膜に用いられる．このUF膜は，タンパク質の回収や分離・濃縮，高分子と低分子の分画や脱塩などに広く利用されている．RO膜は，海水中のイオンを除去して純水を得るために開発された方法で，酢酸セルロースや芳香族ポリアミド系の非対称膜が用いられる．分画分子は，分子量で数百までが分離対象となる．このようにRO膜は，低分子を対象とするために浸透圧が高く，操作圧力は通常数十気圧に達する．無菌純水製造や，糖，アミノ酸，アルコールなどの分離・濃縮に利用される．

圧力を駆動力とする場合，膜表面の粒子の堆積や圧密のため透過流束が小さくなるのを防ぐために，図 3-20 に示すように，膜面に平行に液を流してせん断による粒子の堆積を防ぐクロスフローフィルトレーション（CFF）が開発され，UF膜などの大規模膜装置ではほとんどこの方法が導入されている．

この方法は，従来法よりも高い透過流束が得られ，さらに遠心分離法に比べて，固形分を含まない清澄な透過液が得られ，ミストの生成が少なく，封じ込めに有利であるなどの長所を有している．このた

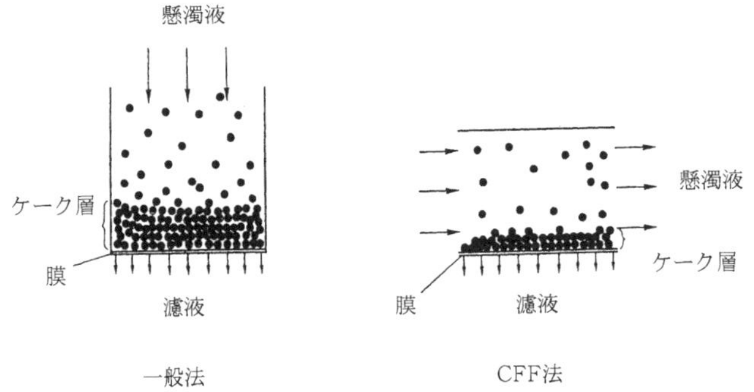

図 3-20　膜分離の模式図

め，特に組換え体やウイルスによる生産プロセスにおいて，MF膜を用いた菌体分離へCFF法の利用が広がっている．

近年，膜と生物反応槽を組み合わせた技術Membrane Biological Reactor, MBRが注目されている．MBRの最大の特徴は，増殖する微生物（固形物）を連続的に固液分離できることにある．この特徴を生かし，MBRは浮遊微生物法である活性汚泥法と組み合わせて使用させている．これにより処理水中の浮遊固形物（Suspended Solids, SS）が完全に除去され，加えて最終沈殿池が不要となることからプラントの省スペース化が可能となる．

3-4-3　クロマトグラフィーによる分離

クロマトグラフィー（chromatography）イオン交換体や吸着剤などの充填剤（樹脂，ゲルともいう）を充填したカラムの上部に試料を添加し，続いて適当な溶出液を流すことにより目的物質の分離を行う方法である．クロマトグラフィーの概念図を図3-21に示す．

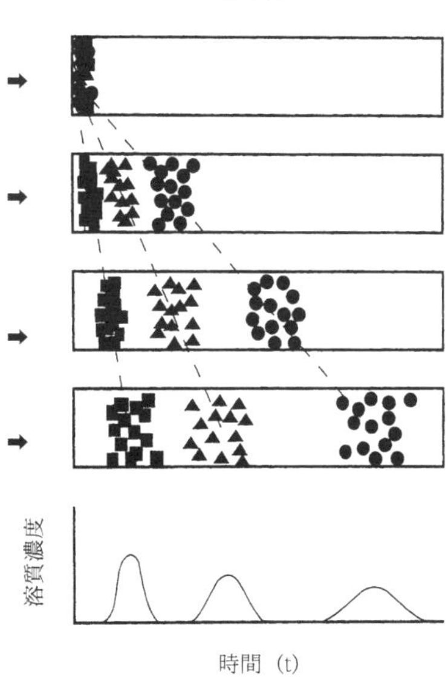

図3-21　クロマトグラフィーの概念図

カラム内の充填剤は固定相，溶出液は移動相と呼ばれる．バイオ生産物の液体クロマトグラフィーの充填剤は，親水性で吸着変性を生じにくいセルロース，デキストラン，アガロースなどの多糖類系充填剤がよく用いられる．しかし，これらは圧密を生じやすく，十分な処理流速が得られない場合がある．このため，機械的強度の高いシリカや合成高分子を用いた充填剤が開発されている．特に高速液体クロマトグラフィー（HPLC）の充填剤には，これらの機械的強度の高いものが用いられる．

クロマトグラフィーの分離機構の原理は，分配や吸着と同様に目的物質とそれ以外の物質の充填剤への分配の差である．したがって，分離性能は固定相内の溶質濃度Cgと移動相内の濃度Cmの比で定義される分配係数Kに依存する．

$$K = Cg/Cm$$

分配係数Kは，溶質がカラム内を流れている状態の値ではなく，平衡状態における値である．分配係数の値は，目的物質とゲル相の間に作用する相互作用の種類と溶液のイオン強度，pHなどに依存する．これら相互作用の種類により種々のクロマトグラフィーに分類される．表3-13に各種クロマトグラフィーの種類と分離機構の特徴を示す．

（1）ゲル濾過クロマトグラフィー

ゲル濾過クロマトグラフィーは，固定相として多孔質のゲル粒子を用い，分子ふるい効果によって分離する方法である．この方法は，ゲル粒子細孔内部への溶質の浸透程度が，溶質分子の大きさにより異なることを利用している．ゲル粒子の細孔径に比べて十分大きな溶質分子は，細孔の中へ入ることができない．この場合，固定相と移動相の間の分配係数は0となる．一方，十分に小さな溶質分子は，自

表 3-13　バイオ関連物質の分離に利用されるクロマトグラフィー

種　類	分類機構	溶出法	対象物質
ゲル濾過クロマトグラフィー	分子ふるい	イソクラテック溶出	脱塩，緩衝液交換，タンパク質の分子量分画
イオン交換クロマトグラフィー	静電的相互作用	段階溶出，勾配溶出	アミノ酸，単糖，オリゴ糖，タンパク質などの精製
疎水性クロマトグラフィー	疎水相互作用	段階溶出，勾配溶出	タンパク質などの精製
アフィニティークロマトグラフィー	生物学的親和性	段階溶出，勾配溶出	タンパク質などの精製 低濃度生理活性物質
クロマトフォーカシング	等電点の差	勾配溶出	アイソザイムなどの分離困難なタンパク質などの精製
ヒドロキシアパタイトクロマトグラフィー	Ca^{2+}とリン酸基との相互作用	勾配溶出	タンパク質などの精製

由に細孔の中に出入りすることができるため，両相において溶質濃度が等しくなるため，分配係数は1となる．ゲル濾過クロマトグラフィーの場合，他のクロマトグラフィーと異なる点は分配係数が1以上にならないことである．溶質分子の形状が同じ場合，その大きさは分子量に依存するため，分配係数の値と分子量の関係を実験式などによって定めることにより，物質の分子量決定にも利用される．

(2) イオン交換クロマトグラフィー

イオン交換クロマトグラフィーは，固定相としてイオン交換樹脂などのイオン交換体を用い，交換体表面のイオンと移動相中に存在するイオンとを交換することにより分離を行う方法である．イオン交換クロマトグラフィーは，交換されるイオンの形によって陽イオン交換クロマトグラフィーと陰イオン交換クロマトグラフィーに分かれる．イオン交換体は，スチレンとジビニルベンゼンの共重合体など合成高分子化合物に解離性の基を導入したものである，スルホン基を導入すれば強酸性陽イオン交換体になり，アンモニウム基を導入すれば強塩基性陰イオン交換体になる．溶液中に2種類以上のイオンが存在する場合，それらの間でイオン交換基に対する競合が生じ，親和力の強いイオンほど強く交換樹脂に吸着される，タンパク質の精製にもイオン交換クロマトグラフィーがよく用いられる．この場合，目的とするタンパク質の等電点を考慮し，溶離液のpHとの関連からタンパク質が変性や失活しない条件で，陽イオンか陰イオンのクロマトグラフィーの選択をしなければならない．

(3) 疎水性クロマトグラフィー

疎水性クロマトグラフィーは，疎水性相互作用により分離を行う方法である．固定相としては，ブチル基，フェニル基，オクチル基などの非電荷性の基をセルロース，アガロース，親水性合成樹脂などの非荷電性の担体に結合させたものが用いられる．タンパク質水溶液に硫安などの中性塩を加えると，タンパク質の疎水的相互作用が強くなる．この状態のタンパク質は，疎水的相互作用により容易に疎水性樹脂と結合する．多くの場合，この結合は可逆的であり，塩濃度を下げると解離する．疎水結合を高めるためには，多価の陰イオンを添加することが効果的であり，一般には沈殿を起こさない程度の濃度の硫安が用いられる．

疎水性クロマトグラフィーと原理的に同一の手法として，逆相クロマトグラフィーがある．これは，さらに疎水性の高い担体をカラムに充填後，試料タンパク質を結合させた後に，極性有機溶媒の濃度勾配により溶出するものである．分離能は優れているが，多くのタンパク質は溶出で用いる有機溶媒により変性するため，タンパク質の精製には限界がある．

(4) アフィニティークロマトグラフィー

アフィニティークロマトグラフィーは，酵素とその阻害剤，抗原と抗体，ホルモンとレセプター，といった物質の一方をリガンド（ligand）として充填剤に固定化し，もう一方の物質に対する特異的吸着を利用して分離する方法である．このクロマトグラフィーでは，通常目的物質は充填剤に強く結合するので，充填剤の吸着容量近くまで目的物質を吸着させる．その後，pHやイオン強度などを変化させたり，溶離剤を流すなどしてリガンドと目的物質の親和力を低下させて目的物質を溶出させる．

(5) 吸着クロマトグラフィー

タンパク質は，ヒドロキシアパタイト，リン酸カルシウム，アルミナなどに吸着する．この吸着反応は，適切条件下においては吸着と脱着が可逆的に行える．ヒドロキシアパタイトは，吸着クロマトグラフィーによく用いられる化学組成が$Ca_{10}(PO_4)_6(OH)_2$の六方晶系結晶である．この結晶表面には，2個のカルシウム原子により構成される吸着部（Cサイト）と，リン酸に由来する6個の酸素原子によって構成される吸着部（Pサイト）とが存在する．球状タンパク質分子の表面に存在するカルボキシル基やリン酸基はCサイトに吸着し，アミノ基やグアニジノ基はPサイトに吸着する．ヒドロキシアパタイトを充填したカラムに試料タンパク質を流すと，2種類の吸着反応が起こる．酸性のタンパク質は主としてCサイトに吸着し，塩基性タンパク質は主としてPサイトに吸着する．このカラムをまず塩化カリウムの濃度勾配によって溶出すると，Pサイトに結合していた塩基性のタンパク質が分離され，続いてリン酸カリウムの濃度勾配によってCサイトに結合していた酸性タンパク質が分離される．

(6) クロマトフォーカシング

カラムに充填したイオン交換体を移動相として両性緩衝液を流すことにより形成させたpH勾配中で，タンパク質を等電点の差によって分離する方法である．これはカラムクロマトグラフィーと等電点電気泳動を複合化したような方法であり，pH勾配がカラム中を下降する間にタンパク質は各等電点付近に濃縮される．そして，カラム出口の移動相のpHがその等電点に等しくなったところで，鋭いピークとして溶出される．この方法は，分離能と濃縮率が非常に高いものの，大量のサンプル処理には不向きである．

以上，各クロマトグラフィーの概要を解説したが，通常バイオ由来産物を精製するためには，複数のカラムクロマトグラフィーを用いることが多い．また目的物質の性質を十分に理解して効率の良いカラムクロマトグラフィーの組み合わせを考えなければならない．

【参考文献】

・E. E. Corn, P. K. Stumpe, G. Bruening, R. H. Doi著，田宮信雄，八木達彦訳：『生化学』(1988) 東京化学同人.
・合葉修一，A. ハンフリー，N. ミリス著，永谷正次訳：『生物化学工学〔第2版〕』(1976) 東京大学出版会.
・戸田不二緒他：『生物工学基礎』(1988) 講談社サイエンティフィック.
・海野　肇他：『生物化学工学』(1992) 講談社サイエンティフィック.
・L. H. Segel：Enzyme Kinetics, John Wiley & Sons, (1975).
・千畑一郎編：『固定化生体触媒』(1989) 講談社サイエンティフィック.
・小林　猛編：『バイオリアクターの世界』(1992) 株式会社ハリオ研究所.

第4章

バイオテクノロジーの実際
—— 国内企業の現状から開発プロセス ——

本章では，第2章および第3章のバイオテクノロジーの基礎に引き続き，バイオテクノロジーの応用について解説する．バイオテクノロジーに関連する国内企業の現状を示し，協力が得られた企業における最近開発されたバイオテクノロジーに関する開発プロセスを紹介する．

企業の分類は，株式市場の分類に従った．なお，各分類における企業の紹介は，紙面の都合上1,000人程度の従業員を有する企業を選択した．なお，バイオテクノロジーは新しい分野であり，いろいろな業種からの参入がある．本書においては企業分類を優先したため，企業分類とバイオテクノロジー関連製品とが必ずしも一致していない．

4-1 食　品

4-1-1 食品業界

食品業界は，食料品，ビール，酒造関係と多岐にわたる製品を製造している業界である．ビール会社は，ビールという1品で巨額の売上高があり，特殊な企業形態をとっているが，一般的に食料品関係企業は，多品種を製造している会社が多く，総合食品化を目指す企業も多い．食品業界の主要企業を表4-1，2，3に示す．

食品業界は，それぞれの企業において強みや特徴があり，その企業規模，知名度，商品力，マーケットシェアなどの優位性を武器に，他業種とは異なる独特の世界が存在する．

最近では，健康に関する意識の高揚から，各メーカーとも健康に関する新しい食品の研究・開発を積

表4-1　ビール業界の主要企業（1998年調べ）

企業名	資本金	売上高	従業員数（人）
キリンビール	1020億4500万円	1兆2056億4000万円	7918
アサヒビール	1729億1800万円	9721億2000万円	4325
サントリー	300億0000万円	7404億4400万円	4907
サッポロビール	438億3100万円	5898億0900万円	3758

（2012年調べ）

企業名	資本金	売上高	従業員数（人）	年収（万円）
キリンホールディングス（'07.7～）	1020億4500万円	2兆0717億7400万円	（連）40348	1016（42.0歳）
サントリーホールディングス（'09.2～）	700億0000万円	1兆8027億9100万円	（連）28532	—
アサヒグループホールディングス（旧アサヒビール '11.7～）	1825億3100万円	1兆4627億3600万円	（連）16759	1014（41.3歳）
サッポロホールディングス	538億8600万円	4540億9900万円	（連）6649	911（44.1歳）

表 4-2　酒造業界の主要企業（1998 年調べ）

企業名	資本金	売上高	従業員数（人）
協和醗酵工業	267 億 4500 万円	3327 億 2900 万円	5134
宝酒造	119 慮 5700 万円	1802 億 0100 万円	2044
メルシャン	209 億 7200 万円	968 億 3800 万円	1124
ニッカウヰスキー	149 億 8900 万円	576 億 2900 万円	703
月桂冠	4 億 9680 万円	572 億 0600 万円	897
大関	8 億 2875 万円	469 億 0600 万円	737
白鶴酒造	4 億 9500 万円	468 億 2700 万円	577
合同酒精	53 億 5000 万円	360 億 6800 万円	661
菊正宗	1 億 2696 万円	276 憶 0000 万円	526

（2012 年調べ）

企業名	資本金	売上高	従業員数（人）	年収（万円）
協和発酵キリン（旧協和発酵工業）	267 億 4500 万円	3437 億 2200 万円	（連）7229	832（40.1 歳）
宝ホールディングス	132 億 2600 万円	1986 億 9000 万円	（連）3384	741（41.8 歳）
オエノンホールディングス	69 億 4600 万円	838 億 6200 万円	（連）1010	605（40.8 歳）
白鶴酒造	4 億 9500 万円	340 億 0000 万円 ('11)	448	—
月桂冠	4 億 9680 万円	294 億 0100 万円 ('10)	525	—
大関	3 億 0000 万円	225 億 7700 万円 ('10)	384('10)	—
菊正宗	1 億 0000 万円	123 億 0000 万円 ('08)	265('08)	—

メルシャン（キリンホールディングス傘下へ移行）
宝酒造（宝ホールディングスへ移行）
ニッカウヰスキー（アサヒビール傘下へ移行）

表 4-3　食料品業界の主要企業（1998 年調べ）

企業名	資本金	売上高	従業員数（人）
JT	1000 億 0000 万円	2 兆 6216 億 3000 万円	20834
味の素	798 億 3600 万円	6131 億 0200 万円	5145
日本ハム	237 億 0200 万円	5980 億 4900 万円	3442
山崎製パン	110 億 1400 万円	5820 億 2500 万円	19643
雪印乳業	278 億 0900 万円	5605 億 6900 万円	7083
明治乳業	230 億 9000 万円	4623 億 4800 万円	5547
ニチレイ	303 億 0700 万円	4288 億 7700 万円	2671
伊藤ハム	224 億 1500 万円	4251 億 8800 万円	3814
森永乳業	217 億 0400 万円	4182 億 3300 万円	3971
日清製粉	171 億 1700 万円	3359 億 8700 万円	2554
プリマハム	149 億 5800 万円	2714 億 7700 万円	2252
キューピー	241 億 0200 万円	2562 億 0500 万円	2782
明治製菓	283 億 6300 万円	2533 億 1000 万円	5119
日清食品	251 億 2200 万円	2370 億 5000 万円	1552
キリンビバレッジ	84 億 1600 万円	2358 億 4600 万円	2850
丸大食品	67 億 0500 万円	2300 億 7900 万円	2795
東洋水産	189 億 6900 万円	2156 億 4800 万円	1904
ハウス食品	99 億 4800 万円	1760 億 3400 万円	3053
加ト吉	340 億 0200 万円	1686 億 2800 万円	1099
日本製粉	122 億 4000 万円	1652 億 8300 万円	1422
森永製菓	183 億 5000 万円	1504 億 6000 万円	2345
ヤクルト本社	311 億 1700 万円	1498 億 6200 万円	2769
江崎グリコ	77 億 7300 万円	1480 億 2800 万円	1703
昭和産業	127 億 7800 万円	1451 億 9100 万円	1433

企業名	資本金	売上高	従業員数（人）
キッコーマン	115 億 9900 万円	1408 億 4400 万円	2867
伊藤園	125 億 9100 万円	1346 億 5500 万円	2974
日清製油	163 億 3200 万円	1294 億 9500 万円	1274
カゴメ	47 億 7200 万円	1048 億 0200 万円	1306
雪印食品	21 億 7200 万円	1042 億 0900 万円	1175
不二家	63 億 1700 万円	1028 億 0300 万円	2091
ホーネンコーポレーション	99 億 9000 万円	983 億 2200 万円	724
カルピス	130 億 5600 万円	979 億 6200 万円	984
ヱスビー食品	17 億 4400 万円	938 億 8300 万円	1269
不二製油	132 億 0800 万円	924 億 9500 万円	1242
ポッカコーポレーション	125 億 9100 万円	907 億 6600 万円	870
ブルボン	10 億 3600 万円	856 億 8900 万円	1315
林兼産業	44 億 5500 万円	800 億 8100 万円	658
永谷園	35 億 0200 万円	610 億 4500 万円	804
第一屋製パン	24 億 0200 万円	422 億 4400 万円	1371
中村屋	74 億 6900 万円	415 億 8900 万円	1378

（2012 年調べ）

企業名	資本金	売上高	従業員数（人）	年収（万円）
JT	1000 億 0000 万円	2 兆 0843 億 8400 万円	（連）48529	860（43.4 歳）
味の素	798 億 6300 万円	1 兆 1973 億 1300 万円	（連）28245	926（40.6 歳）
明治ホールディングス	300 億 0000 万円	1 兆 1092 億 7500 万円	（連）15338	1021（43.0 歳）
日本ハム	241 億 6600 万円	1 兆 0177 億 8400 万円	（連）15593	800（41.7 歳）
山崎製パン	110 億 1400 万円	9327 億 9400 万円	（連）24304	559（37.9 歳）
森永乳業	217 億 0400 万円	5782 億 9900 万円	（連）5639	665（36.3 歳）
雪印メグミルク	200 億 0000 万円	5094 億 1300 万円	（連）4951	640（39.9 歳）
キユーピー	241 億 0400 万円	4864 億 3500 万円	（連）12106	586（36.6 歳）
ニチレイ	303 億 0700 万円	4549 億 3100 万円	（連）12082	796（42.1 歳）
伊藤ハム	284 億 2700 万円	4473 億 9900 万円	（連）5308	598（42.8 歳）
日清製粉グループ本社（連結）	171 億 1700 万円	4419 億 6300 万円	（連）5582	896（42.2 歳）
日清食品ホールディングス	251 億 2200 万円	3806 億 7400 万円	（連）7533	801（38.5 歳）
伊藤園	199 億 1200 万円	3692 億 8400 万円	（連）6367	532（34.1 歳）
東洋水産	189 億 6900 万円	3209 億 8800 万円	（連）3985	589（39.7 歳）
日清オイリオグループ	163 億 3200 万円	3126 億 2800 万円	（連）2861	679（39.5 歳）
ヤクルト本社	311 億 1700 万円	3125 億 5200 万円	（連）18563	744（41.6 歳）
江崎グリコ	77 億 7300 万円	2899 億 8000 万円	（連）4992	800（42.7 歳）
キッコーマン	115 億 9900 万円	2832 億 3900 万円	（連）5316	769（41.2 歳）
プリマハム	33 億 6300 万円	2712 億 2200 万円	（連）2759	648（43.7 歳）
日本製粉	122 億 4000 万円	2690 億 9400 万円	（連）3268	710（39.3 歳）
不二製油	132 億 0800 万円	2365 億 9400 万円	（連）3882	710（41.2 歳）
昭和産業	127 億 7800 万円	2259 億 7600 万円	（連）1993	656（38.2 歳）
ハウス食品	99 億 4800 万円	2143 億 1700 万円	（連）4450	696（42.0 歳）
丸大食品	67 億 1600 万円	2041 億 2700 万円	（連）2390	669（45.2 歳）
J- オイルミルズ	100 億 0000 万円	1810 億 1700 万円	（連）1065	670（41.9 歳）
カゴメ	199 億 8500 万円	1800 億 4700 万円	（連）2101	728（40.2 歳）
森永製菓	186 億 1200 万円	1471 億 9000 万円	（連）2670	666（40.7 歳）
ヱスビー食品	17 億 4400 万円	1273 億 8100 万円	（連）1641	610（42.0 歳）
ブルボン	10 億 3600 万円	1029 億 6100 万円	（連）3848	414（41.3 歳）
不二家	182 億 8000 万円	876 億 3900 万円	（連）1590	472（38.2 歳）
永谷園	35 億 0200 万円	669 億 9100 万円	（連）1452	592（40.4 歳）
林兼産業	44 億 5500 万円	483 億 1400 万円	（連）599	558（44.0 歳）

企業名	資本金	売上高	従業員数（人）	年収（万円）
中村屋	74億6900万円	410億2400万円	（連）　903	540（41.0歳）
第一屋製パン	33億0500万円	267億0600万円	（連）　813	405（38.8歳）

キリンビバレッジ（キリンホールディングス傘下へ移行）
日清製油（日清オイリオグループへ移行）
ホーネンコーポレーション（J-オイルミルズへ移行）
テーブルマーク（旧加ト吉）（JT傘下へ移行）
カルピス（味の素と経営統合）
ポッカコーポレーション（サッポロホールディングス傘下へ移行）

極的に展開している企業が多い，また食品業界はバイオテクノロジーと深い関わりがあるため，バイオテクノロジー関連の研究・開発も活発である．

4-1-2　アルコール飲料

アルコールの製造には，各国の歴史的背景や環境的要因があり，伝統的かつ独自の製法がある．しかしながら，いずれのアルコール飲料においても，アルコールの製造に酵母を使うことが基本である．各アルコール飲料の製法は，酵母の発酵原料となる糖（グルコースやフルクトースの単糖や2糖類）やその糖化の方法が異なる．表4-4に，主なアルコール飲料の比較を示す．

表4-4　アルコール飲料の比較

種　類	原　料	醸造方法	使用微生物	保存安定性
ビール	大麦	醸造酒	酵母	悪い
ワイン	ブドウ	醸造酒	酵母	良い
清酒	米	醸造酒	カビおよび酵母	悪い
ウイスキー	大麦	蒸留酒	酵母	良い
ブランデー	ブドウ	蒸留酒	酵母	良い
ウオッカ	ライ麦，大麦	蒸留酒	酵母	良い
ジン	トウモロコシ，ライ麦，大麦	蒸留酒	酵母	良い
焼酎	穀類	蒸留酒	カビおよび酵母	良い

(1)　ビール

ビールは紀元前3000年頃に誕生したのが通説となっている．日本におけるビール産業は世界的に見ると歴史が浅く，日本で初めて市場に登場したビールは，1872年大阪で生まれた「渋谷麦酒」であるといわれている．現在のサッポロビールの前身である我が国最初の官営ビールが1876年，札幌に設立されている．その後，1887年頃から各地でビール会社が設立されるようになり，現在のキリンビール，アサヒビール，およびサッポロビールにそれぞれ引き継がれている．

戦後，ビール産業が自由競争となってからは，各社の競争が激化し，現在でもし烈な研究開発やシェア争いが繰り広げられている．現在では，ビール業界のみで2兆円を越える巨大な産業に成長している．

ビール産業界に目を移してみると，協調的産業から競争業界に変貌したといわれている．長年，企業間のシェアや順位の入れ替わりは，相当に難しいと思われてきた．しかしこの10年間の変動はすさまじく，特に急激にシェアを上げているアサヒビールの躍進には驚かされる．

キリンビールは1980年初期頃までシェアを伸ばし続け，一時は63.8%にまで達した．その後，凋落

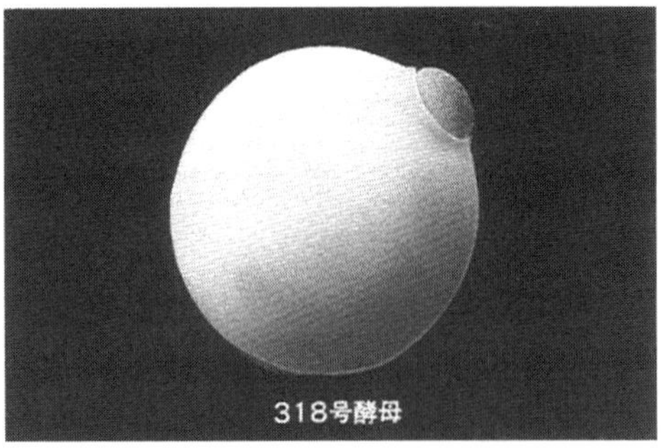

図 4-1　アサヒスーパードライ製造酵母
（アサヒビール提供）

の激しかったアサヒビールがシェアを回復し，1980 年代の後半から 1990 年代にかけてその躍進はすさまじいものがある．これは，従来のビールに対する概念を捨て，また新しい発想を持つことにより，ビール造りを一から検討し直したことによるものである．特にアサヒビールのスーパードライのために開発された酵母は，ビール業界だけでなく，各方面に非常に強いインパクトを与えた（図 4-1）．一つの商品，特に微生物（酵母）の開発が，このように業界を大きく動かす可能性があることを今後，十分に認知しておくべきであろう．

我が国においては，少子高齢化や若年層のビール離れを背景に，国内市場は縮小傾向にある．2010 年，キリンとサントリーの統合は破談に終わったが，新たなシェア拡大には，新商品の開発，海外での事業領域拡大，また再編が不可欠になっている．

新しい商品開発においては，税率の観点から，麦芽比率が低い発泡酒や第 3 のビールといった，新ジャンルのビール類が開発された．これらの商品は，消費者の節約志向から家庭を中心に浸透していき，ビール類全体の 30％を超えるまで増えている．また 2002 年，道路交通法改正により，飲酒運転への罰則が強化されたことに伴って，アルコール度数が 0％のビール風飲料（ビアテイスト飲料）が開発され，徐々に需要が伸びている．さらには，カロリーオフや糖質ゼロといった健康志向のビールも登場しており，ビール業界全体としてはバラエティーに富んだ商品開発が続いている．

a）原　料

ビールの原料は国により多少違っているが，主原料は麦芽，ホップ，および水の 3 つである．日本ではこれに副原料として，米，トウモロコシ，デンプン，および糖類などを使用している．ただし，酒税法によりそれらの比率は主原料である麦芽の半分以下でなければならないとされている．

ホップはビールに欠かせない苦みや香りを付けるもので，重要な原料の 1 つである（図 4-2）．

ホップはクワ科に属する蔓性の雌雄異株の多年生植物で，世界各地に広く分布している．ビール製造に使われるのは，ホップの雌株につく受精していないものに限られている．

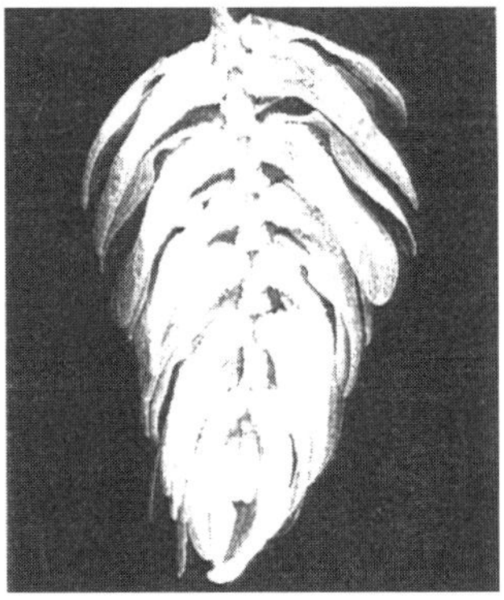

図 4-2　ビール製造用ホップ
（アサヒビール提供）

ホップがビール製造に果たす役割は，次の点が挙げられる．

①雑菌の繁殖を抑え，ビールの腐敗を防ぐ（現在日本においては完全な無菌状態で製造されており，雑菌汚染の心配はないが，古くは，オープンな環境で製造していたため，雑菌の繁殖が大きな問題であった）．

②ビールに特有の芳香と爽快な苦みを与える．

③過剰なタンパク質を沈殿・分離させ，ビールを澄んだものにする．

④ビールの泡立ちをよくする．

以上，このような作用を果たすのは，ホップ中に含まれるルプリン（黄色の花粉のように見える樹脂の粒）による．

b）微生物

ビール製造には，上面発酵法と下面発酵法の２つがある．上面発酵法には上面酵母（*Saccharomyces cerevisiae* など），下面発酵法には下面酵母（旧名として *S. carlsbergensis* など）の２つの型のビール酵母があり，各企業で独自の酵母を使用している．

上面酵母を使用するビールは，主としてイギリス，アメリカの一部，カナダ，ベルギーなどで，下面酵母を使うビールは，ドイツ，アメリカ，日本などで生産されている．世界的に見た生産量は，除菌するのに下面酵母の方が有利なことなどから，下面発酵ビールの生産量の方が多い．

c）製麦工程

ビール大麦は収穫後少なくとも６〜８週間貯蔵して，十分発芽力ができてから製麦する．まず精選機にかけて夾雑物を取り除き，選粒機で粒の大きさを揃えたものを用いる．

①浸麦・発芽

１〜２日間，浸麦槽で発芽に必要な水分を吸収させる．その後，網目の床下から一定温度の湿った空気を送り，４〜６日間発芽させる．この間，大麦は根が粒の約 1.5 倍に，芽は約 2/3 程度に伸長する．この間に糖化酵素（アミラーゼ）が形成される．こうしてできた麦芽を緑麦芽という．

②焙　燥

緑麦芽を熱風で乾燥させることにより，発芽を止める．この操作では，同時に麦芽特有の香りとビールに必要な色素を生成させる．その後，除根機で根を除去しサイロに貯蔵する．麦芽には淡色ビール用の淡色麦芽の他に黒ビールやスタウトのような濃色ビールに用いられる濃色麦芽（クリスタル麦芽や黒麦芽など）がある．これらは主に焙燥の時間や温度を操作して作られる．

d）醸造工程

①仕込み

麦芽を粉砕して，これに米などの副原料，湯（醸造用水）を混ぜ合わせ，適度の温度に加熱する（酵素反応による糖化）．またこの時点でタンパク質も分解される（麦芽由来のプロテアーゼの作用）．その後，ろ過を行い透明な麦汁を得て，煮沸釜に送る．

煮沸釜では，ホップが加えられ煮沸される．この行程によりホップのエキスが抽出されるとともに，殺菌される．できた熱麦汁は完全無菌の状態で５〜６℃まで冷却され，発酵槽に送られる．

②発酵・貯蔵

発酵槽に送られた麦汁に酵母が植菌され，低温で発酵させる．酵母はアルコール発酵により糖分をアルコールと炭酸ガスに変換する．約１週間で主発酵が終了し，若ビールができあがる．次に，0℃付近の低温で数十日貯蔵し熟成させる．これを後発酵と呼んでおり，香りや味が荒いものからまろやかなものへ熟成される．この低温熟成の間，アルコール発酵により生じた炭酸ガスがビール中に溶け込む．

図 4-3　ビール製造用発酵タンク
（アサヒビール提供）

現在，ビール会社では屋外にこれらのタンクを設置している（図 4-3）．このタンクは，温度コントロールが確実に行えるように設計され，発酵と熟成とを同じタンクで行っている．

完全に熟成されたビールはろ過され生ビールができる．その後，熱処理（60℃で55分間）し殺菌されたビールも生産されていたが，現在では熱処理しない生ビールがほとんどである．ビールの製造工程の概要を図4–4に示す．

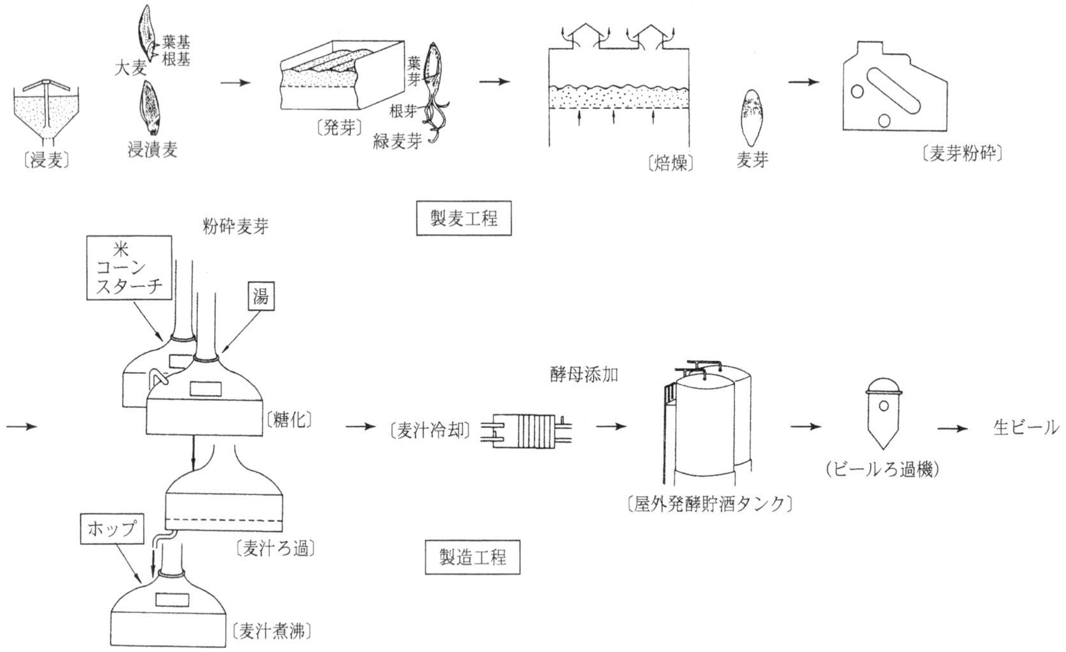

図4–4　ビール製造工程

(2) 清　酒

清酒は，我が国独自のアルコール飲料であり，長い歴史の間の試行錯誤により現在の製法に至っている．清酒製造は，ビールなどの製造が糖化とアルコール発酵を区別して行う単行複発酵法に対して，米麹を糖化剤として用い，糖化と発酵を並行して進める並行複発酵法であるという特徴を有する（複発酵法は，アルコール生成に際しデンプンを含むものを原料として糖化と発酵を2段階で行う方法であり，単発酵法はアルコール生成に際してすでに糖分を含む物質を原料として行う方法である）．

a) 原　料

清酒の原料は米，水，および種麹（もやしともいう）である．米は醸造用に適した品質のものを用い，十分に精白する．これは米表面に比較的多く存在するタンパク質や脂質が残った原料を用いた場合では，清酒特有の風味が失われるためである．最近では大吟醸などといわれる高級清酒では90%以上も削った米を使用している．

水は原料全体の80%以上を占め，酒質に大きく影響する．日本全国に存在する酒どころは，この良質の水に恵まれているといわれている．一般に鉄分の少ない水で，麹菌や酵母の生育に必要な成分であるリンやカリウムを適当量含んでいれば，清酒用に向いているとされる．兵庫県・灘，京都府・伏見，広島県・西条などは酒どころとして知られ，清酒製造に適した水を産する地である．

b）微生物

糖化に用いられる種麹は専門のメーカーが生産しており，ほとんどの酒造メーカーはその製品を用いている．種麹とは玄米に近い粗白米を蒸して木炭を混ぜ，これに2～3種類の性質の異なる麹菌（*Aspergillus oryzae*）を増殖させ，十分に胞子を着生させて乾燥させたものである．

清酒用酵母は，「The Yeast」3版（1984年）では，*Saccharomyces cerevisiae* に統合されている．しかしながら，清酒用酵母は，ビオチン欠乏培地で生育でき，またカリウム欠乏の特定の培地ではナトリウムを代替利用できる．さらにpH3で乳酸菌と凝集性を示し，20％を超えるアルコール生産を行うなど清酒用酵母は特有の性質を有している．清酒製造の大半は，「協会酵母」と呼ばれる酵母を使用している．

c）製造方法

清酒の製造工程の概要を図4-5に示す．

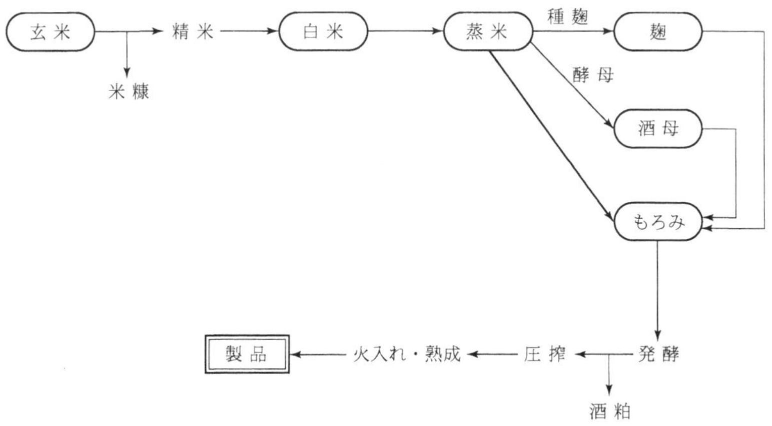

図4-5　清酒製造工程

①製麹（せいきく）

精白米を水に浸漬して米重量の27～30％程度の水分を含ませて蒸す．米中のデンプンはα化され，麹菌の生育と酵素作用が容易になるとともに，米は殺菌される．蒸し米に種麹を接種し，温度・湿度を管理し麹菌を増殖させる（48時間）．このとき，菌の生育に伴い，熱量と水分が生じるため，水分を放散させ，蒸発潜熱として熱を奪うことで，麹菌の生育や酵素生産に適した水分量と温度を保たなければならない．

その後，麹菌は菌糸が米粒の内部に食い込んで，純白で焼栗様の香りに変化していく．

②もとづくり（酒母造り）

乳酸存在下（細菌の繁殖を阻害する）で，アルコール発酵のための酵母を培養する工程のことである．乳酸は，乳酸を直接添加して酵母を短期間（7～10日間）に育成する速醸もとと，乳酸菌を接種し乳酸を生成させた後，酵母を比較的長期間（20～22日）に育成する山廃もとがある．

乳酸菌を添加する山廃もとの場合，微生物群の変遷があり，興味深い．微生物は，硝酸還元菌→球状乳酸菌群→桿状乳酸菌群→野生酵母の順に増殖後，順に淘汰されていく（図4-6）．

成分では，亜硝酸の生成→乳酸の生成→亜硝酸の消失が順に起こり，その後，糖やアミノ酸が増加

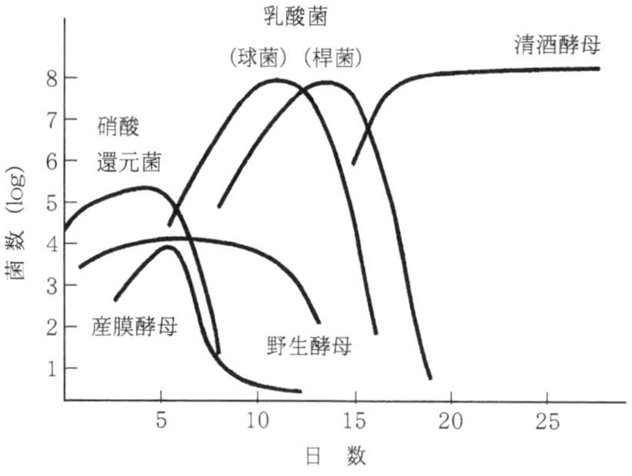

図 4-6　清酒製造（山廃もと）における微生物変遷

する．ここで，清酒用酵母を添加し，発酵させる．

一方，速醸もとの場合は，仕込み配合は，山廃もとと同じであるが，仕込み時に汲水 100 ℓ 当たり乳酸を 700mℓ と清酒酵母を同時に加える点が異なる．

清酒製造の場合，乳酸生成や添加が一つのポイントとなるが，これは清酒製造が開放系で行われるため，雑菌の生成を抑えるという意味がある．

③もろみ

清酒もろみは，3 回に分けて仕込まれる．これは，原料を不十分な殺菌のまま使用するため，1 度に多量の原料をもろみに加えると，酵母濃度と酸濃度が低下し，雑菌による汚染の危険性が高くなる．それを防ぐように経験的に工夫されたものである．

第 1 次仕込みは約 12℃で仕込み，翌日は「踊り」といって仕込みを休んで，酵母の増殖と酸の増加を図る．仲仕込みは 10℃，留仕込みは 8℃が仕込み温度である．以降，微生物の発酵熱により上昇する温度を 1 日に 1℃程度の上昇にコントロールし，15℃付近で一定とする．もろみの成分が目標値に近づくにつれ，最終的には温度を下げて酵母の増殖をコントロールする．

（上槽）

もろみを清酒と清酒粕とに分離する，圧搾ろ過工程を上槽という．ろ過は，布袋などを用いていたが，現在では自動搾り機により上槽するところが増えている．

（滓引）

圧搾して出てきた酒は濁っているため，桶に入れ静置し，滓を沈殿させて，上澄をとる操作をいう．

（火入れ）

滓引した酒は，約 65℃で 30 分程度加熱し，殺菌と残存酵素の不活性化を行う．

（貯蔵・熟成）

火入れした新酒は味が荒く，芳醇さが少ないため，貯蔵タンクに入れ風味を円熟させる．清酒はワインのように長期間貯蔵するのではなく，1 ～ 2 週間程度の短期である．その後，びん詰め時にはもう一度火入れを行い出荷する．

（火落ち）

清酒の熟成期間中または蔵出し後に，混濁が起こり，酸味が多くなったり香りが悪くなったりする現象を火落ちという．火落ちの原因は火落菌によるものである．火落菌は，グルコースの発酵試験における炭酸ガスの発生の有無により，ヘテロ型とホモ型に分けられる．またそれぞれメバロン酸の要求性により，真性火落菌と火落性乳酸菌の 4 群に分けられてきた．最近では，メバロン酸の代わりに，好アルコール性，糖資化性，好酸性などを分類の指標とするようになってきている．これは，DNA の GC 含量や細胞壁組成の検討結果からも妥当性が確かめられている．

ヘテロ発酵型真性火落菌とホモ発酵型真性火落菌は，それぞれ *Lactobacillus heterohiochii* と *Lac.*

*homohiochii*に分類されている．火落性乳酸菌と腐造乳酸菌は，乳酸菌のうちアルコール耐性の強い菌群に付けられた名称である．それらには*Lac. fermentum*や*Lac. plantarum*などが含まれる．

清酒業界は，我が国独自の産業であり，古来からある伝統産業の1つでもある．清酒製造は，現在のビール製造のように完全な無菌状態ではなく，温度や湿度をコントロールすることによって製造される．大手清酒酒造企業は，四季醸造といい年間を通じて製造しているが，その他企業は微生物の生育や米の収穫に合わせて，秋から冬にかけて年1度の生産を行っている．清酒製造は，杜氏と呼ばれる職人の勘に頼るところが多いのも1つの特徴であろう．また最近は環境への意識が高揚しており，主原料の大部分を削ったのち生じる廃棄物（ぬか）の有効利用も今後の課題である．

清酒はビールと同様に醸造酒であり，長期保存には向かない．鮮度が味に大きな影響を与えるため，この点も今後解決しなければならない問題点の1つかもしれない．

（3）蒸留酒

通常の醸造用酵母を使用した場合，15％以上のアルコールには耐えられない．蒸留酒は，高いアルコール濃度を持つもので，蒸留により得られる．蒸留酒には，ウイスキー，ウオッカ，ジン，ブランデー，ラム，焼酎などがあり，原料，蒸留方法，貯蔵方法が異なる．ここでは，蒸留酒の代表であるウイスキーの製造について述べる．

a）原　料

麦芽のみを用いる麦芽ウイスキー（Malt whisky）と，トウモロコシ，ライ麦を麦芽で糖化したものを用いる穀類ウイスキー（Grain whisky）の2種類がある．

b）微生物

上面発酵酵母であるウイスキー酵母（*Saccharomyces cerevisiae*）を用いる．原料利用効率を上げるため，*S. diastaticus*を併用する場合がある．

［製造方法］

麦芽ウイスキーの場合，ビール麦と同じ種の大麦を用い，ビール製造の場合の吸水よりやや多めとし（42～45％），無煙炭と泥炭を混ぜたものを用い，麦芽にウイスキー固有の泥炭臭を吸収させるという特徴を有する．

ウイスキー酵母を用いて，25℃前後で3～4日間，アルコール発酵を行わせる（アルコール濃度は5～8％）．一般に，蒸留を行わせるための発酵は，醸造酒のそれよりもはるかに短時間で終わらせるという特徴を持つ．

発酵液は，2回に分けて単式蒸留機で蒸留し，蒸留中期のアルコール60～70％留分をウイスキー用として使用する．

蒸留直後のウイスキーは不快臭を有しているため，これを長期間（数年から数十年）白オーク，ナラ，カシ製の樽に貯蔵し，独特の風味を付加する．熟成した麦芽ウイスキーは，熟成年度の異なるもの，製造所の異なるものなどと調合（blending）して，アルコール濃度40～50％の製品とするのが一般的である（blended whisky）．我が国では，これに穀類ウイスキーをブレンドしたものが主流である．

(4) ワイン

a) 原　料

ワインには，白ワイン，赤ワインの区別があり，それぞれ果実の品種が異なる物を使用する．白ワイン用には，デラウエア，ナイアガラ，マスカット，甲州などが用いられ，赤ワインにはアディオンダック，キャンベルアーリー，コンコード，マスカット，ベリー種などが用いられている．

b) 微生物

ワインの製造には，純粋培養された*Saccharomyces cerevisiae*または*S. bayanus*（旧*S. cerevisiae* var. *ellipsoideus*）の亜硫酸塩耐性種が用いられる．また一部には，ブドウ果皮に付着している天然の酵母による自然発酵により製造されるワインもある（銘醸ワイン）．

c) 製造方法

ワイン製造には，成熟したブドウを破砕機で破砕したブドウ破砕液が用いられる．これは果皮，種子，および果汁の混合物でありmustと称している．赤ワインの製造は，果皮を除去せずに発酵させるのに対し，白ワインの場合では，アルコール発酵が進行しないうちに果皮と果汁とを分離する．またアルコール発酵の際には，雑菌の汚染を防ぐためにメタ重亜硫酸カリ（$K_2S_2O_2$）を果汁に対し0.01%加えるのが特徴である．

ブドウ果汁中にはアルコール発酵可能な糖分（主としてグルコースとフルクトース）を通常10～15%含んでいるため糖化の必要はない．通常は，さらにショ糖を加えて糖分を20%程度まで上昇させたものを用いる．酸の含量は，酒石酸として0.5～0.6%にし，25℃前後で発酵させる．ブドウ中に含まれる有機酸は主としてリンゴ酸であり，その他少量の酒石酸およびクエン酸が含まれている．

主発酵は3～5日で行われ，赤ワインの場合この過程で果皮由来のタンニンおよび色素がアルコールによって溶出され，固有の赤色となる．その後，糖濃度0～4度（ボーリング）になった状態で，発酵液を圧搾して果実および沈殿物を取り除く．次に，発酵栓を付けた樽に一杯に満たし，年間を通じて10℃くらいの温度に保った地下室で貯蔵して熟成させる．ときどき沈殿物を取り除くために上澄液を詰め替える．

ワインの品質は，年数を経たものが良質とされ，火入れ（熱処理）を行わずにそのまま製品になるが，一般のものは瓶詰めにして60～65℃で火入れをして製品とする．このようにワインは醸造酒であるが，保存性があり，他の醸造酒と比べこの点で付加価値がある．

一方，最近の研究で，赤ワイン中にはかなりのポリフェノールが存在することが明らかとなった．ポリフェノールは，人体に悪影響を及ぼす活性酸素の生成を抑える働きがあるとのことから，赤ワインが注目を集めている．

4-1-3　醸造食品

(1) 醤　油

醤油が日本に誕生したのは1212年といわれており，我が国を代表する伝統的な発酵食品の1つとして世界に知られている．醤油最大手はシェアの約3割を占めるキッコーマンであるが，醤油産業は日本の伝統的産業であり地場産業として各地に根付いている．また最近では，欧米を中心とする海外でも受け入れられ，その需要は増えている．

表4-5　醤油の種類

種類	製造法
濃口醤油	大豆にほぼ等量の小麦を加えたものを原料として麹を製造するもの
淡口醤油	麹製造は濃口醤油と同じであるが，熟成もろみに米を糖化した甘酒を加え，製造工程において，色の濃化を抑制したもの
たまり醤油	大豆または大豆に少量の小麦を加えたものを原料として麹を製造するもの
白醤油	小麦を材料の中心とし，少量の大豆を混ぜたものを麹の原料とし，製造工程において色の濃化を強く抑制したもの
再仕込み醤油	麹製造は濃口醤油と同じであるが，仕込みに際して食塩水の代わりに熟成もろみの圧搾液汁を用いたもの

醤油には主に5種類が知られており，濃口醤油が全国生産の約85%を占める（表4-5）.

次いで生産量の多いものは淡口醤油（塩分は濃口醤油と等しい）で，主に関西地方で発達したものである．淡色で香りは穏やかであり，料理の素材を生かした場合に用いられる，たまり醤油は味が濃厚であり独特の香りを有するもので，中部地方を中心に発達したものである．白醤油は色が極めて淡く，甘味が強いという特徴を有する．

a）原　料

大豆または脱脂大豆，小麦，食塩および水が原料となる．

b）微生物

醤油製造に用いられる微生物は，分類上，*Aspergillus oryzae*と*A. sojae*のいずれかに属する．*A. oryzae*が我が国の伝統的な醸造に広く使用されているのに対し，*A. sojae*は，ほぼ醤油製造にのみ使用されている．両菌株の違いは，分生子の表面性状にあり，*A. sojae*は特徴的な著しい突起が認められる．これらの菌株は，プロテアーゼ活性が強いという共通の特徴を有する（清酒用はアミラーゼ活性が強い）.

醤油製造用の酵母としては，耐塩性の強い*Saccharomyces rouxii*が醤油酵母として知られており，糖を発酵して1～2%のエタノールを生成する．また醤油の重要な香気成分である4-エチル・グワヤコールは，数種の耐塩性*Candida*属酵母が後熟段階で作用して産生し，特有の香りを付与する．醤油の主要乳酸菌*Pediococcus halophilus*は強い耐塩性を有し，もろみのような嫌気状態でもよく生育できる通性嫌気性菌であり，もろみ中のアミノ酸から乳酸や酢酸などの有機酸を産生する．さらに*P. halophilus*の生成物の一部は，アルコールとエステルを作り芳香に寄与している．

c）製造方法

①麹製造

醤油の大半を占める濃口醤油の製造方法を中心に述べる．醤油の製造工程を図4-7に示す．

醤油醸造では原料である大豆と小麦の全部を麹にする．蒸煮大豆は40℃程度に冷却後，種麹を植菌し，炒って割砕した小麦を均一に混ぜ合わせ，製麹室へ移す．この操作を一般的に盛込という．

はじめに27～30℃の通風を行い，麹菌を生育させると42～45時間後に麹ができる．この間，発酵熱により温度が上昇し，菌糸の伸長と乾燥により麹が固まってくるため，通風温度を下げるとともに，撹拌・混合を行う（手入れ）.

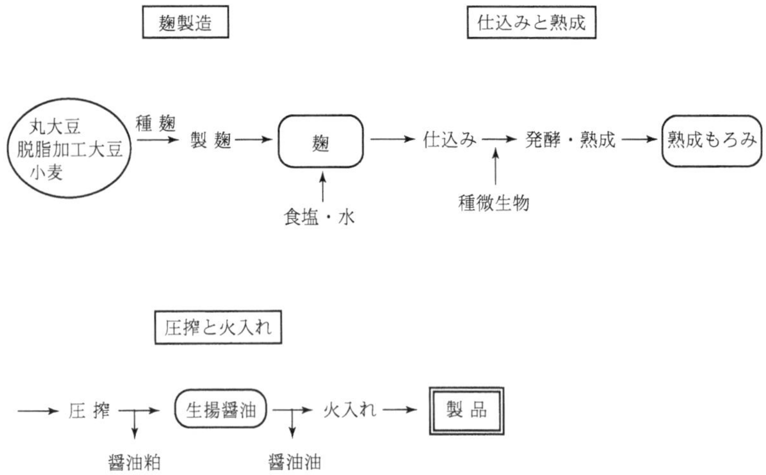

図 4-7　醤油製造工程

②仕込みと熟成

できあがった麹は，直ちに食塩水と混合し，発酵タンクへと移す．この操作を仕込みといい，食塩水と混ぜられた粥状のものをもろみという．仕込み食塩水濃度は，25%（W/V）程度であり，大豆と小麦の原料処理前の全容量 1kℓ に対し 1.1 ～ 1.3kℓ を使用する．その結果，食塩の終濃度は 17 ～ 18% となる．

もろみは発酵タンク内で一定温度に保温し，6 ～ 8 カ月で熟成が終了する．一般には，仕込み初期のもろみの温度は比較的低く保ち，原料成分の酵素分解と醤油乳酸菌の生育を穏やかに進行させ，その後，徐々に温度を上昇させて醤油酵母の増殖と発酵を促進させるという方法がとられている．

③圧搾と火入れ

熟成したもろみはろ布に充填し，圧搾して液汁と粕とに分離する．この液汁を生揚(きあ)げという．生揚げはタンク内に静置して上層の油分（醤油油）と下層のおりを除去後，ろ過して生醤油を得る．

その後，殺菌と残存酵素の不活性化による品質の安定化と生醤油の持つ香りと色沢を加えることを目的として，熱処理（火入れ）が施される．火入れは，一般的に 80℃前後で加熱される．この火入れにより，タンパク質由来の混濁物質が生じることから，タンク内に数日静置してこれを沈殿・除去する．この操作により清澄な醤油を得る．

（2）味　噌

味噌は，調味料として用いられる普通味噌と，副食として用いられる加工味噌（嘗味噌）に大別される．普通，味噌は原料別に米味噌，麦味噌および豆味噌に分けられる．このうち，米味噌は全国の味噌の生産量の約 80% を占めている．それぞれの味噌は，製品の色調，甘辛の程度，生産地などによって，さらに細かく区別されている（表 4-6）．米味噌と麦味噌の場合，主原料である大豆，麹の原料となる米（あるいは麦），食塩の配合比がそれぞれの味噌の種別を決定づけている．ここでは，味噌汁および調理に用いられる普通味噌について述べる．

表 4-6　味噌の種類

種　類	原料による分類	色・味による分類	塩分濃度（%）	名　称
普通味噌	米味噌	甘味噌・白	5 ～ 7	西京白，さぬき白，府中白
		赤	5 ～ 7	江戸
		甘辛味噌・淡色	7 ～ 11	相白（静岡）
		赤	10 ～ 12	中味噌（瀬戸内海沿岸）
		辛味噌・淡色	11 ～ 13	信州
		赤	12 ～ 13	仙台，津軽，佐渡，越後，北海道
	麦味噌	甘味噌・淡色	9 ～ 11	（九州，四国，中国）
		赤	9 ～ 11	
		辛味噌・赤	11 ～ 12	（九州，中国，関東）
	豆味噌	辛味噌・赤	10 ～ 12	八丁，たまり，名古屋，三州
嘗味噌	醸造嘗味噌			ひしほ，金山寺
	加工嘗味噌			鯛，鉄火，ユズ，鳥，しぐれ

a）原　料

米味噌は米を，麦味噌は大麦または裸麦を，豆味噌は大豆を麹の原料とする．その他，食塩，および水が原料となる．

b）微生物

味噌用の麹の製造に用いられる麹菌は，ほとんどの場合 *Aspergillus oryzae* であるが，豆味噌の製造では，*A. sojae* が用いられる場合もある．味噌用の麹菌株は，一般に分生子柄が短く麹造りが容易であることが望まれる．

米味噌，麦味噌用の麹菌としては，プロテアーゼとアミラーゼの両生産能が重要視される．一般に，大豆に対する麹の割合が高い甘味噌にはアミラーゼの高い菌株が，麹の割合が低い辛口味噌には，プロテアーゼ生産能の高い菌株が用いられる．大豆のみを原料とする豆味噌の製造の場合には，大豆タンパク質の分解のために，特にプロテアーゼの高い菌株が求められる．麹原料としての米，麦，大豆は，それぞれかなり異なる性質を持つことから，それぞれの麹造りに適する菌株を選ぶ必要がある．

味噌の仕込みに際して，通常，耐塩性の酵母と乳酸菌の培養菌体を種水に混ぜて添加する．酵母としては *Saccharomyces rouxii* が用いられ，後熟酵母として *Candida versatilis* を併用する場合もある．乳酸菌としては *Pediococcus halophilus* が用いられる．

耐塩性乳酸菌 *P. halophilus* は，温度が適当であれば生育して乳酸を生成し，大豆臭の除去，酸味の付与，塩なれなどの働きをする．味噌の pH が 5.5 以下に下がるにつれ，耐塩性酵母 *Saccharomyces rouxii* が生育して，原料デンプン由来のグルコースを発酵してエタノールを生成する．エタノールは有機酸や大豆油由来の高級脂肪酸とのエチルエステルを形成する．このほか，耐塩性酵母はグリセリンなどの糖アルコールを生成して呈味に寄与するほか，さらに各種の香味成分を生成する．*Candida versatilis* などの後熟酵母は，味噌に特徴的な後熟香を付与する．

c）製造方法

各種の味噌はそれぞれ独自の製造法によって造られるが，ここでは代表的な米味噌（辛口）の製造法を中心に述べる．

①麹の製造

米はまず精白する．次いで洗浄後，水に浸漬して米粒の中心部まで均一に吸水させる．水切り後，蒸煮缶内で蒸煮し，米デンプンをα化して麹菌の生育を容易にする．蒸煮した米は冷却後，種麹を混合し（この操作を種付けという），製麹室へ移す．一般的に普及している機械製麹装置では，温度・湿度を調節した空気を送風して麹を所定の品温に保つ．初めに27～30℃の通風を行って麹菌の発芽・生育を促進すると，麹菌の菌糸は米粒中へも伸長する．品温度の上昇に従い，通風温度を下げるとともに，2回にわたり機械的に米粒の塊をほぐして品温の過昇を防ぐ．通常，種付けから約40時間で米麹ができあがる．

麹をそのまま放置すると，麹菌による発酵熱のため発熱することから，味噌の仕込みに用いる食塩総量の1/3くらいの食塩をこの段階で混合することにより発熱を防ぐ．

②大豆の処理

大豆はまず選別機で夾雑物を除去する．次いで洗浄後，水に浸漬して十分に吸水させ缶内で加圧蒸煮を行う．この操作により大豆タンパク質は変性し，麹菌プロテアーゼの作用を受けやすくなる．

蒸煮が終わった大豆は速やかに冷却し，仕込みに先立って，一般に5mmくらいの網のチョッパーを通してつぶす．

③仕込みと熟成

つぶした蒸煮大豆，塩切りした米麹，食塩，種水（水分調整のために加える殺菌水のことで，この中に通常，種微生物を添加する）を混合して，大型のチョッパーにかけて部分的にすりつぶし，仕込み容器に詰める．

種として加える培養微生物としては，現在，耐塩性の酵母と乳酸菌が利用されている．

仕込み容器内をできるだけ嫌気的にし，かつ発酵を均一に行わせるために，間隙のないように均一に詰め込む．その後，押しぶたをして重石を載せる．重石は容器内の水分の均一化と正常な発酵を維持するために用いられる．味噌の発酵管理は品温調節と切返しによって行う．

甘味噌は，微生物による発酵作用を必要とせず，麹の酵素作用のみによる．このため甘味噌では熱仕込みといって，酵素作用のみに適した55～60℃の高温をとる．しかし，そのほかの味噌では，30～35℃に品温を維持して耐塩性微生物による発酵を促進し，そのあと20℃くらいに品温を下げて後熟を図る．切返しは仕込み容器内の成分の不均一を是正し，酸素の供給によって酵母の生育を促進するために行うもので，仕込み中に少なくとも1回実施する．

熟成期間は味噌の種別によってかなり異なり，米甘味噌で5～20日，米辛口味噌で2～12カ月程度である．

熟成が終了した味噌は掘起こし（この操作を掘出しという），必要に応じて2種以上を混和し，そのまま粒味噌として製品とするか，チョッパーでこして，こし味噌として出荷する．

④各種味噌の製造法

麦味噌の製造は，精麦歩合として70%くらいの大豆もしくは裸麦を用いる．麦麹の造り方，仕込の方法は米味噌の場合に準じる．

一方，豆味噌の製造においては，原料大豆のすべてを麹にする．このため，大豆への吸水は少なめにして，蒸しあがりの大豆の水分を50%くらいに制限する．蒸煮大豆は熱いうちに味噌玉（通常直径

2cm くらい）に成型し，種付けして麹を造る．麹はローラーでつぶしてから食塩，種水とともに仕込む．

(3) 食　酢

食酢は，4 ～ 5% の酢酸を主成分とし，種々の有機酸，エキス分（アミノ酸，糖），エステル類などを含み，芳香と旨味を持った酸性調味料である．食酢は，製法や原料により，醸造酢，合成酢，混合酢に分類される．

a）原　料

醸造酢には，米，麦，穀類，酒粕などから作る穀物酢と，リンゴ，ブドウなどの果実から作る果実酢がある．

b）微生物

食酢の醸造に適した酢酸菌としては，*Acetobacter aceti*, *A. acetosum* などが知られている．

酢酸菌は，エチルアルコールをアルコール脱水素酵素により，アセトアルデヒドに変換後，水和アセトアルデヒドを経て，アルデヒド脱水素酵素により酢酸を生成する．

c）製造方法

日本で最も多く作られている粕酢は，醸造会社により製造されている．その製造方法は，新酒粕を 1 ～ 2 年冷暗所に貯蔵して糖類，有機酸類，可溶性窒素物などを酵素作用により増加させたものに，酒粕重量の 2 倍程度の水を加え，10 日程度発酵させる．その後ろ過し，ろ液を 70℃前後で殺菌する．この液に酢酸菌を加え，37℃前後で約 1 カ月間主発酵させた後，常温で 3 ～ 6 カ月間熟成させると粕酢ができる．粕酢は，約 4 ～ 5% の酢酸を含有する．

(4) 納　豆

納豆には糸引き納豆と塩納豆の区別があるが，ここでは一般的な糸引き納豆について述べる．

a）原　料

原料および原料処理納豆用の原料大豆としては，一般に炭水化物含量の多い小粒大豆が好んで用いられる．

b）微生物

糸引き納豆の歴史は古く，かつては煮豆をわらづとに包んで暖かい所に保ち，わらに付着している納豆菌が自然に繁殖して糸を引くようになるのを待った．

納豆生産菌の研究は，我が国で 19 世紀末に開始され，純粋に分離した細菌についての研究の結果，1905 年沢村真はこれを新種として，*Bacillus natto* Sawamura の学名を与えた．納豆菌と称されたこの菌は，長さ 2 ～ 3μm の棒状で，運動性があり，細胞の中央に耐熱性の胞子を形成する，グラム染色は陽性で，極めて好気的である．普通寒天培地上で，乾燥した粉をふいたような淡褐色のコロニーを形成する．現在，納豆菌は *B. subtilis* に分類されているが，ビタミンの一種であるビオチンを生育に必要とするなど，*B. subtilis* の一般的な生理的性質とは異なる持徴を持つ．

稲わら，穀物など広く天然に分布している納豆菌は，その胞子の耐熱性が著しく高いことを利用し，試料を水とともに煮沸して共存する他の大部分の微生物を死滅させることによって，容易に純粋に分離することができる.

c）製造法

①原料処理

大豆は入念に精選して爽雑物や損傷した粒を完全に除き水洗する．次いで，水に浸漬して，大豆の重量が浸漬前の 2.0 ～ 2.3 倍になるまで吸水させ，水切り後，蒸煮缶内で加圧蒸煮を行う．蒸煮条件は普通，1.0 ～ 1.5kg/cm^2 で 20 ～ 30 分程度である.

②発　酵

蒸煮缶から取り出した蒸煮大豆は，品温が 80 ～ 90℃の熱いうちに，納豆菌胞子の懸濁液を噴霧して均一に混合，接種した大豆の品温が 50℃以下に下がらないうちに，直ちに容器に充填包装する.

充填・包装が終わった容器は，温度・湿度の調節が可能な発酵室へ移す．発酵室の温度を 35 ～ 40℃に保持すると，胞子は発芽し，納豆菌の増殖とともに発熱する．品温を 50℃くらいに保つと，納豆特有の風味と粘性物が生成する．主発酵時間は約 16 時間である．このあと室温まで冷却して数時間保ち後熟を行う.

納豆は無塩の発酵食品であり，火入れのような殺菌工程を持たないため，品質の劣化が速い．このため，冷蔵庫に一晩保管し，品温を 5℃以下に下げてから出荷する.

納豆菌には特有なファージがあり，製造工程でこれに汚染されないよう，発酵室や使用器具は十分に殺菌することが必要である.

納豆の品質は，その風味とともに特徴的な粘質物の量と質により大きな影響を受ける．この粘質物の粘性の主体は，納豆菌の生産する γ -グルタミルトランスペプチダーゼの作用によって作られる γ -ポリグルタミン酸である.

納豆菌はプラスミドを保有し，γ -グルタミルトランスペプチダーゼの遺伝子はそのプラスミド上に存在する．アジア各地に糸引き納豆を食べる習慣があるが，それぞれの納豆菌のプラスミドや遺伝子を解析した結果，納豆の起源や伝搬経路が推定されている.

4-1-4　乳製品

（1）チーズ

チーズ（cheese）は，乳を原料とした乳酸発酵食品の中で最も代表的なものであり，その製造方法，原料，熟成に関与する微生物の違いにより多くの種類がある．チーズは，乳に乳酸菌およびレンネット（凝乳酵素製剤）を添加してできる凝乳（カード）から乳清（ホエー）を除き，型に入れて一定期間熟成させたナチュラルチーズと，複数のナチュラルチーズを混合・粉砕し，乳化剤を加えて加熱・溶解して成型したプロセスチーズとに大別される.

a）原料および微生物

チーズの原料には，主に牛や山羊の乳が用いられる.

チーズの製造に用いられる微生物の培養物をチーズスターターという．これには，乳酸菌，プロピオン酸菌，アオカビなどを単独あるいは混合して使用する．乳酸菌は乳酸の生成を目的として使用され，生酸速度が速く低温でも発育のよい *Lactococcus lactis, Streptococcus cremoris* が代表的である．スイスチーズなど高温で発酵するものには *S. thermophilus, Lactobacillus bulgaricus* などがある．エメンタールチーズではプロピオン酸菌（*Propionibacterium shermanii*）の作用によってチーズ内部にプロピオン酸，酢酸，炭酸ガスが生成し，チーズに独特の風味とガスによる特有の穴（チーズの目）が形成される．ロックフォルチーズの製造には，粉砕したカードに*Penicillium roqueforti*の固体培養物を加えて型詰めし熟成させる．本菌が増殖するとチーズ内部に青緑紋ができ，生成する脂肪酸，ケトン類により特有の刺激臭と風味が形成される．カマンベールチーズは，チーズ表面に*P. camemberti*が繁殖して白色を呈している．

レンネットは，子ウシの第4胃から分泌される凝乳酵素レンニンを含む酵素製剤であり，生後2～5週間の子ウシの胃から食塩水およびアルコールによって抽出される．レンニンはタンパク質分解作用よりも凝固作用が大きく，これにより牛乳中のカゼインがカードとなって凝固し分離してくる．近年，子ウシレンネットの代わりに*Mucor pusillus, M. miehei*などのカビが生産する微生物レンネットや，遺伝子組換えにより大腸菌で生産した組換えレンネットも使用されている．

b）製造工程

原料乳（全乳または脱脂乳を脂肪3.25%，酸度0.15%に調整した調整乳）を62～63℃で30分間または71～75℃で15分間殺菌し，冷却後1～1.5%量の乳酸菌スターターを加え，30℃で1.5～2時間発酵させる．酸度が約0.2%に達したとき，レンネットを添加して緩やかに撹拌してカゼインを凝固させる．凝固したカゼインカードを細断し，撹拌しながら40～43℃に加温するとカード粒子が収縮しホエーの排出が促進される．カード粒を適当な大きさに切断して堆積し，十分にホエーを排出させる（チェダリング）．酸度が当初の5倍程度になったらカードを粉砕して2%の食塩を加え撹拌する．

チーズの種類によっては，圧搾したカードを食塩水に浸漬して加塩する．このようにしてできた生チーズは風味に乏しいので，5～15℃で一定期間熟成させ，特徴ある風味，外観，組織を形成させたのち製品とする．チーズの主成分であるタンパク質は，熟成過程中レンニンと乳酸菌そのほかの微生物酵素によって分解され，ペプチド，アミノ酸，有機酸，エステルなどに変化し，これらがチーズ独特の風味を形成する．プロセスチーズは，2種類以上のチーズ（チェダー，ゴーダ，エダム，エメンタールなど）を熟度に応じて適宜混合し，切断，粉砕したのち乳化剤，香辛料，調味料，着色料などを加えて加熱・溶解し，成型，包装して製品としたものである．我が国で消費されるチーズの大部分はプロセスチーズである．

(2) 乳酸発酵食品

発酵乳（fermented milk）は，乳またはこれと同等以上の無脂乳固形分を含む原料乳を乳酸菌または酵母で発酵させ，糊状あるいは液状にしたもの，またはこれらを凍結したものと定められている．製品は無脂乳固形分8%以上，乳酸菌の生菌数1,000万個/mℓ以上を含んでおり，ヨーグルトがその代表的なものである．乳酸菌飲料は，乳または脱脂乳を乳酸菌または酵母で発酵させ，砂糖，香料そのほかの副原料を混合・均質化した加工飲料である．無脂乳固形分を3%以上含む液状ヨーグルトタイプと，同成分3%未満のジュースタイプがある．前者には生菌を含むものと殺菌した製品とがあり，後者は100万個/mℓ以上の生きた乳酸菌を含んでいる．

①ヨーグルト

ヨーグルト（yogurt）はブルガリアやコーカサス地方で古くから製造されていた発酵乳で，生きた乳酸菌を多数含み，整腸作用があるといわれている．約2/3に濃縮した脱脂乳か，脱脂乳に5～6%の脱脂粉乳や練乳を加えたものに8～9%の砂糖と適量の香料を添加して加熱溶解し，70～80℃で30分間殺菌したのち40～45℃に冷却してからスターターを接種し，容器に詰めて発酵させる，酸度が0.7～0.8%に達した時点で発酵を終了し，冷却して製品とする．スターターとして，*Lactococcus lactis, Streptococcus thermophilus, S. cremoris, Lactobacillus bulgaricus*などの乳酸菌を2種以上混合したものが使用される．発酵原料として砂糖のほかに寒天，ゼラチンなどの凝固剤や乳化剤を添加する場合もある．また，砂糖や香料などを全く使用せず，乳原料だけを発酵したプレーンヨーグルトや果肉・香料などを加えたソフトヨーグルト，飲料に適したドリンクヨーグルト，フローズンヨーグルトなど様々な製品が製造されている．

②乳酸菌飲料および酸乳飲料

乳酸菌飲料は脱脂乳を殺菌・冷却後，前述の乳酸菌スターターあるいは*Lac. acidophilus*を主体としたスターターを加えて40℃で発酵させる．酸度が1.5～2%に達したとき，冷却して凝固したカード（凝乳）を機械的に破砕し，これに砂糖，安定剤，香料などを加えて均質化して製品とする．殺菌した乳酸菌飲料として，我が国独持の乳酸飲料がある．脱脂乳を乳酸発酵させ，生成したカードを分散・均質化し，これに多量の砂糖を加えて加熱殺菌したのち，ろ過・冷却し，最後に香料を加えて製品とする．

4-1-5　サイクロアミロースと高分岐環状デキストリンの開発

食品業界は，伝統的なバイオテクノロジー技術を用いたものが多いが，新しいバイオテクノロジー技術を用いた新規商品の開発も行っている．食品業界の新規事業として江崎グリコの高分岐環状デキストリンの開発を紹介する．

デンプンは，貯蔵炭水化物として高等植物の種子，根茎などの貯蔵器官に多量に含まれる物質で，主に米，イモ類，およびトウモロコシなどから生産されている．これは食品成分として重要であるばかりではなく，製紙産業や繊維産業など工業的にも幅広く利用されている生物資源である，デンプンはグルコース単位でできており，枝分かれした構造を持つアミロペクチン（amylopectin）（約80%）と直鎖状の分子であるアミロース（amylose）（約20%）から成っている．アミロペクチンはグルコースがα-1, 4-グルコシド結合により単位鎖を形成し，さらにその単位鎖がα-1, 6-グルコシド結合でアミロースにつながって房状構造（クラスター）を形成している（図4-8）．

工業的利用を考えた場合，デンプンは溶解しにくく，また溶液の粘度が高いことや，いったん溶解させても保存中に短時間で老化（デンプンが固くなったり白濁したりする現象）するといった使用しにくい側面がある．そこで，工業的に処理を施し付加価値を付けたデキストリン（dextrin）を開発した．

デキストリンはデンプンを化学的，あるいは酵素的方法を用いて低分子化したものの総称で，希塩酸を用い短時間加熱して，低分子化した白色デキストリンの一種である可溶性デンプンは広く利用されている．

江崎グリコでは，デキストリンが溶液中で迅速に白濁すること（老化すること）や溶液の粘度が高く

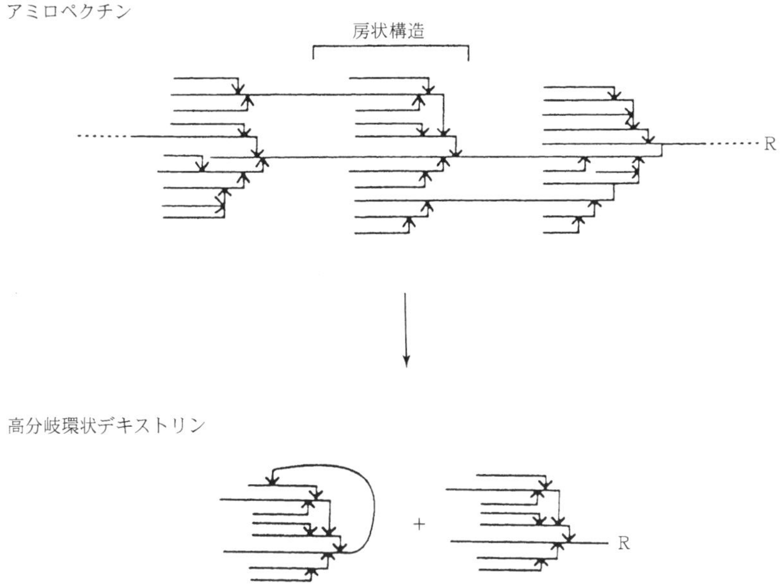

図4-8　アミロペクチンと高分岐環状デキストリン（江崎グリコ提供）
水平直線はグルコース残基がα-1，4結合でつながった単位鎖を示し，矢印はα-1，6結合を示す．還元末端はRで示す．

工業的に使用しにくい点を解決するため，新規のサイクロアミロースおよび高分岐環状デキストリンを研究・開発した．

これまでに，デンプンを利用して付加価値を付けた商品としてよく知られているものに，サイクロデキストリンがある．この物質は，重合度が6～8の環状α-1，4グルカンで，サイクロデキストリングルカノトランスフェラーゼ（CGTase）によって生成される．サイクロデキストリンは，疎水性空洞内に種々の物質を取り込んで，揮発性物質の安定化，難溶解性物質の乳化，不安定物質の酸化防止など，マイクロカプセルとして様々の分野で利用されている．

江崎グリコでは，食品分野に応用できる糖質関連商品の開発を目指し研究・開発を試みたところ，馬鈴薯塊茎由来D酵素がサイクロデキストリンよりも分子量の大きなアミロースを環状化させることを見いだした（サイクロアミロース）．この物質は，水に対する溶解度がアミロースやサイクロデキストリンよりも高く，水に溶解後も老化しないという新しい知見を得た．しかしながら，デンプンの有効利用や付加価値化を考えた場合，アミロースの利用とともに，デンプン中で80%を占める枝分かれしたアミロペクチンの使用は避けて通れない．そこで，江崎グリコはさらにアミロペクチンの環状化に取り組んだ．その結果，独自で開発

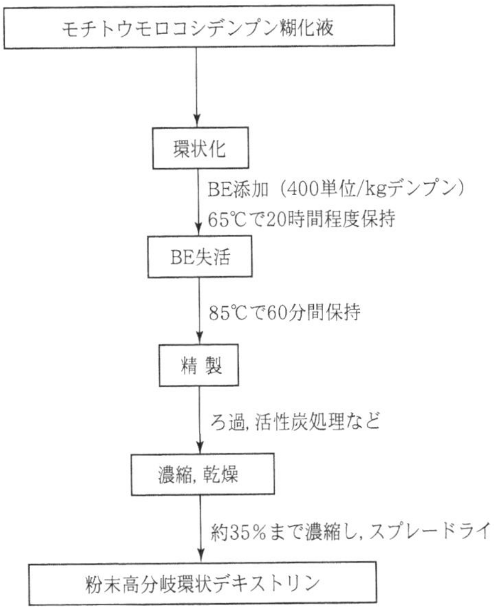

図4-9　高分岐環状デキストリン製造工程
（江崎グリコ提供）

した*Bacillus stearothermophilus* TRBE4 由来のブランチングエンザイムが，アミロペクチンを環状化することを見いだした（高分岐環状デキストリン）（図 4–8）.

この新規物質も先のサイクロアミロース同様，水への溶解性に優れ，溶解後も老化しなかった．このように両物質とも水への溶解性や老化しにくいという付加価値の高い物質で，デキストリンに代わり得る新たな糖質関連商品として期待されている．現在は，その工業化を目指し，図 4–9 に示すプロセスにより大量生産に着手している.

4–1–6　バイオ除草剤（ビアラホス）の開発

除草剤には，非選択的除草剤（non–selective herbicide）と選択的除草剤（selective herbicide）とがある．前者は鉄道線路や運動場，後者は水田や畑の雑草防除に使用されている．従来は，塩素酸ナトリウムや亜ヒ酸ナトリウムなどの無機化合物，2，4–ジクロロフェノキシ酢酸などの有機塩素系化合物などが用いられてきた．しかし，これらは毒性が強い上，残留性があることから，環境への影響が懸念されてきた．微生物には，非選択的に，あるいは選択的に植物の生育を抑制する物質を生産する株が存在する．これらは，土壌中で容易に代謝，分解され土壌残留性を示さない安全な除草剤となり得る．明治製菓は，*Streptomyces hygroscopicus* 由来の非選択的除草剤ビアラホスの商品化に成功している，ビアラホスの化学構造式を図 4–10 に示す．ここでは，ビアラホス開発過程を紹介する.

ビアラホス開発に際しては，開発当初から，培養プロセスおよびダウンストリームを含む生産プロセスを考慮しながら研究が進められた．ビアラホス生産野生株（*S. hygroscopicus* ATCC21750）の培養時におけるビアラホス生成の経時変化を図 4–11 に示す.

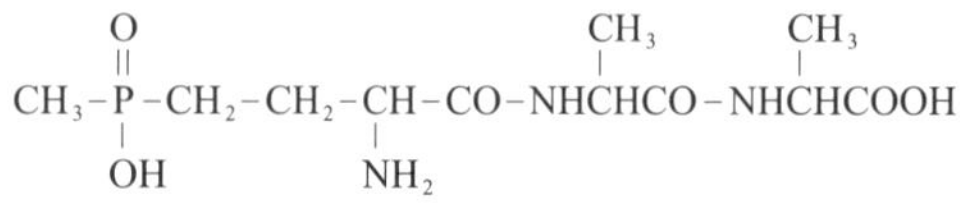

図 4–10　ビアラホスの構造式（明治製菓提供）

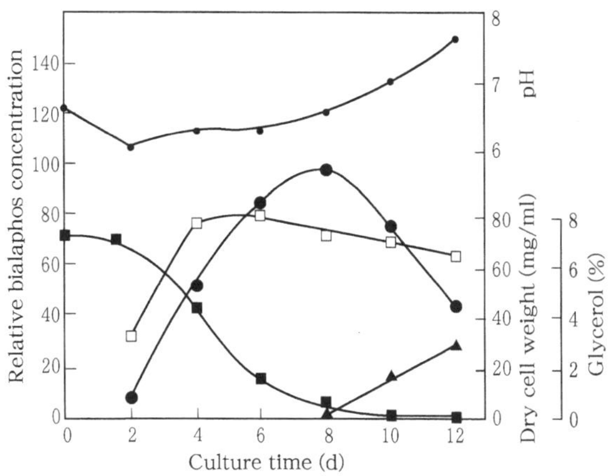

図 4–11　ビアラホス生産野生株培養時における生成ビアラホス濃度の経時変化（明治製菓提供）

グリセロール培地での *Streptomyces hygroscopicus* 培養を行った場合の関連物質濃度の経時変化.
●；ビアラホス，▲；AMPB（ビアラホス分解産物），
・；pH，□；乾燥菌体重量，■；グリセロール

野生株の培養には，高価なグリセロールを炭素源として必要とし，安価なグルコースに変更した場合では，ビアラホスの生成が見られなかった．これに反し，グリセロール消費速度は速く，菌体濃度も高くなる傾向を示した．すなわち，野生株は生産物蓄積に対する基質利用効率が低かった．これは，異化代謝産物抑制（catabolite repression）によるものと考えられた．つまり，培地に加えた炭素源によりビアラホス生合成に関わる酵素の抑制が考えられた．加えて，野生株は培養に伴う菌体量の増加が著しいことから，培地の粘性が高くなる傾向を示した．このため，培養に際しては，多量の酸素供給を必要とした．さらに，ビアラホス精製工程で必要となるろ過効率も悪いことなど，野生株には種々の問題点が挙げられた．そこで，野生株の育種に際

しては，これらの問題点をバランスよく克服する育種株の選別が試みられた．

変異株のうち，形成されるコロニーが小さい株では，単位細胞当たりのビアラホス生産性が高いことや，ろ過効率も良いことが分かった．また，野生株では培養後期，ビアラホスの分解副生成物（AMPB）濃度が増加することから，生成されたビアラホスの分解を生じることが明らかになった．そこで育種に際しては，コロニーが小さく，さらにビアラホス生産能の高い株を選択した．育種株の選別に際しては，ビアラホス感受性株*Proteus* sp. MB-838を用いた．MB-838株を植菌したプレート上に，寒天培地に形成された変異株コロニーを打ち抜いた寒天を置き，静置培養を行った．培養後形成されたMB-838株の阻止円面積を比較することによりビアラホス生産能を調べた（アガー・ピース法）．育種株によるMB-838株阻止円形成の様子を図4-12に示す．

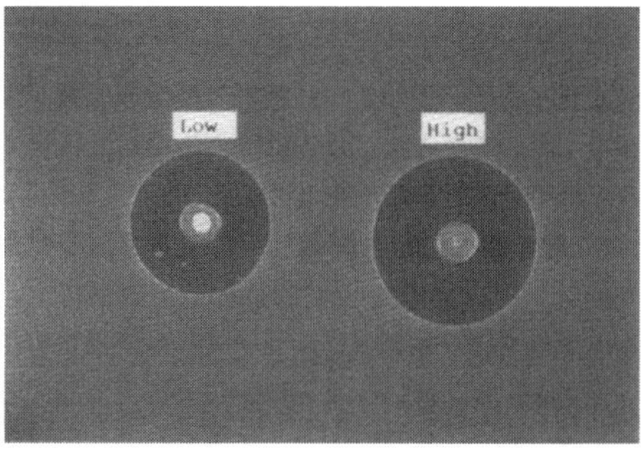

図4-12　変異株によるビアラホス感受性株の生育阻止円（明治製菓提供）
右側のコロニーは，左側のコロニーに比較し阻止円面積が拡大している．

右株の形成するコロニーは，左のものより小さく，また左株より阻止円面積が大きい．育種株の選別に際しては，グルコース異化代謝産物抑制が解除された株の選別についても行った．選別は次のようにして行った．グルコースを炭素源とする培地に生育し，かつ小さいコロニーを形成し，MB-838株生育阻止円面積の大きい株を選別することとした．加えて，野生株では，培養後期にビアラホスの分解を生じることから，ビアラホスの分解を生じやすい条件（培地に塩化カルシウムを添加）を利用し，ビアラホス低分解株についても選別を行った．これらの育種過程で選別された優良株について，パイロットタンク培養を行った結果を表4-7に示す．

表4-7　野生株とビアラホス生産に関する生物工学的要素の比較（明治製菓提供）

性　質	野生株	高生産性変異株（527-1）
相対生成物濃度	1	500 ～ 600
炭素源	グリセロール	グルコース
酸素供給（k_La）	200h^{-1}	50 ～ 100h^{-1}
ろ過	20 ℓ/h/m^2	410 ℓ/h/m^2

市販培地を用いた600 ℓ ジャーにおける実験

この育種操作により，安価なグルコースを炭素源として，野生株より500 ～ 600倍高いビアラホス生産能を有する株が得られた．さらに選別された株では，ろ過速度が20倍に向上した．

次に，育種されたビアラホス生産株を用いて，工業化を目指しスケール・アップを行った．スケール・アップ基準には，一般に酸素移動容量係数（k_La）や単位液量当たりの撹拌消費動力（P/V）が用いられる．そこで，34 ℓ ジャーから2kℓ 槽へのスケール・アップはk_Laを指標に，2kℓ 槽から10kℓ 槽へのスケール・アップは単位動力当たりのP/Vを指標として実験を行った．結果を図4-13に示す．

この結果，3 ℓ ジャーにおける生成ビアラホス濃度を100%とした相対濃度で，培養スケールの増加とともにビアラホス濃度が減少し，300kℓ 槽では3 ℓ ジャーを用いた場合の50%程度にまで減少した．

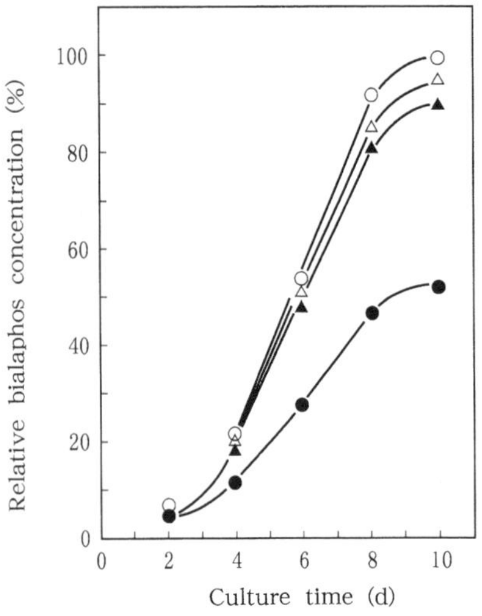

図 4-13　k_La または P/V を一定とした種々のスケールでのジャーファーメンターにおけるビアラホス濃度の経時変化（明治製菓提供）
Symbols: ○, V = 2.5kW/kℓ；△, 2kℓ（200rpm, k_La = 135h−1, Pg/V = 2.5kW/kℓ）；▲, 10kℓ（170rpm, Pg/V = 2.5kW/kℓ）；●, 300kl（95rpm, Pg/V = 2.5kW/kℓ）

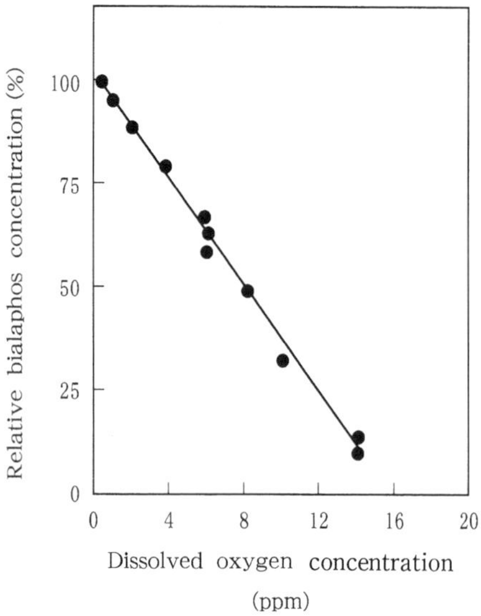

図 4-14　ビアラホス生成濃度と溶存酸素濃度（DO）との関係（明治製菓提供）

このことから，k_La や単位液量当たりの P/V などの酸素供給以外の因子がスケール・アップに関与することが分かった．ビアラホス生産のスケール・アップに関与する因子としては，圧力，炭酸ガス濃度，溶存酸素濃度が考えられた．そこで，ビアラホス生成濃度と溶存酸素濃度との関係を調べた．結果を図 4-14 に示す．

ビアラホス生成濃度と溶存酸素濃度との間には負の相関があり，最大生産を与える溶存酸素濃度は 0.5ppm であることが明らかになった．300kℓ 槽の深部に DO センサーを設置し，深部溶存酸素濃度を 0.5ppm に制御した結果，小型槽の 96％の生産濃度が得られた．これらの成果により，ビアラホス工業生産が実用化した．

4-2　医薬品

4-2-1　医薬品業界

医薬品業界は，約 1,300 もの企業がひしめいている業界である．しかしその多くのメーカーは，医薬品の原末を購入し，製剤加工する中小メーカーである．最近では，医薬事業の収益性の良さから，化学，食品，繊維といった他業種からの参入が多い．協和発酵，明治製菓，旭化成工業，帝人，日本化薬，キリンビール，ライオンなどの企業は，医薬品の売上高が既に 100 億円を超え，専業メーカーと変わらぬ自社の販売網を有している企業も多い．医薬品業界の主要な企業を表 4-8 に示す．

日本の医薬市場は世界第 2 位であり（2010 年），欧米の製薬企業の多くが日本に進出している．外資系企業は，進出当初には本国から製品を輸入し日本の製薬企業に販売を委託していたが，現在は有力企業を中心に日本国内で研究・生産・物流までの一貫した体制が整備されつつある．一方，薬事行政にお

表 4-8　製薬業界の主要企業（1998 年調べ）

企業名	資本金	売上高	従業員数（人）
武田薬品工業	586 億 6600 万円	6400 億 9400 万円	9831
三共	552 億 0300 万円	4625 億 5100 万円	6807
山之内製薬	740 億 8500 万円	3177 億 8000 万円	3929
エーザイ	448 億 5200 万円	2586 億 5500 万円	4372
大正製薬	298 億 0400 万円	2400 億 0900 万円	4733
第一製薬	302 億 5700 万円	2325 億 6400 万円	3924
藤沢薬品工業	306 億 9700 万円	2151 億 6200 万円	5144
塩野義製薬	212 億 7900 万円	2116 億 7900 万円	6264
田辺製薬	342 億 5000 万円	1819 億 7500 万円	4421
中外製薬	211 億 8100 万円	1641 億 0200 万円	3709
萬有製薬	443 億 2900 万円	1395 億 8800 万円	3190
大日本製薬	134 億 4200 万円	1375 億 9500 万円	2679
テルモ	294 億 1600 万円	1226 億 3000 万円	4000
小野薬品工業	173 億 5700 万円	1213 億 4500 万円	2113
吉富製薬	213 億 8000 万円	1091 億 6900 万円	3743
ツムラ	193 億 8700 万円	827 億 2500 万円	3113
参天製薬	61 億 8000 万円	731 億 1300 万円	1608
持田製薬	72 億 290 万円	664 億 1100 万円	2131
科研製薬	159 億 2300 万円	635 億 1900 万円	1867
日研化学	67 億 7500 万円	579 億 1000 万円	1212
エスエス製薬	98 億 3200 万円	547 億 6000 万円	1780
キッセイ薬品工業	242 億 1900 万円	535 億 2400 万円	1492
日本新薬	51 億 7400 万円	482 億 0100 万円	1860
久光製薬	81 億 2100 万円	468 億 5700 万円	985
扶桑薬品工業	107 億 5800 万円	437 億 7000 万円	1416
東京田辺製薬	77 億 5400 万円	434 億 1300 万円	1429
富山化学工業	120 億 3700 万円	404 億 1900 万円	1973
ロート製薬	31 億 1400 万円	399 億 2600 万円	627
鳥居薬品	51 億 9000 万円	380 億 1400 万円	904
富士レビオ	37 億 1200 万円	246 億 3800 万円	929
帝国臓器製薬	11 億 9700 万円	229 億 2200 万円	1041

（2012 年調べ）

企業名	資本金	売上高	従業員数（人）	年収（万円）
武田薬品工業	635 億 4100 万円	1 兆 5089 億 3200 万円	（連）30305	924（38.7 歳）
アステラス製薬	1030 億 0000 万円	9693 億 8700 万円	（連）17085	1001（40.7 歳）
第一三共	500 億 0000 万円	9386 億 7700 万円	（連）31929	974（40.4 歳）
エーザイ	449 億 8500 万円	6479 億 7600 万円	（連）10730	1093（42.1 歳）
田辺三菱製薬	500 億 0000 万円	4071 億 5600 万円	（連）9180	878（43.3 歳）
テルモ	387 億 1600 万円	3866 億 8600 万円	（連）18112	685（39.8 歳）
中外製薬（ロッシュグループ入り）	729 億 6600 万円	3735 億 1600 万円	（連）6760	886（40.6 歳）
大日本住友製薬	224 億 0000 万円	3503 億 9500 万円	（連）7601	839（40.9 歳）
大正製薬ホールディングス（旧大正製薬）	300 億 0000 万円	2712 億 3000 万円	（連）6003	775（41.1 歳）
塩野義製薬	212 億 7900 万円	2672 億 7500 万円	（連）6132	845（40.3 歳）
小野薬品工業	173 億 5800 万円	1457 億 7800 万円	（連）2754	859（39.8 歳）
久光製薬	84 億 7300 万円	1377 億 9400 万円	（連）2718	637（35.4 歳）
小林製薬	34 億 5000 万円	1311 億 6600 万円	（連）2414	657（39.4 歳）
ロート製薬	64 億 0500 万円	1202 億 9200 万円	（連）5347	620（37.0 歳）
参天製薬	66 億 9400 万円	1144 億 1600 万円	（連）3053	739（40.4 歳）
ツムラ	194 億 8700 万円	954 億 5000 万円	（連）2784	822（42.6 歳）

企業名	資本金	売上高	従業員数（人）	年収（万円）
科研製薬	238億5300万円	879億9700万円	（連）1668	757（41.7歳）
持田製薬	72億2900万円	862億0500万円	（連）1730	826（41.5歳）
日本新薬	51億7400万円	673億0400万円	（連）1823	761（40.6歳）
キッセイ薬品工業	243億5600万円	646億1800万円	（連）1893	742（38.2歳）
ゼリア新薬工業	65億9300万円	531億6900万円	（連）1297	702（42.0歳）
鳥居薬品	51億9000万円	487億1700万円	927	720（39.1歳）
扶桑薬品工業	107億5800万円	443億5800万円	（連）1372	564（38.6歳）

エスエス製薬（ベーリンガー傘下へ移行）
藤沢薬品工業（アステラス製薬傘下へ移行）
第一製薬（第一三共へ移行）
三菱ウェルファーマ（田辺三菱製薬へ移行）
田辺製薬（田辺三菱製薬へ移行）
吉冨製薬（三菱ウェルファーマ傘下へ移行）
東京田辺製薬（三菱ウェルファーマ傘下へ移行）
興和創薬（興和傘下へ移行）
富山化学工業（富士フィルムホールディングス傘下へ移行）
MSD（旧萬有製薬）（米国メルク社傘下へ移行）

いては，薬価の切り下げが行われ，また米国で開発されたバイアグラが異例の速さで承認され話題となった．今後は，規制緩和により海外での治験データのみでも（国内の十分な治験データがなくても）医薬品の承認が行われるようになるであろうし，医薬品許認可基準が国際的に統一される方向にあると予想される．また欧米では，医薬品の研究開発（特に先端技術を用いるもの）を専門に行うベンチャー企業もたくさんあり，欧米の大手製薬企業は研究開発部門の一部をそのようなベンチャー企業に委託する傾向にある．

1999年10月に発表された三菱化学と東京田辺製薬の合併を皮切りに，医薬品業界の再編は加速した．表4-8を見れば，1998年の国内製薬企業が2012年にはずいぶん変わっていることが見て取れる．

現在医薬品の開発は，コストや労力の点から化学合成によって行われることが主流であるが，ここでは天然物や遺伝子工学を用いるようなバイオテクノロジー関連のものを中心に紹介する．

4-2-2　抗生物質

ほんの数十年前まで，人類は様々な感染症に怯えていた．感染症の病原体としては，ウイルス，細菌，真菌，寄生虫などがあるが，細菌が体の中に侵入することによって引き起こされる病気を細菌感染症という．細菌感染症には，結核，ペスト，コレラ，チフス，ジフテリア，梅毒，淋病，癩（らい）病，破傷風など難治なものや致死率の高い重篤なものが多い．過去の歴史において感染症は死因の上位を占めており，感染症を患うとそれは死と背中合わせであるということを意味していた．このような感染症の治療において，植物抽出物などを薬として用いるものはあったが，いわゆる特効薬というべきものはほとんどなかった．

感染症に対して効果のある薬の本格的な開発は，1906年ゲオルグ・スペイヤー・ハウス（George Speyer House: 世界初の化学療法研究所）の設立とともに始まったといえる．初代所長のエルリッヒ（Paul Ehrlich, 1854–1915）たちによって合成されたサルバルサン（salvarsan，図4–15）は，回帰熱や梅毒に有効で，梅毒の特効薬ともいわれていた．その後各地で抗菌剤の研究が行われ，サルファミンの抗菌力が見いだされてから，多くのスルフォンアミド誘導体すなわちサルファ（sulfa）剤が合成され

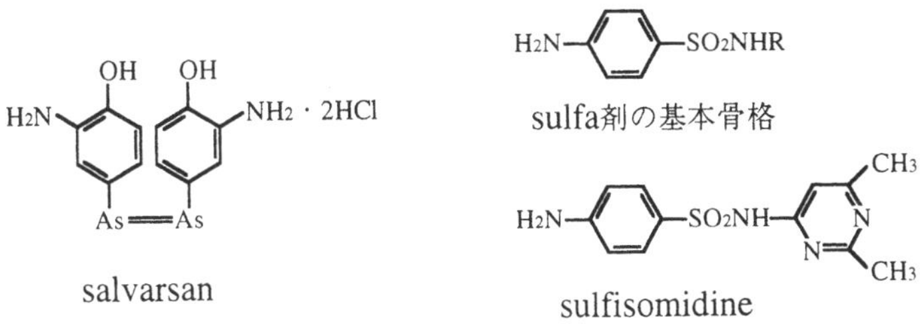

図 4-15　初期の化学療法剤サルバルサンとサルファ剤の１つスルフィソミジンの構造

た（図 4-15）．こうして薬を用いた感染症治療すなわち化学療法（chemotherapy）が本格的に始まったが，以下に紹介する抗生物質の発見によって感染症治療は大きく進歩した．

（1）ペニシリン，ストレプトマイシンの発見と抗生物質工業

1928 年，フレミング（Alexander Fleming, 1881–1955）が発見したペニシリン（penicillin）は，最初の抗生物質である．フレミングは，ブドウ球菌を培養しているとき，偶然混入した青カビ（*Penicillium notatum*）の周りではブドウ球菌が生育していないことを発見した．微生物の純粋培養では，別の微生物が混入すること（コンタミネーション，contamination，という）は失敗であるが，フレミングは重要な現象を見逃さなかった．

彼は，青カビがブドウ球菌の生育を阻止する物質を生産しているのではないかと考えて研究を進め，青カビの培養液の上清にブドウ球菌やジフテリア菌など種々の細菌の生育を阻止する物質があることを見いだした．彼は，その物質を青カビの学名にちなんでペニシリンと命名し，1929 年英国の病理学雑誌に発表した．しかしこの時点では，この偉大な発見はほとんど関心を寄せられなかった．その後，1938 年から米国のフローリー（Howard Walter Florey，1898–1968）とチェーン（Ernest Boris Chain, 1906–1979）たちのグループは，ペニシリンを含む微生物が作る抗菌物質の研究を開始し，フレミングが発見した青カビより生産能の高い菌（*P. chrysogenum*）を分離した．さらに本菌の高生産変異株を取得し，大規模な培養による大量生産を行い，1940 年にはほぼ純粋なペニシリンが得られていた．1941 年から戦傷患者などへの臨床試験が開始された．

当時の英国首相チャーチルが重篤な肺炎を起こしていたが，ペニシリンの投与で劇的に回復したことでペニシリンの名を一躍有名にした．フローリーらの業績はペニシリンの再発見といわれ，生産菌の育種や大量培養など以後の抗生物質工業の基礎となるものが含まれていた．フローリーとチェーンは，この業績によりフレミングとともに 1945 年にノーベル賞を受賞した．日本でも 1944 年頃からペニシリンの研究を行っていた．当時ペニシリンのことを碧素（へきそ）と呼び，陸軍の要請で碧素委員会が組織されたが，敗戦によって研究の中断を余儀なくされた．しかし，これが戦後の日本の抗生物質工業発展の礎となった．

ペニシリンの研究（再発見）に触発されたかのように，この時期（1932 ～ 1941 年）幾つかの抗菌性物質が，カビやグラム陽性細菌から発見された．米国の細菌学者ワックスマン（Selman Abraham Waksman, 1888–1973）は，研究していた放線菌（原核生物）がカビによく似た形態をしていることやグラム陽性細菌からも抗菌物質が発見されたことから，放線菌の抗菌物質生産性を系統的に調べた．

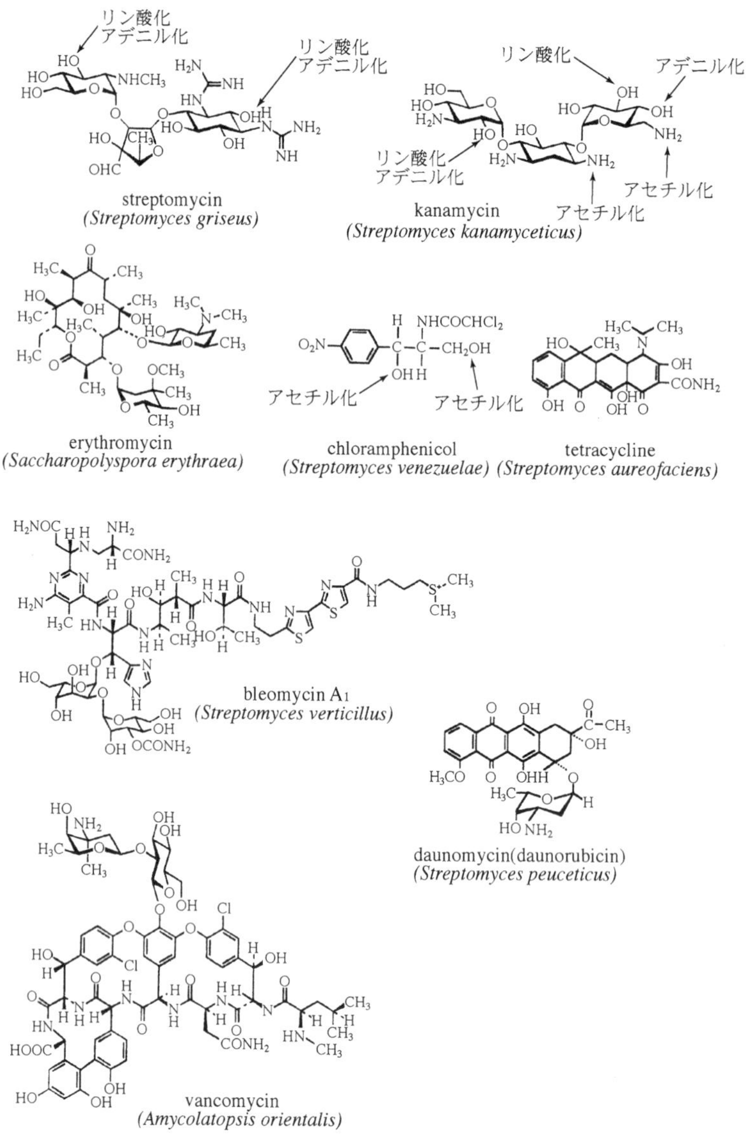

図 4-16　医薬品として使用される抗生物質の構造
医薬品として使用される代表的な抗生物質の構造を示す．各抗生物質名の下にその生産菌を示す．ここに挙げたものは，すべて放線菌によって生産されるものである．また耐性菌の不活性化酵素によって修飾される部位は矢印で示す．

ワックスマンは, 1940 年アクチノマイシン（actinomycin), 1942 年ストレプトスリシン（streptothricin), 1944 年ストレプトマイシン（streptomycin）を発見した．特に *Streptomyces griseus* の生産するストレプトマイシン（図 4-16）は，結核の特効薬として注目され，この功績によりワックスマンは 1952 年にノーベル賞を受賞した．以後，様々な抗微生物物質が放線菌を中心に発見された．抗生物質（antibiotics）という名称はワックスマンが用いたもので，微生物の生育を阻止する物質のうち微生物によって作られるものが抗生物質と定義された（1942 年）．その後多くの抗生物質の探索（スクリーニング, screening）が行われ，約 1 万種もの抗生物質が報告されているが，そのうち医薬品・農薬として使用されているものは約100種程度である．新たな物質が発見されるにつれ活性の標的も多様になり，抗細菌・抗真菌活性だけでなく，抗ウイルス活性や抗腫瘍活性の認められる物質および，種々の酵素阻害剤などが発見されるに至った．必然的に抗生物質の定義は拡大され，微生物によって作られる微生物その他の生活細胞の生育（機能）を阻害する物質と解釈されるようになった．以下に代表的な抗生物質を紹介する．

①β-ラクタム（β-lactam）系

ペニシリン，セファロスポリン（cephalosporin）類のβ-ラクタム環を基本骨格（表4-9）に持つ抗生物質で，細菌の細胞壁（ペプチドグリカン）の合成を阻害する．

②アミノグリコシド（aminoglycoside）系

ストレプトマイシン（図4-16），カナマイシン（kanamycin，図4-16），ゲンタミシン（gentamicin）など，アミノ糖（aminocyclitol）および中性糖を基本骨格に持つ抗生物質で，アミノ配糖体抗生物質ともいう．これらは，細菌のタンパク質合成（翻訳）を阻害するものが多い．

③クロラムフェニコール（chloramphenicol）系

クロラムフェニコール（図4-16）は，クロロマイセチンとも呼ばれた抗生物質で，細菌のタンパク質合成を阻害する．

④テトラサイクリン（tetracycline）系

テトラサイクリン環を基本骨格に持つ広域抗生物質（図4-16）で，細菌のタンパク質合成を阻害する．

⑤マクロライド（macrolide）系

12，14，16員環などの大環ラクトンを基本骨格に持つ抗生物質で，細菌のタンパク質合成を阻害する．14員環のエリスロマイシン（erythromycin，図4-16）などが代表．

⑥ポリエン（polyene）系

4～7個の共役二重結合を含む多員環ラクトンを基本骨格に持つ抗生物質で，抗真菌性のものが多く含まれる．物質の透過などの細胞膜障害を起こすものが多い．4個の共役二重結合を含むナイスタチン（nystatin）などが代表．

⑦ポリエーテル（polyether）系

複数の含酸素飽和5員環および6員環（エーテル環）を分子内に持つオキシモノカルボン酸（またはテトロン酸）の抗生物質で，抗真菌性のものが多く含まれる．細胞膜のイオン透過に影響を及ぼす現象であるイオノフォア（ionophore）を引き起こすものが多い．

⑧ペプチド（peptide）系

ペプチド結合を持つ抗生物質で，D型アミノ酸などの珍しいアミノ酸を含むものが多い．作用機作も多様で，抗菌性のみならず抗腫瘍性を示す物質もある．

⑨ヌクレオシド（nucleoside）系

ヌクレオシドあるいはそのアナログ（analog，構造類似物）を含む抗生物質で，生物活性や作用機作も多様である．イネのイモチ病に有効なブラスチシジンS（blasticidin S）などが含まれる．

⑩アンスラサイクリン（anthracycline）系

アンスラサイクリノン（anthracyclinone）を基本骨格に持つ抗生物質で，抗腫瘍活性を示すものが多い．抗ガン抗生物質として有名なアドリアマイシン（adriamycin, ADM），ダウノルビシン（daunorubicin, DNR, 図 4–16），アクラシノマイシン A（aclacinomycin A, ACM）などは，2 本鎖DNAの間に入り込み，DNA 合成（複製）やRNA 合成（転写）を阻害する．

⑪アンサマイシン（ansamycin）系

脂肪族アンサ（ansa）架橋された芳香環を基本骨格に持つ抗生物質で，ストレプトマイシンやカナマイシンに代わる抗結核治療薬として有名なリファマイシン（rifamycin），リファンピシン（rifampicin）などが含まれる．リファマイシンなどは，細菌のRNAポリメラーゼに作用し転写を阻害する．

⑫その他

上記のグループに分類されない有名な抗生物質として，抗腫瘍抗生物質であるブレオマイシン（bleomycin，図 4–16）やマイトマイシン C（mitomycin C）など，細菌の細胞壁合成阻害剤バンコマイシン（vancomycin，図 4–16）などがある．

以上のように，化学構造，生物活性，作用機序など多様な物質が発見されている．放線菌とカビが抗生物質の主な生産菌であるが，放線菌以外の細菌など由来の物質も少なからず報告されている．ペニシリンやセファロスポリンは，初めカビから発見されたが，放線菌からも類似物が発見されており，既知物質の 7 割が放線菌から発見されている．最近では，カビからの新規物質の報告も次第に増加している．今後の探索研究により新規の微生物から有用物質が発見されることも期待される．

医薬品などの開発には，天然物質の探索だけでなく，天然物質を化学修飾する方法も用いられ，先に紹介した抗生物質のほとんどは誘導体が作製されている．その目的は，①抗菌スペクトルの拡張あるいは微弱な活性の強化，②耐性菌対策，③副作用の軽減，④新規活性の発現などである．特に①と②の目的のため，多くの抗生物質誘導体（半合成抗生物質）が作製されている．その代表例は，β–ラクタム系抗生物質の改良である．

β–ラクタム系抗生物質は，細菌の細胞壁（ペプチドグリカン）合成を阻害することによって増殖を阻害する物質であるから，細菌だけに効果のある選択毒性の高い抗生物質である．したがって，副作用などの点で優れており，臨床的には最もよく使用される抗生物質群である．しかし，天然のペニシリンGはグラム陽性菌にはよく効くが，グラム陰性菌では外膜の透過性に問題があり効果が弱い欠点がある．そのような欠点を改良するため，種々の誘導体が作製されるようになった．β–ラクタム系抗生物質誘導体は，天然のペニシリン（G，V）の側鎖を除いた 6–APA（6–amino–penicillanic acid）や，セファロスポリン C の側鎖を除いた 7–ACA（7–amino–cephalosporanic acid）を母核として，種々の化学構造を持つ側鎖を導入して作られる．6–APA を母核とするものをペナム（penam）系，7–ACA を母核とするものをセフェム（cephem）系抗生物質と呼ぶ．このほか新規なβ–ラクタム骨格を有する物質が発見され，それらを母核にした誘導体（ペネム；penem，カルバペネム：carbapenem，カルバセフェム；carbacephem，オキサセフェム；oxacephem，モノバクタム；monobactam）も多く作られている，β–ラクタム系の半合成抗生物質を作るのに重要な 6–APA と 7–ACA の工業的製造は，それぞれ天然のペニシリンやセファロスポリンから化学分解あるいは酵素分解による方法で行われている．化学分解による方法の紹介は割愛するが，図 4–17 に酵素による製造法を示す．そのほか，ペニシリンのβ–ラクタ

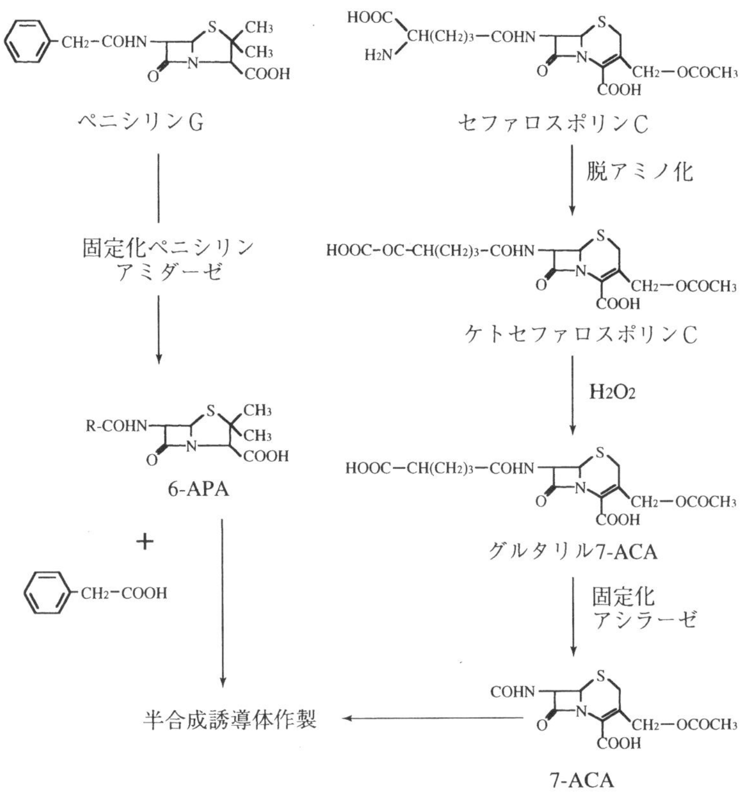

図4-17　酵素法による6-APAと7-ACAの製造法

ム環の5員環部分を化学的に拡張し，セフェム系物質に変換する方法も考案されている．表4-9に代表的なものを示すが，これまで種々の半合成β-ラクタム抗生物質が医薬品として生産されている．アンピシリン（ampicillin）などは外膜透過性を向上しグラム陰性細菌によく効くように改良されたものであり，メチシリン（methicillin）などは耐性菌対策で作られたものである．

（2）耐性菌との戦い

化学療法剤を使用していると，必ずといって良いほど耐性菌が出現する．耐性菌出現の主要なメカニズムは以下の3つが知られている．

①分解または修飾による薬剤の不活性化

②作用点の変化による耐性化

③膜透過の低下あるいは排出能の増加などによる作用点の薬剤濃度の減少

ペニシリンの場合，β-ラクタム環を開環して不活性化（分解）する酵素β-ラクタマーゼ（β-1actamase，ペニシリナーゼ：penicillinaseともいう）を持つ耐性菌が多く出現する（1のケース）．そこで，かさ高い側鎖を導入し立体障害によってβ-ラクタマーゼの攻撃を受け難くしたメチシリンなどが合成された（しかし抗菌力は少し低下する）．また，β-ラクタム骨格の異なるセフェム系などは耐性菌に有効となる．しかし，これらをも分解するβ-ラクタマーゼを持つ耐性菌が出現している．さらに，細胞膜にあ

表4-9　β-ラクタム抗生物質とその半合成誘導体

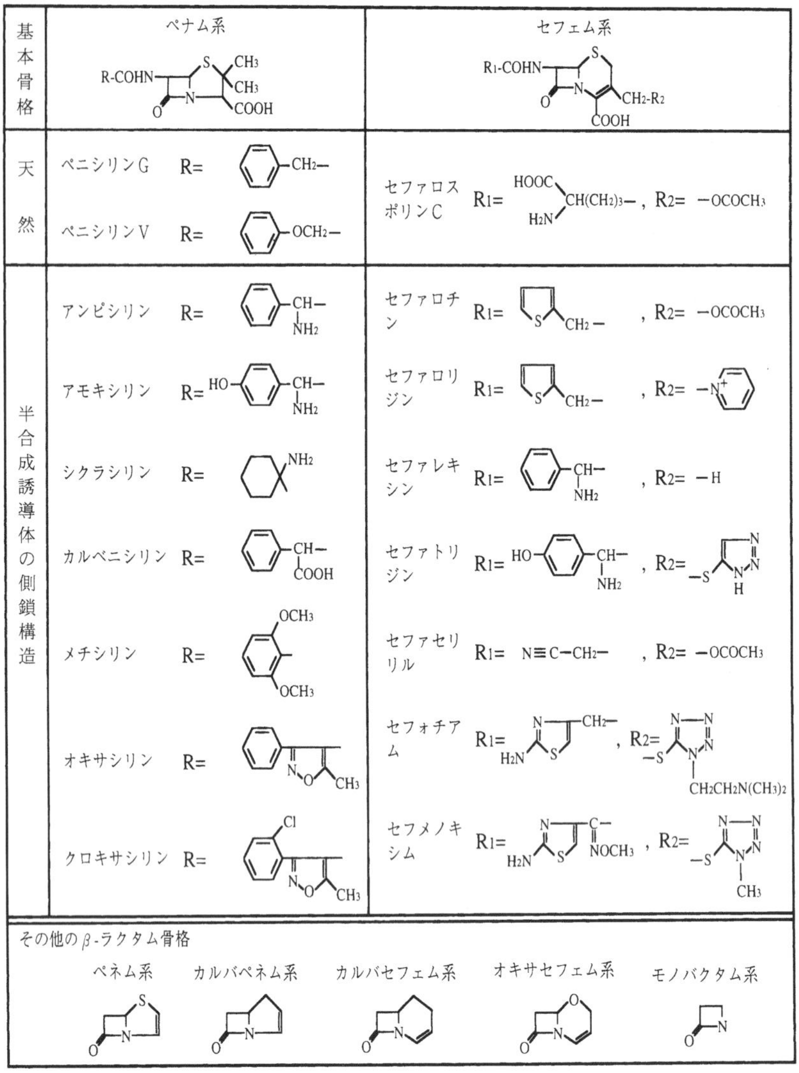

基本骨格
ペナム系
セフェム系
天然
ペニシリンG
ペニシリンV
セファロスポリンC
半合成誘導体の側鎖構造
アンピシリン
アモキシシリン
シクラシリン
カルベニシリン
メチシリン
オキサシリン
クロキサシリン
セファロチン
セファロリジン
セファレキシン
セファトリジン
セファセリル
セフォチアム
セフメノキシム
その他のβ-ラクタム骨格
ペネム系
カルバペネム系
カルバセフェム系
オキサセフェム系
モノバクタム系

るペプチドグリカントランスペプチダーゼ（peptideglycan transpeptidase）がβ-ラクタム系抗生物質の作用点であるが，この細胞壁合成酵素のβ-ラクタム類との親和性が低下した耐性菌も出現している（2のケース）．これらはほとんどのβ-ラクタム系抗生物質に対して耐性となるので脅威である．

メチシリン耐性となった黄色ブドウ球菌（methicillin resistant *Staphylococcus aureus*, MRSA）は，ほとんどのβ-ラクタム系抗生物質が効かない耐性菌で，入院患者の間で感染が拡がり院内感染として社会問題にまでなった．MRSAの対策としては，病院内の消毒や感染者の隔離など衛生面を強化する予防策と，感染者の適切な化学療法である．MRSA感染患者には，β-ラクタム系抗生物質とは異なる作用点の細胞壁合成阻害剤バンコマイシンが使用されるが，今度はバンコマイシン耐性の腸球菌（vancomycin resistant *Enterococcus*, VRE）が出現した．バンコマイシン類似物（アボパルシン）は，ヨーロッパなどで養鶏飼料に多く添加されており，ヨーロッパを中心にVREが拡がった．1999年のはじめ，輸入鶏肉からVREが検出されたことが報道された．このように，日本でもVREが出現しているので注意が必要である．

そのほかの抗生物質の耐性菌では，リン酸化，アセチル化，アデニル化など薬剤の修飾によって抗生物質を不活性化するもの（1のケース，アミノグリコシド系，クロラムフェニコール系，ヌクレオシド系など，図4-16参照），リボソームやRNAポリメラーゼが突然変異または修飾酵素によって変化し耐性になるもの（2のケース，アミノグリコシド系，マクロライド系，リファンピシンなど），排出酵素によって細胞内濃度が高くならないもの（3のケース，テトラサイクリンなど）が報告されている．不活性化酵素などの耐性遺伝子は，プラスミドやファージを介して伝搬すると考えられている．また，突然変異の起こる確率はあまり高くないが，長期間抗生物質を投与していると非耐性の菌は増殖しないので，耐性菌が濃縮されてくる．このような耐性菌出現の対策として，作用機作の異なる複数の抗生物質を用いることは有効である．

以上のように，化学療法と耐性菌はいたちごっこを繰り返している．耐性菌を増やさないためには，化学療法剤の不必要な使用をひかえることと，人間に使用するものと畜産動物などに使用するものとは構造や作用機作の異なるものを使用するなど区別するべきである．

4-2-3　その他の生理活性物質

抗生物質の普及や公衆衛生環境の整備などにより，先進国では細菌感染症による死亡者が激減した．また，医療環境や栄養事情も良くなり，先進諸国はまさに高齢化社会を迎えている．したがって，医薬品開発の次の目標は，高度医療に対応するものや，いわゆる成人病と呼ばれていた様々な生活習慣病の治療薬などに移ってきた．つまり，ガン，心疾患，脳血管障害，動脈硬化，高血圧，糖尿病などに有効な生理活性物質の探索や，それらの医薬品としての開発が主流となってきた．また，直接疾患の治療に用いられるものだけでなく，生活の習慣や質を改善するような医薬品の開発も行われている．その中で，微生物由来の生理活性物質（天然物）の例として，以下の物質を紹介する．

（1）免疫抑制剤

先頃（1999年2月），日本国内で初の脳死による臓器移植が行われ話題となった．臓器移植は，脳死患者からの臓器でなければ移植が困難な心臓・肺・肝臓など以外にも，腎臓や骨髄，生体肝部分移植など多数行われており，先進諸国での先端医療の1つとして定着している．臓器移植において問題となるのは拒絶反応である．人間には免疫という自己防衛機構が備わっていて，細菌やウイルスの侵入から体を守っているが，臓器移植に際してはこの機構が障害となる．免疫は，自己と非自己を認識し，非自己の物体は異物として排除しようとする機構である．したがって，いくら近親者から提供された臓器・組織といえども完全に同一ではないので，それらは異物と認識され白血球などが攻撃して細胞を死滅させてしまう．そのような免疫機能をコントロールできるか否かが臓器移植の成否を決定するので，有効な免疫抑制剤の開発が必要となる．

1976年に*Tolypocladium inflatum*というカビの培養液中に発見されたシクロスポリンA（ciclosporin A）には，強い免疫抑制作用があり免疫抑制剤として開発されたが，藤沢薬品工業の開発した画期的な免疫抑制剤タクロリムス（tacrolimus）が登場して臓器移植の成功率がより向上し，移植医療が定着していった．以下にタクロリムスの開発経緯を紹介する．

一般名タクロリムス（開発名：FK506，商品名：プログラフ）と呼ばれる物質は，藤沢薬品工業・探索研究所で採取・収集された数百万種もの微生物の中から，筑波山の土壌より分離された*Streptomyces tsukubaensis*という放線菌の培養液中に発見された免疫抑制効果のある物質である（1984 年）．このような探索研究では，微生物培養液や植物抽出物を，抗菌活性や酵素の阻害活性など種々の生理活性を評価するアッセイ系によってふるいにかけるが，タクロリムスも抗菌活性のある物質の 1 つであった．しかし，免疫抑制剤としての薬効が確認されたことにより，薬としての開発に必要な前臨床および臨床

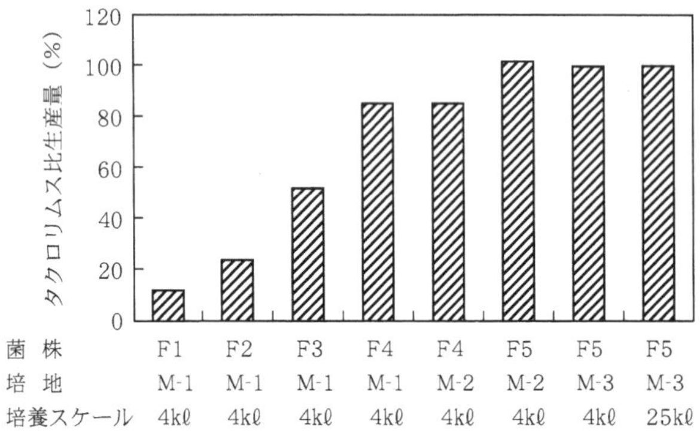

図 4-18　タクロリムス生産条件の検討
この図は『生物工学会誌』より改変して記載した．

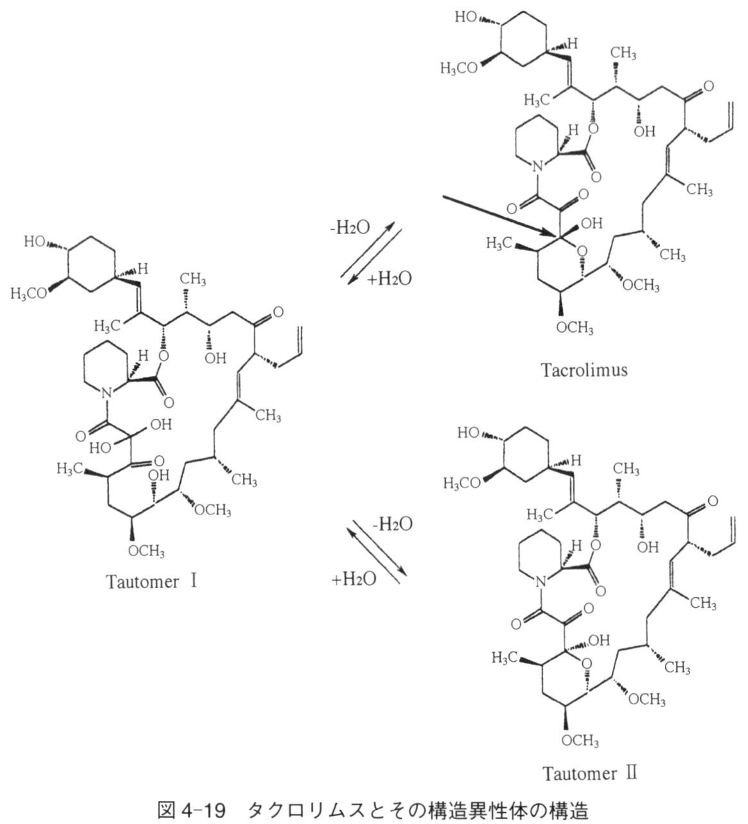

図 4-19　タクロリムスとその構造異性体の構造
タクロリムスは，含水溶媒中で容易に異性化反応が起きる．その異性化の中心を矢印で示してある．この図は『生物工学会誌』より引用．

試験に供するための純度と量が求められた．そこで，藤沢薬品工業・工業化第二研究所においてタクロリムスの工業化が検討された．工業化検討では，生産菌の育種改良，培養条件，精製法，純度評価のための分析法確立などが検討された．タクロリムスは数mg程度の投与で薬効が期待できることから，菌株の育種においては，従来の抗生物質の発酵生産のように生産力価を飛躍的に上げることより，物質の精製段階で問題となる培養液の粘度を低下させるような変異株の取得を主眼に行われた．その結果，培養性状も改善され生産力価も向上した．培地成分，撹拌・通気条件，培養のスケールアップなどが検討され，工業生産の基礎が確立された（図4–18）．また，精製段階でもクリヤーすべき問題があった．図4–19に示すように，タクロリムスは含水溶媒中で容易に互変異性体を生じる．異性体などの構造類似物は，たとえ薬効や毒性が同じであっても製品とする場合には不純物とみなされる．この問題を解決するため，多糖類やタンパク質を除去するには含水溶媒の方が有利であるが，それ以外の精製過程ではできるだけ非極性溶媒を用いる方法が開発された．こうして全不純物含量1%以下の高純度原末が得られ，タクロリムスの工業化に成功した．

タクロリムスの工業化において注目すべき点は，その開発段階から既に欧米への展開を視野に入れ，GMP（Good Manufacturing Practice）の品質管理基準に則して進められたことである．すなわち，米国食品医薬品局（FDA: Food and Drug Administratiol）などへ申請するのに十分な品質を維持する製造工程とその設備，それにかかるコストなどを検討して工業化に至ったのである．免疫抑制剤の市場は，移植医療が限られたものであるからさほど大きくはないが，移植を受けた患者は，一生免疫抑制剤を必要とする．

タクロリムスは免疫抑制剤としてだけではなく，処方を変えてアトピー性皮膚炎治療用の塗り薬としての開発も進められている．免疫抑制剤は，リュウマチをはじめ自己免疫疾患の治療にも利用できる可能性があるので，移植医療関係の市場だけではない．

（2）高脂血症治療薬

高脂血症とは，コレステロールとトリグリセリドのいずれか一方，あるいは両者の血中濃度が増加している状態のことであり，動脈硬化を引き起こす最大の危険因子である．高脂血症そのものは，急性の症状があるわけでなく病気と呼ぶほどのことはないかもしれないが，放置しておけば動脈硬化をもたらす危険が高まる．動脈硬化が心臓の冠状動脈に生じれば，狭心症や心筋梗塞といった命に関わる虚血性心疾患につながるので適切な治療が必要である．特に高コレステロール血症は，虚血性心疾患に対するリスクが大きいことや，高脂血症患者の中に占める割合も多いことから，血中コレステロール濃度を低下させる物質が探索された．

生体中のコレステロールの大半は，アセチルCoAを出発物質として肝臓で生産され，一部はエステル化されリポタンパク質（LDLやHDL）として血中に放出される．この合成経路の中で，3–ヒドロキシー3–メチルグルタリルCoA（HMG–CoA）がHMG–CoAリダクターゼ（還元酵素）によりメバロン酸に還元される段階が律速段階としてコレステロール生産を調節している．そこで，HMG–CoAリダクターゼの阻害剤の探索が行われた．

現在，HMG–CoAリダクターゼ阻害剤は高脂血症治療薬市場の8割強を占め，中でも三共で開発されたメバロチン（商品名，1989年発売）は，この市場拡大の火付け役となった．メバロチン（一般名プラバスタチンpravastatin，開発名CS–514）は，*Penicillium citrinum*というカビの生産するコンパクチン（compactin）を*Mucor hiemalis*というカビや*Nocardia* sp.という放線菌による微生物変換で作られる．この微生物変換は，コンパクチンの3位に水酸基を導入し，3*β*–ヒドロキシコンパクチンに変換する反応であり（図4–20），化学合成で行うよりコストや効率の上で優れている．コンパクチンには，その生産菌*P. citrinum*におけるML–236Aや*Monascus ruber*というカビが生産するモナコリン（monacolin）K，モナコリンJなどの構造類似物がある（図4–20）．これらのコンパクチン類はHMG–CoAリダクターゼ阻害活性を示すが，これらの同族体が有している*δ*–ラクトン骨格が開環した酸型の構造とHMG–CoAのHMG部分の構造の類似によってHMG–CoAリダクターゼを拮抗阻害すると考えられている（図4–20）．そこで，コンパクチンやモナコリンの基本骨格に化学的修飾を加えて（主に*α*–メチルブチリル側鎖），半合成コンパクチン類の合成研究が行われた．半合成コンパクチンとしては，米国のメルク社が開発したシンバスタチン（simvastatin，図4–20）があり，国内では萬有製薬から1991年に市販されている（商品名リポバス）．このような半合成誘導体作製には，コンパクチンやモナコリンKの前駆体であるML–236AやモナコリンJが出発原料になるが，これらを多く蓄積する変異株が取得されている．

また，コンパクチンは*Rhodotorula glutinis*など幾つかの酵母の生育を低濃度で阻害するが，一般的に微生物に対する抗菌力はあまり強くない．

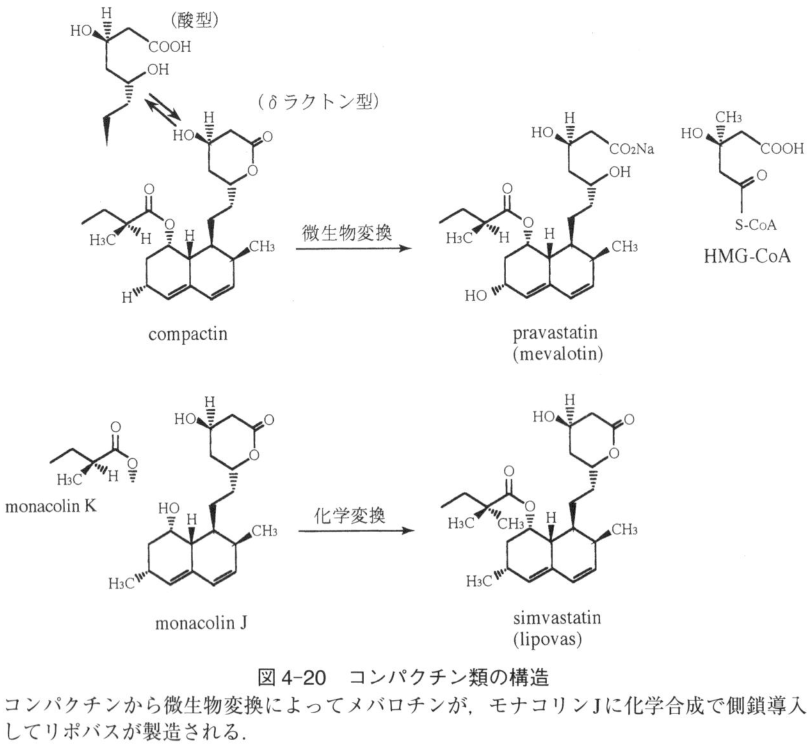

図4–20　コンパクチン類の構造
コンパクチンから微生物変換によってメバロチンが，モナコリンJに化学合成で側鎖導入してリポバスが製造される．

（3）情報伝達物質（ホルモン類）

ホルモン（hormone）とは，内分泌細胞で産生されたものが血液（体液）を介して運ばれ，遠隔細胞（ホルモン標的細胞）を刺激する物質のことである．このような細胞間で情報を伝達する生体内物質は，サイトカイン（cytokine），増殖（成長）因子（growth factor），神経伝達物質（neurotrasmitter）などホルモン以外にもある．これらの情報伝達物質は，それぞれに特異的な受容体（receptor）と結合することにより細胞内へ情報を伝達し，最終的には遺伝子の発現を制御することによって，細胞の増殖や分化，物質生産などを調節する．情報伝達物質は，正常な成長を促したり，生体内外の環境変化に適応し恒常性（ホメオスタシス）維持に寄与している．このような情報伝達物質のバランスに異常が生じると，様々な疾病を引き起こす．したがって，ホルモンやサイトカインなどには医薬品として生産されるものがある．

ホルモンやサイトカインなどの情報伝達物質は，他の動物由来のものでは効果がなかったり，アレルギーなどの副作用があることが多いので，ヒトの天然型物質が要求される．しかし，これらは生体内に極微量にしか存在しないものであるから，医薬品として天然型物質の量を確保することは困難である．構造的には，ポリペプチド（タンパク質性）系，アミノ酸系，ステロイド系，脂肪酸系などがある．性ホルモンや副腎皮質ホルモンなどのステロイドホルモンや，プロスタグランジン類の脂肪酸系物質は化学合成で生産されるが，ポリペプチド系の物質は細胞工学や遺伝子組換え技術で生産されることが多い（2-4-2参照）．以下にその代表的な例を挙げる．

①インスリン（insulin）

膵臓のランゲルハンス島と呼ばれる組織は数種のホルモンを分泌するが，中でも80%近くを占める膵β細胞によって産生されるインスリンは，筋肉組織，脂肪組織，肝臓などに作用し，糖の取り込みやグリコーゲン合成を促進して血糖濃度を降下させるペプチドホルモンである．インスリン依存型の糖尿病患者にはインスリンの投与が必須であるが，ヒト天然インスリンを大量に調製することは困難である．以前はブタのインスリンが使用されていたが，アレルギーなどの副作用があるため，現在では遺伝子組換えで大腸菌や酵母を用いて生産されたものが用いられている．インスリンは，21個のアミノ酸から成るA鎖と30個のアミノ酸から成るB鎖が，2本のジスルフィド（S–S）結合で架橋された構造をしている．生体内では，1本のポリペプチド前駆体（プロインスリン86アミノ酸）がS–S結合を形成した後，中央の部分が切断されて活性のあるインスリンが生産される．大腸菌などで生産する場合，正しくS–S結合が形成されるよう工夫した方法が用いられ，活性型インスリンを生産している．インスリンは，遺伝子組換え技術を用いた医薬品として初めて商品化されたものである．

②成長ホルモン（growth hormone, GH）

ヒト成長ホルモン（human growth hormone, HGH）は，191個のアミノ酸から成る分子量約22,000のペプチドホルモンで，分子内に2個のS–S結合を持つ．小児期に成長ホルモンの分泌不足になれば小人症に，過剰になれば巨人症や先端巨大症になる．したがって，HGHは小人症の治療に使用される．以前は，死体の脳下垂体からHGHを抽出していたこともあったが，現在では遺伝子組換えにより大腸菌で生産されている．小人症以外にも，遺伝病の1つであるターナー症候群患者にも投与される．

また，畜産動物や魚類の成長ホルモンも，それらの動物の生産性を向上するために用いられることがあるので，やはり遺伝子組換えによって量産されている．ウシやブタなどの成長ホルモンは，ヒトには効果がない.

③インターロイキン（interleukin, IL）

免疫系の細胞や血球の増殖や分化を調節するタンパク質性の因子（サイトカイン）で，現在までIL-1～IL-16までの16個のインターロイキンが認知されている．IL-2は，最初に遺伝子が取得されたインターロイキンで，免疫の増強効果を期待して遺伝子組換え技術によって生産された.

④インターフェロン（interferon, IFN）

ウイルスが感染すると産生される抗ウイルス性のタンパク質として発見されたサイトカイン．IFNには，産生細胞の違いによりα（白血球），β（繊維芽細胞），γ（Tリンパ球）の3種がある．抗ウイルス活性を持つので，B型やC型などのウイルス性肝炎や他のウイルス性疾患，および腎ガン，脳腫瘍（膠芽腫），皮膚ガン（悪性黒色腫）などのガン治療に用いられる．生産方法としては，それぞれの産生細胞を培養し，センダイウイルスなどの誘導物質を添加して生産する方法と，cDNAを用いて大腸菌で生産する方法がある．最近では，天然型IFN生産のため，組換え遺伝子を導入した動物細胞を培養して生産する方法も用いられる.

⑤エリスロポエチン（erythropoietin, EPO）

赤芽球に作用し，赤血球への分化を促すサイトカイン．165個のアミノ酸で構成される分子量約4万の糖タンパク質で，遺伝子組換えでEPO遺伝子を導入した動物培養細胞を用いて生産される．腎疾患による長期透析患者などの貧血改善などのために用いられる.

⑥顆粒球コロニー刺激因子（granulocyte colony-stimulation factor, G-CSF）

好中球や好酸球などの白血球（顆粒球）の増殖と分化を促進するサイトカインで，174個のアミノ酸で構成される分子量約2万の糖タンパク質である．抗ガン剤投与の副作用による顆粒球減少を抑えるために用いられる.

近年の分子生物学の進歩により，種々の情報伝達物質受容体の構造や，細胞内への情報伝達メカニズムが明らかになってきた．今後，このような知見を基に受容体拮抗剤や細胞内情報伝達経路の遮断薬などの開発が進められるであろう.

4-2-4　免疫（immunity）とアレルギー（allergy）

免疫抑制剤のところでも少しふれたが，免疫とは自己と非自己を認識し，非自己を排除する反応のことで，ウイルスや細菌の侵入などから体を守る機構である．免疫機構はとても複雑で特殊な専門用語も多く，免疫を詳しく説明することは本書の趣旨ではないので簡単に紹介する．興味があれば，他の専門書を参照してほしい.

免疫には，抗体（antibody）などが活躍する体液性免疫と，T細胞（T cell），マクロファージ（macrophage, M ϕ），ナチュラルキラー細胞（natural killer cell, NK cell）などによる細胞性免疫とがある．図4-21に示すように免疫担当細胞は，骨髄にある造血（他機能性）幹細胞から種々のサイトカインの刺激により分化したものである．これらの分化した細胞が協調して機能し，免疫系（immune system）が構築される．自己以外の成分を抗原（antigen）と呼び，抗原が侵入すると，それに対する特異的な抗体がB細胞（B cell）から分化した形質細胞（plasma cell）により産生され，免疫系が活性化されて

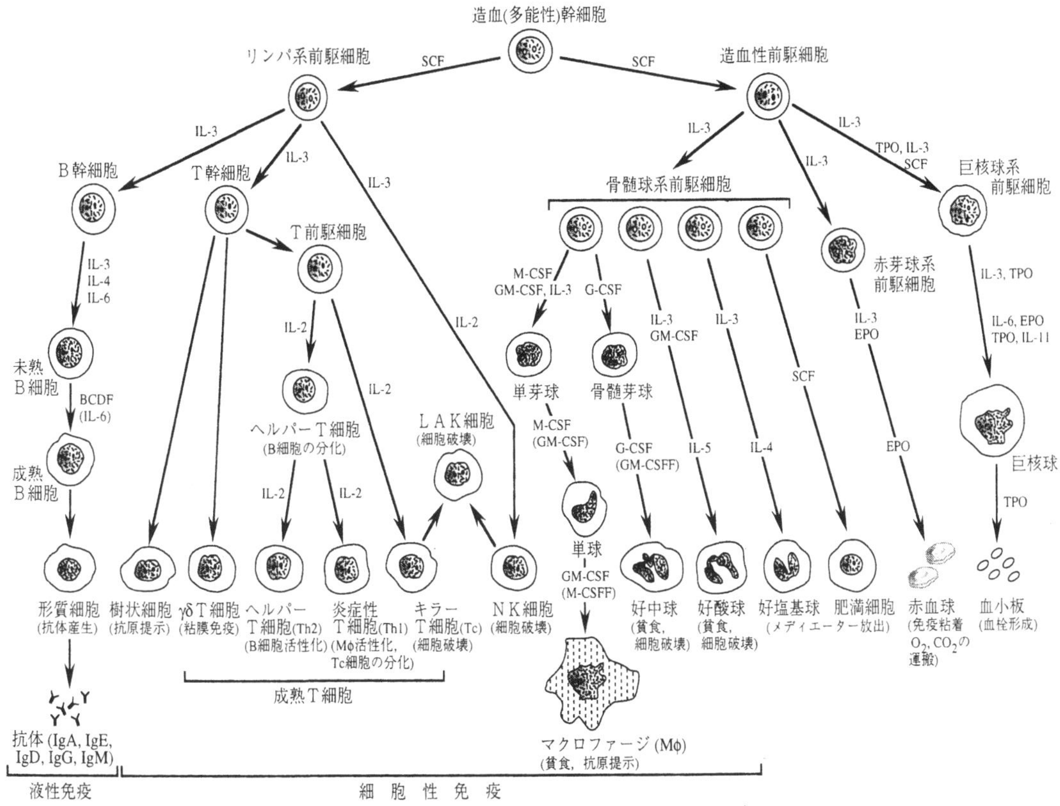

図 4-21　免疫系を構成する細胞の分化
免疫担当細胞とその分化・増殖に関わるサイトカインを示す.
各免疫担当細胞の機能は，細胞名の下に示してある.

抗原を排除しようとする．このシステムによって，ウイルスや細菌などの異物の侵入から体を守っているのである.

ワクチン（vaccine）療法は，弱毒化あるいは不活性化した微生物を体内に入れることによって，免疫系を活性化させて感染を予防する方法である．最初のワクチンは，ジェンナー（Edward Jenner, 1749-1823）による種痘である．最近では，遺伝子組換えによりウイルスなどの抗原となるタンパク質を大量に調製してワクチンに用いられることもある．B型肝炎ウイルスの組換えワクチンの酵母による生産は有名である．抗原と抗体が複合体を形成することを抗原抗体反応と呼び，これは酵素と基質の関係のように非常に特異性の高い反応である．したがって，同じ組織や臓器でも他人のものであれば，細胞表層の微細な違いをも認識し拒絶反応が起きる．輸血の際，血液型（特にABO式）の不一致が問題となるのもこのためである．これらは，主に主要組織適合性（major histocompatibility, MHC）遺伝子に支配される細胞表層抗原によるもので，その中の 1 つであるHLA（human leukocyte antigen，ヒト白血球抗原）の一致度が，移植片の生着率に影響することが知られている.

免疫は生体防御のためのものであるが，時として厄介な問題を招くこともある．自己免疫疾患（autoimmune disease）やアレルギー性疾患などがその例である．アレルギーとは，抗原が再び入ってきた場合それに強く反応する現象のことで，アレルギー反応には即時型と遅延型がある（正確には 4 つの型がある）．アレルギーを引き起こす抗原のことをアレルゲン（allergen）と呼ぶ．アトピーや花粉症などの即時型過敏症は，アレルゲンに対する抗体（IgE抗体）が関与する．肥満細胞（mast cell）などの表層に結合したIgE抗体にアレルゲンが結合すると，細胞からヒスタミン（histamine）などの血管系に対する活性物質が放出され，アレルギー反応が起きる．

これらの疾患は，近年増加の傾向にあり，治療薬の市場は増加している．現在，抗ヒスタミン剤などの対処療法剤の使用が一般的であるが，アレルゲンを少量ずつ投与することによりアレルゲンに対する感受性を低下させる治療法（減感作治療）も試みられている．

近年の研究の進歩により，アレルギーのメカニズムやアレルゲンの抗原決定基の分子構造が明らかになりつつある．しかし，患者個々によってアレルゲンの種類や感受性が異なることが多いので，医薬品として開発するまでには至っていない．個々の症状に合わせたアレルゲンを，安価にかつ簡便に調製できる技術が開発されれば，アレルギーで悩む人々の治療薬をオーダーメイドで作ることができるかもしれない．

4-2-5 病気の診断法

病気を的確に診断することは重要である．現在の医療では様々な項目の検査を行い，総合的に診断を行う．そのために，種々の臨床診断薬が市販されているが，診断薬は直接患者に投与するものではないので，患者に投与される新薬に比べ承認されやすく，短い期間と少いコストで開発できる．したがって，診断薬市場は魅力のある分野となっている．

（1）臨床診断薬

糖尿病の診断には，血中のグルコース濃度を測定する必要があるし，血中コレステロール濃度が測定できれば，高脂血症かどうか判断できる．このような測定を行う場合，血液（血清）試料中にはいろいろな物質があるので，調べたい物質だけを特異的に検出する方法が必要である．また臨床現場では，一度に多くの検体を短時間で処理しなければならない．そこで，操作の簡便性と基質特異性の点から，酵素反応が臨床診断に多く利用されている．グルコース測定にはグルコースオキシダーゼなどを，コレステロール測定にはコレステロールオキシダーゼなどを利用した臨床診断キットが市販されている．これらの酵素は，旭化成や東洋紡といった製薬会社以外でも多く生産されており，本章の繊維業界のところで詳しく紹介してある．

特異性の高い反応で思い浮かぶのは，抗原抗体反応であろう．特異抗体を用いれば，特定の物質を感度良く検出できることはすぐに思いつく．B型やC型肝炎ウイルス（HBV&HCV），エイズウイルス（HIV），ヒト成人T細胞白血病ウイルス（HTLV）など血液感染するウイルスの検出は，献血血液がこれらのウイルスに汚染されていないかチェックするのに必要である．ウイルスなどの感染の有無を調べるには，抗原抗体反応が利用される．ウイルスやウイルスタンパク質を抗原として抗体を作製し，ウイルスの検出に用いる方法や，ウイルスに感染したときに生体内で作られる特異的な抗体を検出する方法があり，種々の微生物の感染に対する検出キットが市販されている．これらの診断キット開発に，遺伝子組換え技術が駆使されている．

現在ガンの治療法は，外科的にガン組織を切除する方法に，抗ガン剤や放射線治療などを併用して行

表 4-10　腫瘍マーカーの例

腫瘍マーカー	関連臓器
CA-19-9（I 型糖鎖抗原）	膵臓，胆嚢
CA-50（I 型糖鎖抗原）	膵臓，胆嚢
CSLEX-1（II 型糖鎖抗原）	膵臓，胆嚢
シリアル SSEA-1（II 型糖鎖抗原）	卵巣，膵臓，肺
DU-PA-N-2（末端シリアル酸糖鎖抗原）	膵臓，胆嚢
NCC-ST-439（末端シリアル酸糖鎖抗原）	消化器，膵臓，胆嚢
シリアル Tn（糖鎖抗原）	卵巣，子宮頚部
CA-72-4（糖鎖抗原）	卵巣，結腸，直腸，膵臓
KM-01（I 型糖鎖抗原）	膵臓，胆道，肝臓
Span-1（I 型糖鎖抗原）	消化管，膵臓，胆嚢
CA-125（ガン関連抗原）	子宮，卵巣
CA-15-3（ガン関連抗原）	女性生殖器
SSC（ガン関連抗原）	乳ガン
PSA（前立腺特異抗原）	前立腺
γ-sm（γ- セミノプロテイン）	前立腺
PIVKA-II（ガン関連抗原）	肝臓
TPA（組織ポリペプチド抗原）	肝臓，胆道，膵臓，肺，前立腺
PAP（前立腺性酸性フォスファターゼ）	前立腺
NSE（ニューロン特異エノラーゼ）	神経芽腫，肺小細胞

われるが，治癒する確率を高めるには早期発見が欠かせない．近年の研究で，あるガンを発症すると血液中に特殊な糖タンパク質や酵素などのタンパク質が多く検出されることが分かってきた．これらの物質を腫瘍マーカーと呼び，その例を表 4-10 に示す．これらの腫瘍マーカーを検出する場合，一般に抗体による検出法が用いられる．種々の腫瘍マーカーを特異的に検出するキットが市販されている．これらのキットは，ガンの治療効果の判定や，ガンの可能性がある高危険率群の 1 次スクリーニングおよびガンの診断補助などに利用される．

（2）遺伝病と遺伝子診断

ヒトの染色体は，22 対の常染色体と 2 本の性染色体の合計 46 本があり，多くの遺伝子が存在している．この遺伝子に障害が生じると様々な疾患が起きることがあり，その変化した遺伝子は子孫へと伝搬され得るものである．それを遺伝病と呼び，染色体が大きく変化する染色体異常によるものと，単一の遺伝子が変化して起きるものとがある．

もし 1 つの遺伝子に変異が生じても，その変異が劣性である場合には，通常対となる染色体上にもう 1 つあるその遺伝子が相補して形質は変化しない（保因者）．しかし，保因者の子孫の中には 2 つの遺伝子とも変異（劣性）を持った子供が産まれることもあり，その場合形質に変化が現れる（遺伝病の発現）．また，X 染色体上の遺伝子に劣性変異を持つ場合（X 染色体連鎖），女子（XX）では疾患が現れ難いが，男子（XY）の場合 Y 染色体には相補する遺伝子がないことが多いので疾患が現れやすい（伴性遺伝）．これに対して優性変異が生じた場合は，すぐに形質の変化が現れる．ヒトの先天性異常疾患は 3,000 ～ 4,000 種あるといわれ，その大部分が単一遺伝子性の遺伝病である．遺伝性の疾患であるかどうかは，家系をたどることができれば分かる．単一遺伝子性の遺伝病の多く（約 3,300）はメンデル遺伝に従う．近親者間の婚姻を繰り返すことが望ましくないのは，遺伝病の原因遺伝子が濃縮され，遺伝病を発症する確率が高まるからである.

単一遺伝子性の遺伝病の中で，フェニルケトン尿症（フェニルアラニンをチロシンに変換する酵素の欠損），ガラクトース血症（ガラクトースをグルコースに変換する酵素の欠損），ヒスチジン血症（ヒスチジンデアミナーゼの欠損）などの先天性代謝異常は，知能障害や機能障害を引き起こすものが多いが，特定のアミノ酸や糖などを除いた特殊ミルクを与える食餌療法で発症を防ぐことができる．幾つかの先天性代謝異常の有無は，出生直後の新生児の段階で検査され適切な処置がとられている．しかし，食餌療法や欠損酵素の投与などで治療できないものもあり，遺伝病治療にはまだ多くの課題が残されている．また，生化学的手法で遺伝病の有無を調べることができない場合は，遺伝子診断が必要である．先天性代謝異常だけでなく，血友病（血液凝固第VIII因子あるいは第IX因子の欠損）や筋ジストロフィーほかいくつかの遺伝病，家族性のアルツハイマーやガンの原因遺伝子，およびウイルスや細菌などの感染症の診断にも遺伝子診断が行われている.

染色体異常には，1組（2本）の染色体の数が1つになるモノソミーや，3つになるトリソミーなどのように数が変化する場合や，染色体の一部の欠失，染色体上の位置が変わったり別の染色体に移る場合（転座）がある．染色体異常による疾患には，21番染色体がトリソミーになった場合のダウン症候群，X染色体がモノソミーの場合（XO型）のターナー症候群，ウイルムス腫瘍（11番染色体の短腕部分の欠失）などいろいろ知られている．これらは染色体が大きく変化しているので，容易に観察できる．一方，単一遺伝子の変異を調べるには特殊な技術が必要である．第2章で解説した，サザンブロットおよびノーザンブロットハイブリダイゼーション法，遺伝子クローニングとDNA塩基配列解析，PCRなどを駆使して解析される．最近では，二次元アガロースゲル電気泳動（2-demensional agarose gel electrophoresis）を用いた制限酵素断片長多型性解析（RFLP）による変異遺伝子の特定や，点突然変異（point mutation）をも検出できるDGGE（denaturating Gradient gel electrophoresis），SSCP（single-strand conformational polymorphism），TTGE（temporal temperature gradient gel electrophoresis）などの特殊な電気泳動解析法も開発されている．これらの遺伝子工学技術を用いることによって，病気の原因を遺伝子レベルで解析するだけでなく，原因遺伝子が明らかになっているものは遺伝子診断が可能となってきている.

このような遺伝子診断を出生前に行うのが出生前診断である．発生初期，すなわち受精卵の段階で行うのが受精卵診断で，1999年に国内では初めて鹿児島大学において，デュシャンヌ型筋ジストロフィーを発症する子どもが生まれる可能性のある夫婦に対して行われた．デュシャンヌ型筋ジストロフィーはX染色体連鎖で，男児の場合発症する可能性が極めて高い．そこで，体外受精による受精卵の8細胞期のものから細胞を1,2個取り出し，受精卵の性別を調べ，女児であれば子宮内に戻し，男児であれば凍結保存か廃棄されるということである．しかし受精卵診断に対しては，障害者団体など各方面からの反発もある.

遺伝子解析の手法は，個人を特定することにも応用される．ヒトの遺伝子のイントロン中には，同じ配列が直列にいくつか並んでいる繰返し配列があり，ミニサテライト（mini-satellite）あるいはVNTR（variable number of tandem repeat）と呼ばれる．この長さ（繰り返しの数）が個人によって異なることを利用し，個人を特定したり親子鑑定を行うもので，DNAフィンガープリント（DNA fingerprint）と呼ばれるDNA鑑定法である．VNTRの検出には，サザンブロット法やPCRが用いられる．国内では，DNA 親子鑑定は主に大学の法医学教室で行われているが，帝人バイオ・ラボラトリーズは裁判所や弁護士からの依頼を受ける業務を始めた．また最近，米国系の民間企業ジーンジャパンなど数社がサービスを始めている．PCR を用いれば，わずかな口内粘膜や毛根のある毛髪数本でも鑑定を行うことができる．したがって，第三者が本人の承諾なしに DNA 鑑定（親子鑑定）を依頼することも可能であり，個人の DNA 情報すなわち個人情報を保護するための倫理基準が必要な時期に来ている．

4-2-6　遺伝子治療：医薬品としての遺伝子

ガンや遺伝病をはじめ，遺伝子の変化によって起きる病気は多い．近年の分子生物学的病理学により，病気の原因遺伝子がどんどん明らかになってきている．初めて遺伝病の原因遺伝子が明らかになった頃から，異常を来した遺伝子を正常な遺伝子に置き換えること，すなわち遺伝子治療（gene therapy）が究極の治療法であると考えられたのではないだろうか．組換え DNA 技術が開発され，にわかに遺伝子治療実現の可能性が見えてきた．1990 年代に入って，米国を中心に遺伝子治療に関する研究が活発に行われるようになった．遺伝子治療の方法（対象とする疾患によって違う）はプロトコールと呼ばれ，ほとんど米国で開発されたものである．

遺伝子治療で遺伝子を細胞に導入するベクターとしては，主に病原性遺伝子を除いたウイルスベクターが使用される．導入細胞が増殖系であればレトロウイルス（retrovirus）ベクターが，非増殖系であればアデノウイルス（adenovirus，風邪の原因ウイルスの 1 種）やアデノ随伴ウイルス（adeno-associated virus）などのベクターが使用される．そのほかイムノジーン法（図 4-22）やリポソームを用いる非ウイルスベクター系の遺伝子導入法も開発されている．実験動物では遺伝子銃も利用される．遺伝子導入を行う際に，直接体内に入れる *in vivo* 法と，細胞を体外に取り出し遺伝子を導入した後，体内に戻す *ex vivo* 法の 2 つがあるが，現在承認されているプロトコールでは *ex vivo* 法が多い．現在の日本では，遺伝子やベクターの供給や，それらを導入した細胞の安全性確認を含めて，遺伝子治療技術のほとんどを米国に依存している．しかし遺伝子が医薬品となる時代との認識から，日本たばこ産業（JT）をはじめとして，日本でも遺伝治療プロトコールを供給できる体制作りに取り組む企業も現れてきている．

これまでに国内で行われた遺伝子治療の概略を図 4-22 に示す．国内初の遺伝子治療は，米国でもそうであったようにアデノシンデアミナーゼ（adenosine deaminase, ADA）欠損患者に対して行われた．ADA 欠損症は重症複合免疫不全症（SCID）を起こし，ADA 欠損をもって生まれた子供は，ADA の投与などを行い免疫系を再構築できなければ，生涯無菌室で生活しなければならない．

1995 年に，北海道大学で ADA 欠損男児への遺伝子治療が開始され，1997 年に成功裏に終了した．この治療は，患者の末梢血リンパ球（単核球）を取り出し，その細胞に ADA 遺伝子を組み込んだマウス白血病ウイルス（レトロウイルス）由来のベクターを導入して，再び患者体内へ戻す *ex vivo* 法で行われた．2 例目は，1998 年に東大医科研で腎細胞ガン患者に対して行われた．これは，ガンの遺伝子治療として国内初のものであった．これも *ex vivo* 法で，摘出した腎臓のガン細胞を培養し，顆粒球マクロファージコロニー刺激因子（granulocyte macrophage colony-stimulating factor, GM-CSF）遺伝子を無毒化したレトロウイルスベクターに組み込んで培養ガン細胞に導入した後，放射線照射で増殖能をなくして患者体内に注射するという方法である．この治療は，GM-CSF により免疫系を活性化し，ガ

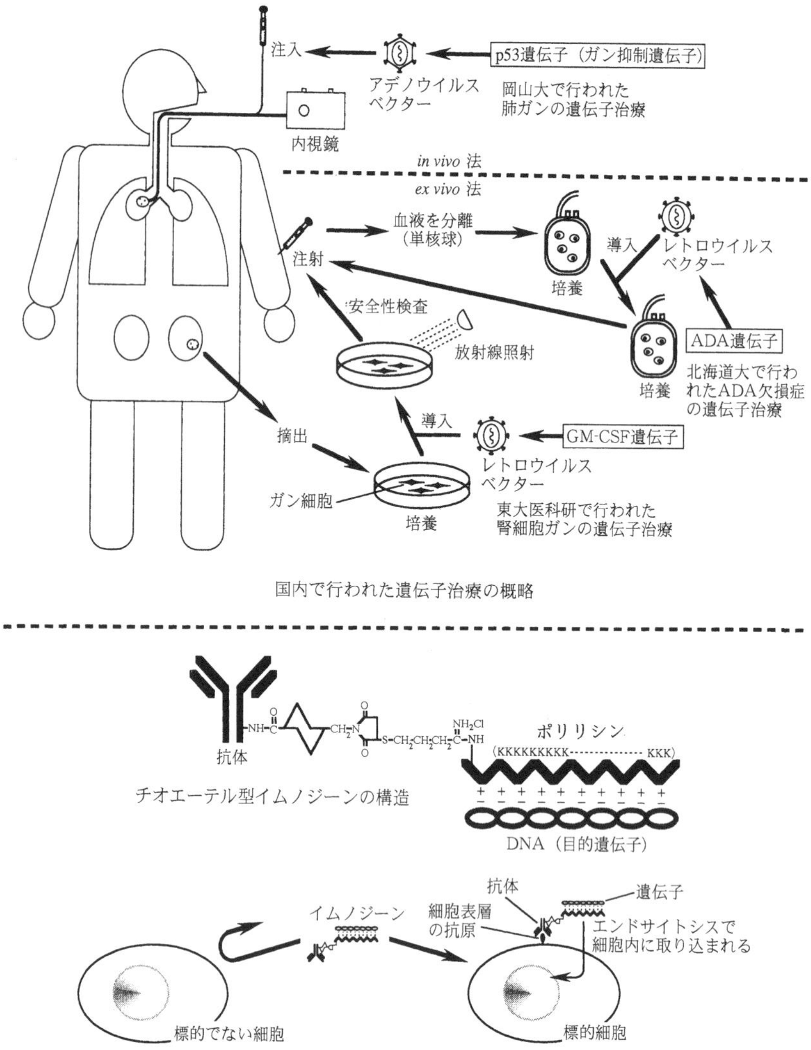

図 4-22　遺伝子治療の実際とイムノジーンの構造

上段は，国内で行われた遺伝子治療の概略で，これらの治療にはウイルスベクターが使用された．下段は，ウイルス以外のベクターの１つであるイムノジーンの構造と，それを用いた遺伝子導入法原理を示す．イムノジーンは，抗体とポリリシンが架橋された構造で，リシンの正電荷によって負電荷を持つDNAを結合することができる．標的細胞特異的な抗原に対する抗体を用いれば，選択的に細胞へ遺伝子を導入できる．

ン細胞の縮小をねらったものである．3 例目は，1999 年に岡山大学で開始された肺ガンの遺伝子治療である．この治療は，アデノウイルスベクターにp53 というガン抑制遺伝子を組み込み，気管支内視鏡を用いて直接ガン組織に注入する*in vivo*法で行われた．

現在，染色体上の異常遺伝子を確実に正常なものと置き換えるノックイン技術はまだ完成していない．現在行われている遺伝子治療（研究）は，安全性を確認することも目的の 1 つであり，治療効果の疑わしいものも少なくないので，まだまだ研究段階の治療法なのである．また患者個人の疾患を治すことができても，遺伝子の異常は子孫へ伝えられるものであり，根本的な遺伝子治療は，受精卵の段階でノックインを行うことしかない．現在のガイドラインでは生殖細胞への遺伝子治療は行えないので，技術的および倫理的にクリヤーすべきハードルは多い.

4-2-7　これからの創薬戦略

医薬品が市場に出るまでには，図4-23に示すような過程を経る．天然物を探索するには，多大な労力・時間・費用を要する．それで，コンビケム（combinatorial chemistry）と呼ばれる化学合成による医薬品開発が主流となっている．半合成ペニシリンのように，基本骨格と側鎖官能基との種々の組み合わせを系統的に合成し，活性を評価する方法である．これらの作業は，大部分が自動化され，ハイスループットスクリーニングなどと呼ばれている．しかし，これにも自ずと限界が感じられる．天然物には，予想できないような構造や，合成の難しい構造を持った物質がまだまだ存在しているだろうし，スクリーニング方法次第では，抗菌作用はほとんどない微生物由来の物質でも重要な生理活性を持つものが発見されるかもしれない．また，植物などからの生理活性物質も今後増加していくものと考えられている．したがって，天然物のスクリーニングも重要である．これに加えて，多くの生理活性物質生合成遺伝子が明らかにされている．それらの遺伝子を組換えて，ハイブリッドな生合成経路を人工的に作製し，新規の物質を創造する方法も検討されている．

ヒトゲノム計画が2003年に完了し，ポストゲノム研究から多くの情報が得られている．種々の病因遺伝子の特定も，トランスジェニック動物などのモデル生物を用いた研究や，ポジショナルクローニングなどによって明らかにされつつある．標的にする酵素やレセプターの構造が明らかになればドラッグ

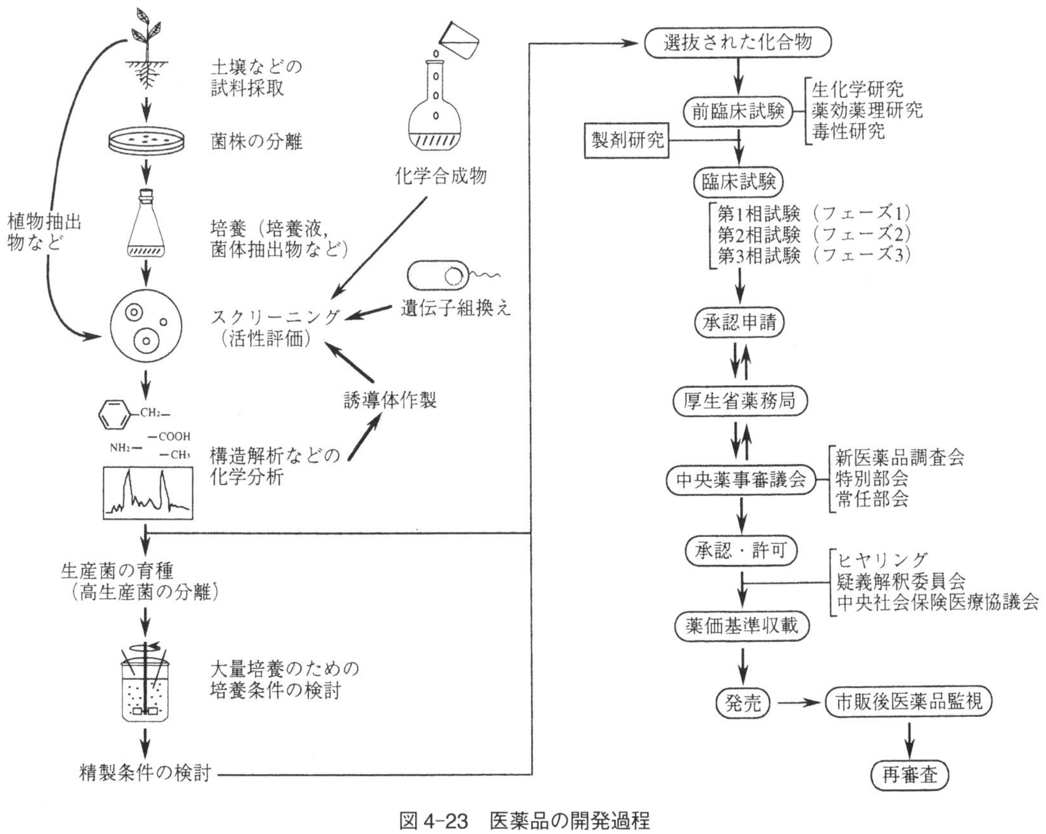

図4-23　医薬品の開発過程

デザインも可能で，創薬戦略も変わってくるものと考えられる．ゲノム（遺伝子）の情報に基づく医薬品の開発，すなわちゲノム創薬と呼ばれる21世紀の創薬戦略が進められつつある．

4-3　化　学

4-3-1　化学業界

日本における化学業界は，他の業種と比べると数多くの東証一部上場企業が存在する（表4-11）．最大手は三菱化学（1999年現在）である．三菱化学は1994年三菱化成と三菱油化が合併してできた企業で，化学業界で初めての1兆円企業となった．しかしながら，アメリカのデュポン，西ドイツのバイエル，ヘキスト，BASF，そしてイギリスのICIと比べてみると，その規模や売上高はかなり小さく，三菱化学でさえ世界では第8位という現状である．このように日本の化学業界を世界的なレベルで見ると，まだその企業規模は小さいものが多く，今後はさらなる再編が予想されている．化学業界の主要な企業を表4-11に示す．

表4-11　化学業界の主要企業（1998年調べ）

企業名	資本金	売上高	従業員数（人）
三菱化学	1407億4500万円	1兆0516億3700万円	11973
富士写真フイルム	403億6300万円	8477億5900万円	10505
積水化学工業	1000億0200万円	7194億4100万円	5636
花王	780億4500万円	6738億1900万円	6875
住友化学	814億6400万円	6353億3100万円	5986
三井化学	1027億6100万円	5165億3000万円	7006
大日本インキ化学工業	824億2300万円	4728億7400万円	6700
昭和電工	1054億4800万円	4388億2500万円	4104
資生堂	582億2600万円	4034億5500万円	3615
コニカ	375億1900万円	3794億3300万円	4466
信越化学工業	855億2300万円	3723億0400万円	3298
宇部興産	431億6500万円	3661億9400万円	5818
ライオン	315億8200万円	3318億7300万円	3528
東ソー	406億0900万円	3150億8000万円	3756
新日鐵化学	409億6600万円	2645億9200万円	1704
日立化成工業	150億2200万円	2613億0200万円	4439
鐘淵化学工業	301億5900万円	2313億6600万円	3419
三菱ガス化学	419億7000万円	2234億0200万円	3534
東洋インキ製造	246億1000万円	2004億5000万円	2861
電気化学工業	353億0200万円	1971億5300万円	3183
トクヤマ	192億7300万円	1936億2900万円	2473
日本酸素	270億3900万円	1928億7200万円	1745
ダイセル化学工業	362億7500万円	1685億7100万円	2815
JSR	232億8200万円	1628億8500万円	3987
関西ペイント	256億5800万円	1592億0600万円	2886
セントラル硝子	181億6800万円	1493億8600万円	1939
日本ペイント	277億1200万円	1468億8200万円	2688
大同ほくさん	124億3200万円	1468億2600万円	1361
三菱樹脂	215億0300万円	1451億5400万円	2435
日本触媒	165億2900万円	1417億5500万円	2217
日本ゼオン	242億1100万円	1295億5300万円	2725

企業名	資本金	売上高	従業員数（人）
住友ベークライト	262億0900万円	1289億8700万円	2254
大日精化工業	100億3900万円	1237億4700万円	1668
日本化薬	149億3200万円	1180億8400万円	2614
日本油脂	159億9400万円	1180億5000万円	2236
東亞合成	208億8600万円	1076億4700万円	1633
日本遭達	266億0600万円	1016億8700万円	1528
旭電化工業	123億4700万円	1014億7700万円	1500
日産化学工業	163億4100万円	1005億4800万円	1566
呉羽化学工業	124億6000万円	952億0200万円	1688
大倉工業	86億1900万円	893億7200万円	2304
大陽東洋酸素	138億9800万円	863億4000万円	1101
石原産業	370億2800万円	836億1700万円	1362
東京応化工業	146億4000万円	801億2800万円	1486
三洋化成工業	130億5100万円	741億7300万円	1124
日本エア・リキード	62億4700万円	710億4800万円	1124
積水化成品工業	165億3300万円	696億9900万円	1146
サカタインクス	74億7200万円	666億9100万円	1122
積水樹脂	123億3400万円	645億3700万円	1140
大日本塗料	64億4100万円	611億4800万円	1028
サンスター	107億8200万円	602億2700万円	1124
タキロン	151億8900万円	574億6100万円	1370
ニチバン	54億5100万円	446億6700万円	1007
旭有機材工業	50億0000万円	418億0900万円	1013
日本パーカライジング	45億6000万円	414億2400万円	1009

（2012年調べ）

企業名	資本金	売上高	従業員数（人）	年収（万円）
三菱ケミカルホールディングス	500億0000万円	3兆2081億6800万円	（連）53979	1235（47.5歳）
富士フイルムホールディングス	403億6300万円	2兆1952億9300万円	（連）81691	1065（45.4歳）
住友化学	896億9900万円	1兆9478億8400万円	（連）29839	781（39.5歳）
三井化学	1250億5300万円	1兆4540億2400万円	（連）12868	837（43.0歳）
花王	854億2400万円	1兆2160億9500万円	（連）34069	811（42.3歳）
信越化学工業	1194億1900万円	1兆0477億3100万円	（連）16167	826（42.4歳）
積水化学工業	1000億0200万円	9650億9000万円	（連）20855	925（42.7歳）
昭和電工	1405億6400万円	8541億5800万円	（連）11542	702（39.8歳）
コニカミノルタホールディングス	375億1900万円	7678億7900万円	（連）38206	695（42.7歳）
DIC（旧大日本インキ化学工業）	911億5400万円	7342億7600万円	（連）20455	768（41.8歳）
東ソー	406億3300万円	6871億3100万円	（連）11238	716（42.7歳）
資生堂	645億0600万円	6823億8500万円	（連）31310	740（41.4歳）
宇部興産	584億3500万円	6386億5300万円	（連）11081	660（40.9歳）
エア・ウオーター	322億6300万円	4926億7900万円	（連）8062	685（44.1歳）
大陽日酸	270億3900万円	4774億5100万円	（連）11588	859（41.8歳）
日立化成（旧日立化成工業）	154億5400万円	4730億6900万円	（連）16713	692（40.1歳）
カネカ	330億4600万円	4692億8900万円	（連）8489	736（40.1歳）
三菱ガス化学	419億7000万円	4522億1700万円	（連）5216	756（40.3歳）
電気化学工業	369億9800万円	3647億1200万円	（連）4921	605（39.9歳）
JSR	233億2000万円	3499億4600万円	（連）5403	729（39.0歳）
ダイセル（旧ダイセル化学工業）	362億7500万円	3419億4200万円	（連）8149	703（41.2歳）
ライオン	344億3300万円	3275億0000万円	（連）5973	713（43.2歳）
日本触媒	250億3800万円	3207億0400万円	（連）3779	797（38.0歳）
トクヤマ	534億5800万円	2823億8100万円	（連）5506	710（40.3歳）

企業名	資本金	売上高	従業員数（人）	年収（万円）
日本ゼオン	242億1100万円	2628億4200万円	（連） 2857	712（39.9歳）
関西ペイント	256億5800万円	2565億9000万円	（連）10647	681（40.3歳）
東洋インキSCホールディングス（旧東洋インキ製造）	317億3300万円	2453億3700万円	（連） 7354	728（39.9歳）
日本ペイント	277億1200万円	2222億5600万円	（連） 5762	704（40.7歳）
住友ベークライト	371億4300万円	1852億3700万円	（連） 6997	709（43.0歳）
ADEKA	228億9900万円	1708億1700万円	（連） 2922	668（38.1歳）
セントラル硝子	181億6800万円	1674億7900万円	（連） 4765	612（37.2歳）
コーセー	48億4800万円	1665億0800万円	（連） 5520	514（40.3歳）
大日精化工業	100億3900万円	1560億2500万円	（連） 3747	742（43.9歳）
東亞合成	208億8600万円	1530億0700万円	（連） 2534	681（44.3歳）
日油（旧日本油脂）	177億4200万円	1523億6400万円	（連） 3799	696（40.7歳）
日本化薬	149億3200万円	1488億7900万円	（連） 4469	805（41.9歳）
日産化学工業	189億4200万円	1485億7800万円	（連） 2283	740（39.6歳）
三洋化成工業	130億5100万円	1410億4100万円	（連） 1776	626（38.6歳）
クレハ	124億6000万円	1283億5800万円	（連） 4032	658（41.9歳）
サカタインクス	74億7200万円	1195億7100万円	（連） 3385	722（39.4歳）
高砂香料工業	92億4800万円	1136億7600万円	（連） 3041	738（39.2歳）
石原産業	434億2000万円	1023億7800万円	（連） 1922	627（41.2歳）
積水化成品工業	165億3300万円	1013億5000万円	（連） 1757	698（40.6歳）
コニシ	46億0300万円	1002億3100万円	（連） 1055	618（39.0歳）
アイカ工業	98億9100万円	950億7100万円	（連） 1874	608（37.4歳）
日本合成化学工業	179億8900万円	872億4300万円	（連） 1584	738（42.4歳）
大倉工業	86億1900万円	857億9700万円	（連） 1967	499（38.0歳）
日本パーカライジング	45億6000万円	847億5800万円	（連） 3219	722（42.7歳）
東京応化工業	146億4000万円	800億0600万円	（連） 1443	676（39.2歳）
大日本塗料	88億2700万円	702億3100万円	（連） 2266	508（38.2歳）
タキロン	151億8900万円	681億8100万円	（連） 1665	688（41.2歳）
積水樹脂	123億3400万円	630億1100万円	（連） 1415	626（40.3歳）
東京インキ	32億4600万円	471億9500万円	（連） 762	679（42.1歳）
ニチバン	54億5100万円	382億6000万円	（連） 1141	630（39.3歳）
ノエビアホールディングス	73億1900万円	245億8100万円	（連） 1931	622（41.1歳）

コニカ（コニカミノルタホールディングスへ移行）
大同ほくさん（エア・ウオーターへ移行）
三菱樹脂（三菱ケミカルホールディングスへ移行）
大陽東洋酸素（大陽日酸へ移行）
新日鐵化学（新日本製鐵傘下へ移行）
サンスター（2007年上場廃止）
ノエビア（ノエビアホールディングスへ移行）

図4-24　化学プラント全景および蒸留塔

化学業界のバイオテクノロジーは，1980年代に入り一気に活発化した．バイオテクノロジー技術の発展と好景気も手伝って，大手の化学会社はその化学的技術をベースとしてバイオ産業に参入した．特に大手の化学会社はバイオに関連した医薬品開発や医薬関連事業を手がけた．しかしながら，その後の景気低迷の影響をまともに受け，1990年代後半にはほとんどの企業が撤退を余儀なくされている．しかしながら，今もなおバイオ分野において研究・開発を継続している企業も少なからず存在し，高収益を上げているところもある．化学関連企業において現在もなお引き続き研究・開発を続けている企業は，バイオ関連においてかなりの開発力・技術力があると考えてよいであろう．

4-3-2　血栓溶解剤

化学業界から医薬業界に参入した企業は多い．特に異業種から医薬分野への参入は，遺伝子工学技術やタンパク質工学技術といった，新しいバイオテクノロジーを利用したものが多い．ここでは，化学業界から遺伝子組換え技術を利用した，新しい新薬の開発について紹介する．

我が国における死因の第1位は悪性新生物（ガン）（18.2万人）である．以下脳血管疾患（14万人），心疾患と続く．脳血管疾患のうち，約60%が脳梗塞であり，心疾患の約40%が虚血性疾患（心筋梗塞，狭心症など）である．これらは血栓塞栓性疾患といわれている．このように血管障害関係疾患は多く，広く血栓溶解剤の開発が望まれている．

血栓溶解に関する研究は古くから行われており，今までにいくつかの薬剤が開発されている．これまでに世界で開発された血栓溶解剤としては，ストレプトコッカス属が産生する菌体外酵素であるストレプトキナーゼ（日本国内では臨床に用いられていない）やヒトの尿由来ウロキナーゼが挙げられる．しかしながら，微生物由来酵素であるストレプトキナーゼには，抗原性や出血性の問題が，またウロキナーゼには安定性や出血性の問題があることから，新たな第2世代の血栓溶解剤の開発が望まれていた．

最近，三菱化学が米国Genentech社と提携して，新しい血栓溶解剤である組織プラスミノーゲンアクチベータ（t-PA）の日本における販売を開始した．以下にt-PAの開発にまつわるバイオ医薬品の開発について紹介する．

生体内では，線溶と凝固のバランスがとれている．凝固にはフィブリンという難溶性の繊維素が関与する．一方，線溶系は，前駆体であるプラスミノーゲンが活性化（Arg–Val結合が切断）されてプラスミン（エンドプロテアーゼ）という物質に変換され，その後，このプラスミンがフィブリンを分解することにより成り立っている（図 4–25）．

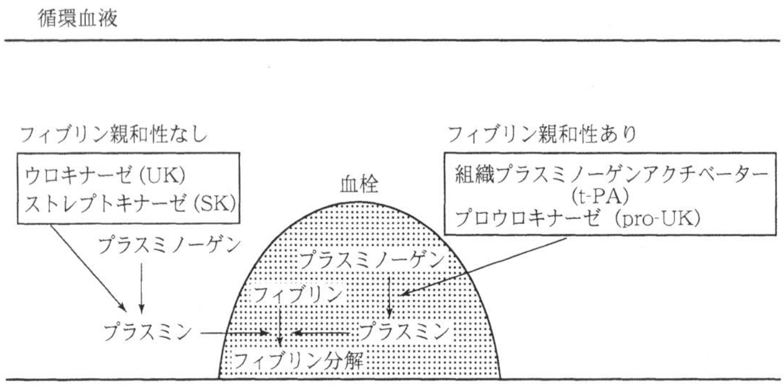

図 4–25　血栓溶解機構

心筋梗塞や脳溢血は，血栓が原因で血管が閉塞を起こすために起きるものである．これは，線溶系と凝固系のバランスが崩れるとフィブリンが蓄積し血栓が形成されるためである．

血栓溶解には，プラスミノーゲンを活性化してプラスミンを増やし，血栓の主成分であるフィブリンを溶解させる方法がとられている．この目的のために，プラスミノーゲン活性化物質である，ストレプトキナーゼやウロキナーゼが薬剤として使用されてきた．しかしながら，ストレプトキナーゼやウロキナーゼはフィブリンとの親和性がなく，血栓を形成していない場所でもプラスミノーゲンを活性化させてしまう．その結果，全身に出血傾向が見られるという副作用があった（ストレプトキナーゼには抗原性の問題もある）．また，ウロキナーゼは，ヒトの尿中に存在し，ヒトの尿の採取や，大量の尿から微量のウロキナーゼを抽出・精製しなければならないといった，製造上の問題もあった．

第 2 世代の血栓溶解剤として登場したのが，t–PA とウロキナーゼの前駆体であるプロウロキナーゼ（pro–UK）である．これらの両物質（酵素）は，フィブリンに対する親和性があり，血栓に特異的に結合するため，全身の出血傾向が抑えられ，従来のものに比べて，比較的少量の投与で効果が期待できた．しかしながら，これらの物質は，生体内に微量しか存在しないため，医薬として工業化する場合，この点が大きな問題であった．

これを解決したのが，遺伝子組換えの技術で，米国Genentech社が世界に先駆けて，t–PAをコードするcDNAのクローニングを行い，大腸菌中で高発現する技術を開発した．その結果，t–PAの成熟体は，527 個のアミノ酸から成り，そのシグナルペプチドは 35 アミノ酸であるといった，t–PAの 1 次構造が明らかとなった．t–PAのアミノ酸配列を図 4–26 に示す．

その後，t–PAを用いた臨床試験が各国で行われ，顕著な血栓溶解効果が認められた（図 4–27）．

pro–UK も t–PA と同時に研究・開発が行われたが，t–PAの方が開発が早く，1987 年以来，米国，カナダ，ドイツ，フランスをはじめとして世界 59 カ国で発売され，我が国においては三菱化学が発売を開始している．現在は，t–PAやpro–UKの遺伝子を用いて，タンパク質工学的技術を利用することによ

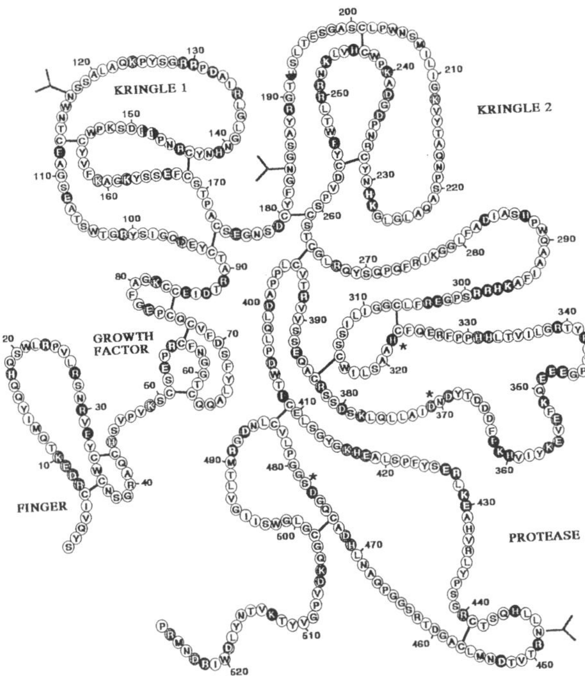

図 4-26　t-PA の 1 次構造（三菱化学提供）

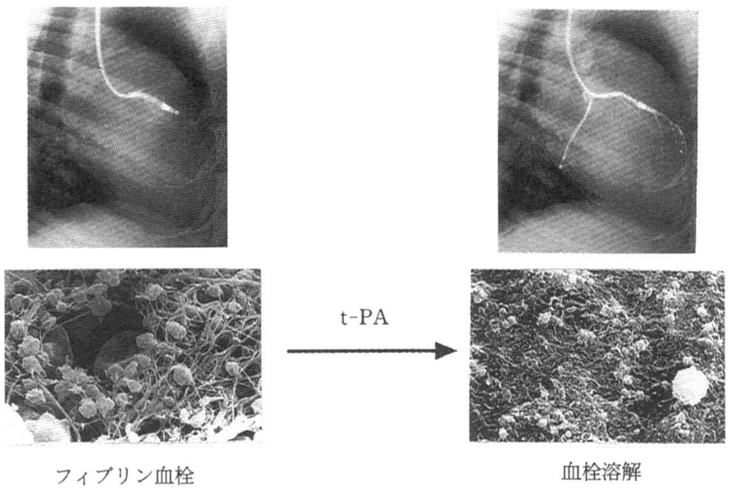

図 4-27　t-PA の血栓溶解効果（三菱化学提供）

り，血中安定性の向上や，さらなるフィブリン親和性向上を目指した，第3世代の血栓溶解剤の開発が進行中である．

4-3-3　ハイブリッドプロセス：アスパルテームの製造

甘味料は，砂糖に代表されるように農産物由来の天然のものが一般的であるが，食生活が高度化するにつれて様々な種類の甘味料が必要とされるようになってきた．表 4-12 に食品として使用されている甘味料の種類を示す（一部の国では使用していない場合や，使用を禁止しているものも含んでいる）．

表 4-12　甘味料の種類

分類		品目	甘味倍率	原料
低甘味度甘味料	一般糖類	砂糖（スクロース）	1	サトウキビ
		異性化糖	0.8	デンプン
		ブドウ糖(グルコース)	0.6	デンプン
		果糖（フルクトース）	1.3	デンプン
		乳糖（ラクトース）	0.2	乳汁
		麦芽糖（マルトース）	0.4	デンプン
		キシロース	0.4	キシラン
	オリゴ糖類	イソマルトオリゴ糖	0.4	デンプン
		フラクトオリゴ糖	0.6	スクロース
		大豆オリゴ糖	0.7	大豆
		ガラクトオリゴ糖	0.7	大豆
		マルトオリゴ糖	0.3	デンプン
	砂糖誘導体	カップリングシュガー	0.5	デンプン
		パラチノース	0.4	スクロース
	糖アルコール	マルチトール	0.8	デンプン
		ソルビトール	0.6	デンプン
		エリスリトール	0.8	デンプン
		キシリトール	0.6	キシロース
		ラクチトール	0.4	ラクトース
		パラチニット	0.5	パラチノース
高甘味度甘味料	アミノ酸系	アスパルテーム	200	アミノ酸
		アリテーム	2000	アミノ酸
	合成甘味料	サッカリン	350	トルエン
		チクロ	60	シクロヘキシルアミン
		アセスルファーム -K	200	アセト酢酸
		シュクラロース	600	スクロース
		ズルチン	200	P- フェネチジン
	天然甘味料	ステビア	150	ステビア葉
		グリチルリチン	200	甘草
		ソーマチン	3000	ウコン

アスパルテームは，砂糖の約 200 倍の甘味を有する人工甘味料であり，現在は欧米を中心に主として飲料向けに約 1 万数千トンの需要があり，非常に大きな産業になった.

アスパルテームは，1960 年頃イギリスのICI社で初めて合成されたといわれているが，そのときは日の目を見なかった．しかしながら 1965 年，アメリカのG. D.サール社の研究員が，ある合成物を計量しようとしたとき，その一部が手についたことを知らずに薬包紙を取ろうとして指をなめたところ，甘みを感じたことが現在のアスパルテームにつながっている．このように偶然を見逃さなかったことが，今日の大きな産業に結びつく結果となった．研究・開発に携わる者には，このようなちょっとしたことに対する好奇心や探求心が必要であることを示唆している事例かもしれない（ただし，化合物が付着した手をなめるという行為は，安全性の点で問題があるが).

アスパルテームは，アスパラギン酸とフェニルアラニンという 2 種類のアミノ酸を結合させて作った高甘味度の化合物である．このアスパルテームはL体のみ甘味を有し，D体には甘味がないという特徴がある．甘味は同一の量で比較すると砂糖の約 200 倍ある．現在はその使用量が砂糖の 1/200 ですむことから，飲料を中心としたダイエット甘味料として普及している．またアスパルテームは，米国食品医薬品局（FDA）に「FDAの歴史上これほど安全性が徹底的に調べられた物質はない」といわしめたほど，いろいろな角度から長期間の安全性試験が行われた人工合成物質である．

東ソーが開発したアスパルテーム合成における主反応を図4-28に示し，酵素法を用いたアスパルテームのプロセスを図4-29に示す．

このプロセスの特徴は，化学反応と生物反応を組み合わせたいわゆるハイブリッド反応である．このあたりは化学反応と生物反応の優位な点を組み合わせるという非常にユニークな発想であり，化学会社の独自性が出ている．このプロセス中の反応は，酵素がL体のアミノ酸のみを認識するということを最大限に利用している．酵素を用いた反応は，D，L混合アミノ酸を用いても，L体のみを認識し反応するため，最終生産物として甘味のあるL型のアスパルテームのみが合成される．化学合成法を用いた場合は，最終的にD，L混合アスパルテームからL型アスパルテームを分離しなければならないが，酵素法ではこの分離プロセスを必要としないため効率的である．また，合成にあずからなかったD体のフェニルアラニンは，ラセミ化の工程を経てD体とL体が半々のものとして，再び原料に戻している．

酵素法によるアスパルテーム合成は1976年に見いだされ，さらにその後，現在の工業的製造法のベースである新規な反応を発見した．実験室レベルにおける基礎的な研究を経たのち，1982年にベンチプラント，1984年にはパイロットプラントが稼動した．この間，1979年にフランスで医療用として，1981年にはアメリカの食品医薬品局（FDA）で認可され，1983年日本でも食品添加物に指定された．その後，1988年にオランダでプラント生産を開始し，1994年にはその能力を倍増し現在に至っている．

このように，研究から本格生産に至る過程には10年以上の歳月を要しており，その間研究開発に携わった人員や開発経費は莫大なものである．このアスパルテームの工業生産は，工業的に新規産業を興すためには，長期的な視野に立った研究・開発能力が必要であることを示す1つの例で

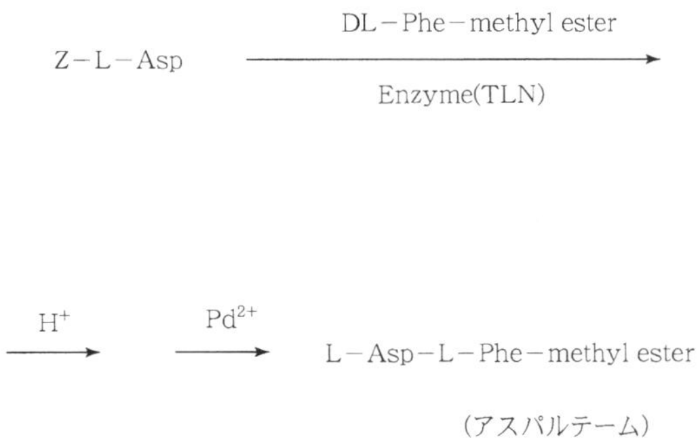

図4-28　アスパルテーム合成における主反応（東ソー提供）

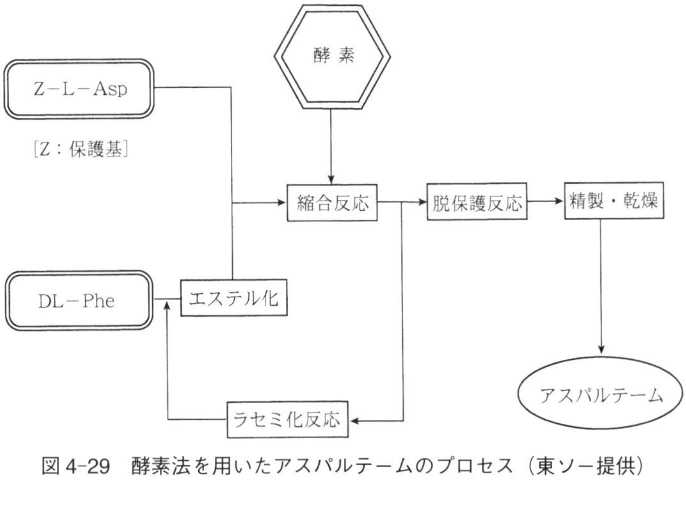

図4-29　酵素法を用いたアスパルテームのプロセス（東ソー提供）

あるといえる.

4-3-4　カルス培養による多糖の生産：化粧品への応用

植物細胞を用いたバイオテクノロジーにおいて製品化されたものが増えてきている．ムラサキの培養細胞による色素（シコニン）の工業的生産の成功と，それを用いた化粧品が上市されたのを機に，産業界はもとより大学においても，植物組織培養による物質生産に関する研究が盛んに行われるようになってきた.

花王では，化粧品分野へも積極的に進出しており，これまでにはない商品の研究開発を行ってきた.化粧品開発の過程から，肌荒れの原因が外部からの刺激よることを明らかにし，そしてこれまで皮膚を刺激から保護する様々な方法を試みた．その結果，高分子の皮膜が高い保護効果を持つことを見いだした．従来の高分子皮膜では，塗布すると強い皮膜感（つっぱり感）があり化粧品基剤としては不適であった．そこで，様々な高分子皮膜を検討後，最終的にチューベローズの花弁から誘導した培養細胞が，培地中に分泌するチューベローズ由来細胞外多糖（TPS, Tuberose polysaccharides）が最も適しているとの結論に達した．このTPSは，天然物由来であり化粧品に添加することにより，従来の商品とは差別化できる可能性があった．しかし，本多糖は親植物からは得られず，培養によってのみ得られる特殊な多糖であるため，その生産が大きな問題であった．そこで，植物のカルス培養を用いたTPSの大量生産の研究・開発を試み，最終的に植物細胞を用いた工業化の目安である1.0g/ℓ/月を大幅に超える生産性を達成した.

チューベローズ（*Polianthes tuberose* L.）は，リュウゼツラン科に属し，花からの香料成分が得られる植物である．チューベローズ由来TPSの主成分の推定構造を図4-30に示す.

まず，粘性物質を分泌する細胞の選抜を行った．選抜を4,5回繰り返すことによって安定したTPS生産株が得られた．最終的に選抜した生産株のTPS生産性は，1.4g/ℓ/月であり，工業化の目安となる値

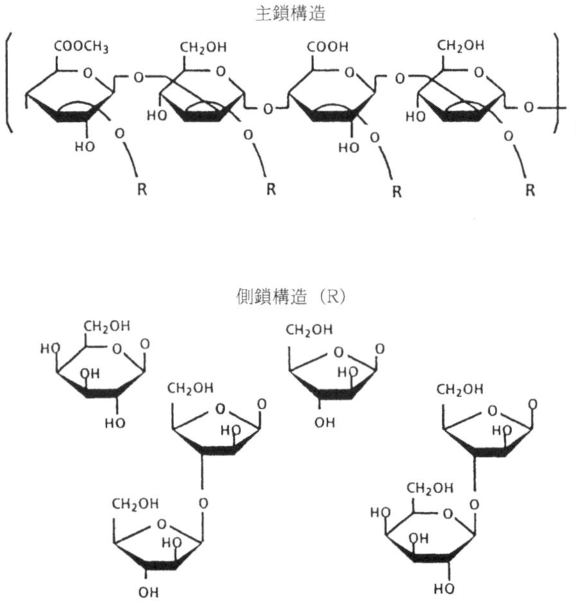

図4-30　TPSの推定構造（花王提供）

を超え，工業化への目途が立った．

次に，上記の株化細胞を用いて培地条件の検討を行った．生産性は高濃度のオーキシン，特に10μMの2,4・ジクロロフェノキシ酢酸を加えることにより最大となることを明らかにした．また炭素源濃度などを詳細に検討した結果，TPSの生産性を4.6g/ℓ/月まで飛躍的に向上させることができた．

さらに培養条件を検討するため，培養期間中のTPS生産量を経時的に測定すると，培養後期に減少することが観察された．これは培養後半に培地の粘度が著しく上昇することが原因と考えられた．培地の高粘度化を防ぐための，種々の方法を試みた結果，金属塩の添加が粘度低下に有効であることを見いだした．培地に40mM $CaCl_2$を添加して培養したところ，培養後半も生産性は維持され，生産量はさらに増大し6.5g/ℓ/月となった．培地粘度の低減は生産性を向上させただけでなく，培養細胞と培養上清の分離効率を高め，TPSの分離精製工程を大幅に改善した．

以上のように，チューベローズの培養細胞を用いた多糖生産において，細胞選抜，培地および培養条件を最適化することにより，シコニンの生産性1.4g/ℓ/月を大幅に上回る生産量を達成し工業化を実現した．また，最終的に半連続生産に成功し，現在，実質生産量は10g/ℓ/月となっている．

TPSの商品化は，本多糖が良好な使用感と高い皮膚保護効果を持つことから，肌荒れ改善に極めて有効な新しいコンセプトの化粧品（商品名:モイスチャーベール）を上市するに至って結実した．この化粧品の売上は1993年秋の発売以来順調に推移し，3年間で350万本（120億円）となっている．このことは，本化粧品中の成分であるTPSが消費者に十分認知され，受入性の高い商品として市場に定着しつつあることを示唆するものである．

以上のように，本研究・開発は，植物組織培養による新規有用物質の生産の可能性を見いだしたことと，バイオテクノロジー技術を駆使して新しい商品を創り出した点において大変興味深い．今後，このように従来の技術では得られなかった新たな物質が，バイオテクノロジー技術により得られる可能性があり，継続性を持った研究開発がますます重要になってくると考えられる．

4-4　石　油

4-4-1　石油業界

石油業界は半世紀にわたり規制のもとに保護されてきた業界である．売上高は，1兆円を超える企業が多く，収益性も高い企業が多いことで知られていた．石油などの化石燃料はいずれは枯渇するものであるから，石油業界は石油以外の新たな産業の開発にも迫られ，石油化学の技術を背景として，バイオ関連に参入した企業も多い．現在でも研究・開発を継続している企業が少なくない．

しかしながら，1996年4月，我が国において石油自由市場化への大きな政策転換が行われた．さらに，景気の低迷とも相まって，かつての高収益を確保するのが難しくなってきた．最近，アメリカにおいては，エクソンとモービルが史上最大といわれる合併を発表し，日本においても1999年4月に日本石油と三菱石油の大型合併が行われた．このように石油業界をとりまく状況は，世界的規模で大きく揺れ動いており，各企業は提携を視野に入れた効率化を目指し，今後ますます再編が加速されるものと予想されている．石油業界の主要企業を表4-13に示す．

表 4-13　石油業界の主要企業（1998 年調べ）

企業名	資本金	売上高	従業員数（人）
出光興産	10 億 0000 万円	2 兆 0563 億 0000 万円	4936
日本石油	1251 億 9600 万円	1 兆 8926 億 6700 万円	2314
コスモ石油	518 億 8600 万円	1 兆 5115 億 5100 万円	3109
昭和シェル石油	341 億 9700 万円	1 兆 4956 億 8800 万円	2014
ジャパンエナジー	865 億 8500 万円	1 兆 4637 億 5700 万円	4580
三菱石油	836 億 1900 万円	1 兆 0732 億 8500 万円	2114
東燃	323 億 2700 万円	5584 億 0000 万円	2079
ゼネラル石油	190 億 3100 万円	5550 億 4100 万円	1214

（2012 年調べ）

企業名	資本金	売上高	従業員数（人）	年収（万円）
JX ホールディングス（旧新日本石油・旧新日鉱ホールディングス）	1000 億 0000 万円	10 兆 7238 億 8900 万円	（連）24236	1034（44.0 歳）
出光興産	1086 億 0600 万円	4 兆 3103 億 4800 万円	（連） 8243	958（43.6 歳）
コスモ石油	1072 億 4600 万円	3 兆 1097 億 4600 万円	（連） 6247	761（41.8 歳）
昭和シェル石油	341 億 9700 万円	2 兆 7714 億 1800 万円	（連） 5947	958（44.9 歳）
東燃ゼネラル石油	351 億 2300 万円	2 兆 6771 億 1500 万円	（連） 2153	945（43.1 歳）

日本石油（新日本石油へ移行）
ジャパンエナジー（新日鉱ホールディングスへ移行）
三菱石油（新日本石油へ移行）
東燃（東燃ゼネラル石油へ移行）
ゼネラル石油（東燃ゼネラル石油へ移行）

4-4-2　石油の成分

石油の主成分は，炭素と水素とから成る炭化水素の混合物で，これに少量の硫黄化合物，窒素化合物，酸素化合物，無機物などが混入した物質である．石油の成因については，現在確実に分かっていないが，無機成因説と有機成因説とがある．無機成因説は，水や炭酸ガスなどが金属と作用して石油が作られたというものであり，有機成因説は，動植物，特に海棲動植物が堆積して，腐敗作用と長期間にわたる加熱と加圧により石油が生成したというものである．石油とバイオテクノロジーは関係があるように思えないかもしれないが，石油の生成には生物の力が強く関わっていることや，タンカー事故などの流出原油による環境汚染に対するバイオレメディエーション（Bioremediation;生物による環境修復）など，バイオテクノロジーと深い関係がある．今後，流出原油や廃油による環境汚染のバイオレメディエーションが産業に結びつく可能性もあり，ここでは簡単に石油の成分について解説する．

石油中の炭化水素には，次のような種類がある．

①パラフィン系炭化水素（paraffin hydrocarbons）

一般式はC_nH_{2n+2}で示される，炭素が鎖状または樹枝状に結合した炭化水素である．メタン系炭化水素，鎖状炭化水素，または脂肪族炭化水素とも呼ばれる．

パラフィン系炭化水素は，多くの原油の主成分をなし，炭素数が同じ他の炭化水素と比較すると，比重および粘度はいずれも小さく，粘度指数が高い．この炭化水素を主成分とするガソリンはオクタン価が低いので良質ではないが，潤滑油では良質のものができる．

②ナフテン系炭化水素（naphthenic hydrocarbons）

一般式はC_nH_{2n}で示される，環状炭化水素である．別名をシクロパラフィンともいう．この炭化水素は，パラフィン系炭化水素と同様，原油の主成分をなしている．ナフテン系炭化水素を主成分としたガソリンは，オクタン価が高く良質であるが，潤滑油としてはパラフィン系に劣る．

③オレフィン系炭化水素（olefin hydrocarbons）

一般式はC_nH_{2n}で，ナフテン系炭化水素と同じであるが，２重結合を有する鎖状の不飽和炭化水素である．オレフィン系炭化水素は，２重結合を有することから，化学的に不安定であり，原油中にはほとんど含まれていない．この炭化水素は原油の蒸留や石油の分解の際に生成し，高熱処理を受けた物質中に含まれることが多い．オレフィン系炭化水素は，不飽和結合を有するため，極めて化学反応を起こしやすく，この反応性が石油化学工業に利用されている．

④芳香族炭化水素（aromatic hydrocarbons）

上述の炭化水素に比べて，炭素含有率が著しく低い炭化水素で，ナフテン系のように炭化水素が環状に結合しているが，その炭素結合の中に２重結合がある点がナフテン系と異なっている．この炭化水素は，一般に芳香性を有することから，芳香族炭化水素といわれている．

芳香族炭化水素は，原油にわずかに含まれているが，パラフィン系やナフテン系のように原油の主成分になることはない．芳香族炭化水素は，他の炭化水素に比べ熱安定性が大きいため，高温処理によって得られた石油中に多く含まれている．

芳香族炭化水素は，１つのベンゼン環を持ったものと，２つあるいはそれ以上の環を持ったものがあり，前者を単環芳香族，後者を多環芳香族といい，一般式はC_nH_{2n-6}で示される．

⑤その他の不飽和炭化水素

以上４種の炭化水素が石油中でほとんどを占めるが，その他にジオレフィン系炭化水素（C_nH_{2n-2}，２重結合を２個有するもの），アセチレン系炭化水素（３重結合を１個有する）などの不飽和炭化水素がある．これらは，原油中にはほとんど存在しないが，重質油の熱分解生成物や蒸留残油中に少量存在する．

4-4-3　石油製品の種類

石油製品は原油を加工してできるものであるが，大別すると燃料油と潤滑油の２つに分けられる．

（1）燃料油

燃料油には，ガソリン，ジェット燃料油，灯油，軽油および重油がある．ガソリンは，燃料油中最も比重が小さく沸点が低い留分で，以下ジェット燃料，灯油，軽油，重油の順に比重が大きく沸点が高くなっている．

①ガソリン（gasoline）

ガソリンは低沸点の液状炭化水素の混合物で，沸点温度が40～180℃で６～10程度の炭素数を含む．主として，自動車などの電気着火式エンジンの燃料に使われる．ガソリンの性状の中で最も重要なものは，オクタン価という尺度である．オクタン価とは，イソオクタンを100オクタン，ノルマルヘプタンを０オクタンとして，中間のオクタン価は両者の混合液中のイソオクタンの容量％で表すように決められている．ガソリンエンジンでは，オクタン価が高いものほどノッキングを抑える能力が高い．

②灯油（kerosene）

灯油は俗に石油といわれる石油製品である．これは，石油が発掘され始めた頃，石油製品の需要が開拓されず，灯火用としてのみ使用されていたことから，石油といえば灯油をさした名残といえる．

灯油は，炭素数11-12程度であり，沸点は180～230℃程度の無色透明の石油製品である．近年，公害規制により，低硫黄燃料の需要が多い．

③軽油（gas oil）

軽油は，沸点が230～305℃のものであり，灯油留分の次に留出する淡黄色または淡褐色の石油製品である．炭素数は13-17程度である，軽油は，現在主としてディーゼルエンジンの燃料に用いられている．

④重油（heavy fuel oil）

重油は，ガソリン，灯油，軽油の各成分を除いた常圧残油を主体とした石油製品で，特に化学的な精製を施さないので，石油製品の中では品質的に低級なものである．しかしこれは原油から必要な石油留分を取り去った残りが重油となるというのではなく，主として常圧残油が重油基材となるという意味である．潤滑油やアスファルトの原料は，重油をさらに減圧蒸留して作られる．重油は，炭素数18-38程度のものであるが，炭素数26-38のものは主に潤滑油成分となる．

（2）潤滑油（lubricating oil）

種々の機械やエンジンの摩擦部分の潤滑剤として使用される油を潤滑油という．この中には石油系潤滑油，動植物系潤滑油，さらに化学合成潤滑油がある．しかし，大部分の潤滑油は石油系炭化水素から作られている．

潤滑油は，機械の摩擦部を潤滑して摩擦抵抗を減少させ，焼付きや磨耗を防ぐと同時に，動力の消費を少なくし，機械の効率を高めるために使用される．その他，冷却作用，密封作用，防塵作用，洗浄作用，および力学的作用など，様々な機能を目的としても用いられる．

石油系炭化水素から作られる潤滑油は，原油中の高沸点炭化水素の混合物として得られる石油製品で，主として常圧残油を減圧蒸留して得られた留出油が潤滑油原料である（炭素数26-38）．その後，物理的，化学的方法により精製したものが半製品となり，さらに使用目的により粘度を調整したり，各種の添加剤を加えたりして製品とする．

潤滑油は，成分的にパラフィン系の潤滑油と，ナフテン系の潤滑油に分けられる．パラフィン系は，一般的に粘度指数が大きく，酸化安定性，熱安定性が良く，化学的に安定である．また抗乳化性にも優れ，引火点が高いという潤滑油としての長所を有している．一方，ナフテン系は流動性が低く，使用用途により使い分けている．

4-4-4　石油産業とバイオテクノロジー

石油および炭化水素とバイオテクノロジーの関係は古くからある．例えば，1890～1910年代にかけ，種々の微生物による炭化水素の利用に関する研究が始まり，1920年代には，微生物がいろいろな炭化

表 4-14　炭化水素利用能を有する微生物

微生物	菌　種	利用する炭化水素
細菌および放線菌	*Pseudomonas aeruginosa*	ケロシン，ヘキサン，ヘプタン，ナフタレン
	P. fluorescens	ヘプタン，ゴム，メチルシクロヘキサン
	P. methanica	メタン
	Desulfovibrio desulfuricans	デカンおよび高級炭化水素
	Micrococcus paraffinae	パラフィン
	Achromobacter agile	ケロシン，パラフィン，アスファルト
	Bacillus toluolicum	ベンゼン，トリオール，キシレン
	Corynebacterium hydrocarboclastus	ケロシン
	Mycobacterium paraffinicum	ガス状炭化水素（除メタン）
	M. lacticola	アセチレン，パラフィン，ゴム
	Nocardia opaca	パラフィン
	N. salmonicolor	パラフィン
酵母	*Candida utilis*	ケロシン
	C. tropicalis	ケロシン
	C. lipolytica	ケロシン
	C. rugosa	ケロシン
	C. krusei	ケロシン
	Mycotorula japonica	ケロシン
	Hansenula anomala	ケロシン
糸状菌	*Fusarium Moniliforme*	*n*-デカン，*n*-ドデカン
	Aspergillus flavus	パラフィン，エチレン
	A. versicolor	*n*-トリコサン，*n*-ヘプタコサン，*n*-トリアコンタン
	Penicillium sp.	パラフィン

水素を利用することが，既定の事実として受け取られるようになった．

1960年代から1970年代前半にかけて，「石油タンパク質」や「石油からビタミンの製造」などの種々の代謝産物を生産する目的で，炭化水素発酵の研究が試みられた．

炭化水素を資化する微生物は，炭素数の少ない炭化水素では大部分が細菌で，酵母や糸状菌は極めて少なく，菌体以外の生産物を生成した例もまだ多くない．一方，炭素数が14以上のn-アルカン資化菌には，多種類の微生物の存在が知られている．炭化水素は，主として末端メチル基がアルコール → アルデヒド → 脂肪酸の経路で酸化され，β-酸化によりアセチルCoAを経て，クエン酸回路に入り分解される．これまでに知られている主な炭化水素利用能を有する微生物の例を表4-14に示す．

最近は，上記の炭化水素利用微生物を利用した，炭化水素中に存在する硫黄をバイオテクノロジー技術により除去するバイオ脱硫や，タンカー事故などにより流出した原油などをバイオテクノロジーの技術により環境修復を試みる，バイオレメディエーションの研究が活発に繰り広げられている．今後，炭化水素と環境に関連したバイオテクノロジー技術がますます発展してくるものと思われる．

4-4-5　石油関連物質の浄化

企業における産業廃水処理は，大きな費用を要するが，環境問題を考えると避けて通れない問題である．石油業界における廃水処理は，処理量が多量であることに加え，原油由来の難分解性物質を多く含むという特性がある．これまでその処理には，多大な時間と経費を要していた．

日本石油では，従来の活性汚泥法に改良を加え，微生物を固定化する新たな高効率廃水処理システムを開発した.

有機性廃水における処理技術の中心は生物学的処理であり，その主流として活性汚泥法が広く用いられている．しかし，活性汚泥法は以下に述べるような問題点がある.

①微生物濃度を高く保持できないため，長い処理時間を要す.

②余剰汚泥が大量に発生し，その処理処分に多大の費用を必要とする.

③維持管理に習熟が必要である.

近年，これらの課題を解決するために，微生物を固定化した担体を曝気槽内に投入し，活性汚泥法の持つ弱点を克服しようという試みが多数なされている.

日本石油では，燃料油のアップグレード化に伴い残油分解装置の導入が行われ，これに伴う高濃度フェノール含有廃水の処理が問題となっていた．このフェノール含有廃水を，従来法である活性汚泥法に比べ，高効率，省スペース，しかも低コストに処理する方法の必要性が生じ，包括固定化担体を用いた廃水処理生物リアクターを開発するに至った.

（1）微生物の固定化方法および担体

一般に，微生物の固定化方法については，大別して以下の2つの方法がある（図4-31）.

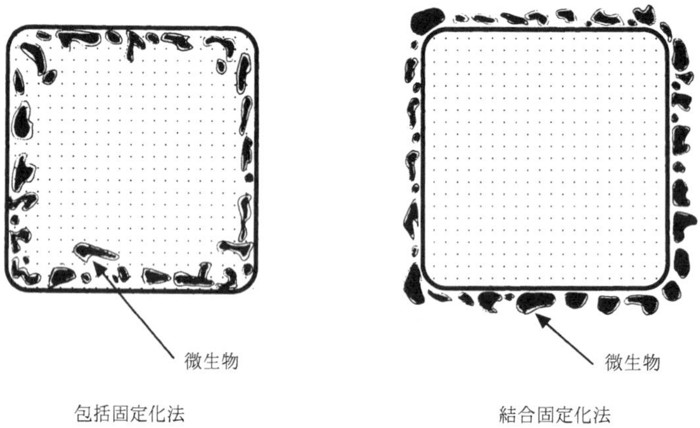

図4-31　微生物の固定化方法およびその担体（日本石油提供）

①包括固定化法：微生物を担体の微細な格子構造内に取り込み包括する方法.

②結合固定化法：水に不溶性の担体に微生物を付着または保持させる方法.

いずれの担体もその使用方法は，生物反応槽に添加することにより，流動層型生物膜法の機能を付加し，小容量化や処理性能の安定化を目指すものである.

日本石油ではまず，微生物の固定化方法の検討を行った結果，ポリビニルアルコール（PVA）を基材とし，凍結解凍法により微生物を包括固定化したゲル状担体を開発した（日本石油ではMCATと命名）.

MCATは，以下のような特徴を有した担体である.

①白色不透明なゴム状弾性体である.

②含有率80～90%.

③主成分である水は強固に保持されており，万力で締め付けるほどの圧縮を与えない限り，分離・浸出しない.

④走査電子顕微鏡による観察では，表面および断面とも数10～100nmの細孔が分布しており，その中に微生物が固定化されている.

⑤比重は1.02～1.03で，水に非常に近く，流動性がよい.

⑥生体との適合性に優れている.

⑦汚濁物質の透過性に優れている.

⑧耐酸・耐アルカリである.

(2) MCATを用いた廃水処理の原理

MCATを用いたプラントのブロックフローを図4-32に示す．残油分解装置からの廃水は，廃水ストリッパーおよびオイルセパレーターを通り，調整槽に入る．次に，調整槽でpHを中性付近に調整し，不足する窒素やリン分を添加後，MCATが充填された主反応槽である生物反応槽に送り込まれる．廃水は生物反応塔底から送り込まれ，塔底からディフューザーにより供給される空気と並流接触し，流動するMCATと効率よく接触して廃水中の汚濁物質が分解される．生物反応槽の構造および通気量は5cmモックアップ装置を用いた模擬流動実験を重ねることにより最適化を図り，好気的生物処理に適した仕様となっている．生物反応槽を出た処理水は凝集沈澱槽・サンドフィルターを経て，最終的には活性炭槽を通り，洗浄水として再利用されている.

日本石油では，このバイオリアクターを1992年から同工場内で稼働させ，日量800m^{3}の廃水を処理している．本プラントの滞留時間は，最大負荷時約1.3時間であり，フェノール負荷濃度250mg/ℓの廃液を0.5mg/ℓ以下にまで処理可能となった.

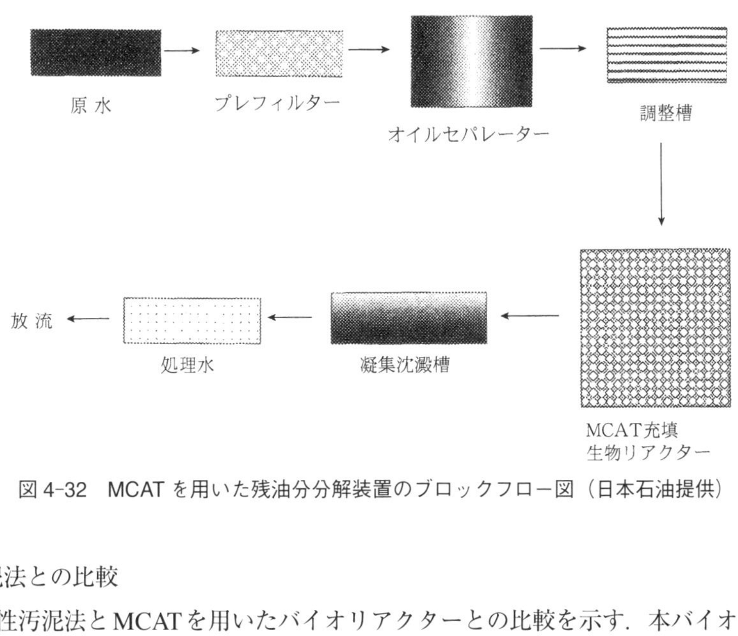

図4-32　MCATを用いた残油分分解装置のブロックフロー図（日本石油提供）

(3) 活性汚泥法との比較

表4-15に活性汚泥法とMCATを用いたバイオリアクターとの比較を示す．本バイオリアクターは従来の活性汚泥法と比べ，フェノール容積負荷を高く取ることができ，建設面積を大幅に削減できるとい

う特徴を有している．

このように日本石油は，従来の活性汚泥法に比べ，滞留時間が短く，コンパクトで維持管理が容易であるなどの特徴を持つ，高効率廃水処理システムを開発した．本バイオリアクターはフェノール含有廃水および下水高度処理を目指し開発されたが，食品工場や化学工場などの産業廃水に対しても，生物処理が可能な廃水であれば十分適用可能である．特に，下水道放流の前処理のように，比較的高いBODを“粗取り”する用途にその能力を発揮するものと考えられる．

表 4-15　活性汚泥法との比較

	活性汚泥法	MCAT バイオリアクター法
フェノール容積負荷	1	4
余剰汚泥量	1	0.6
臭気対策	困難	容易
建設面積	1	0.2
建設コスト	1	0.8
メンテナンスコスト	1	0.9

日本石油では，本装置の一般的な廃水処理への応用も目指しており，図 4-33 に示したプロセスが考えられている．中央の生物処理反応槽にはPVA担体MCATを充填してあり，主反応槽となる．

現在では，製造業において環境保全は無視できない問題であり，今後さらにその技術開発の重要性は増していくものと考えられる．微生物固定化担体を用いた技術は高いポテンシャルを持つ技術であり，「環境保全」という領域において重要なキーテクノロジーになると考えられる．ここで紹介した日本石油の環境浄化への取り組みは，現段階では自社のみでの稼働であるが，将来一つの産業として成り立つ

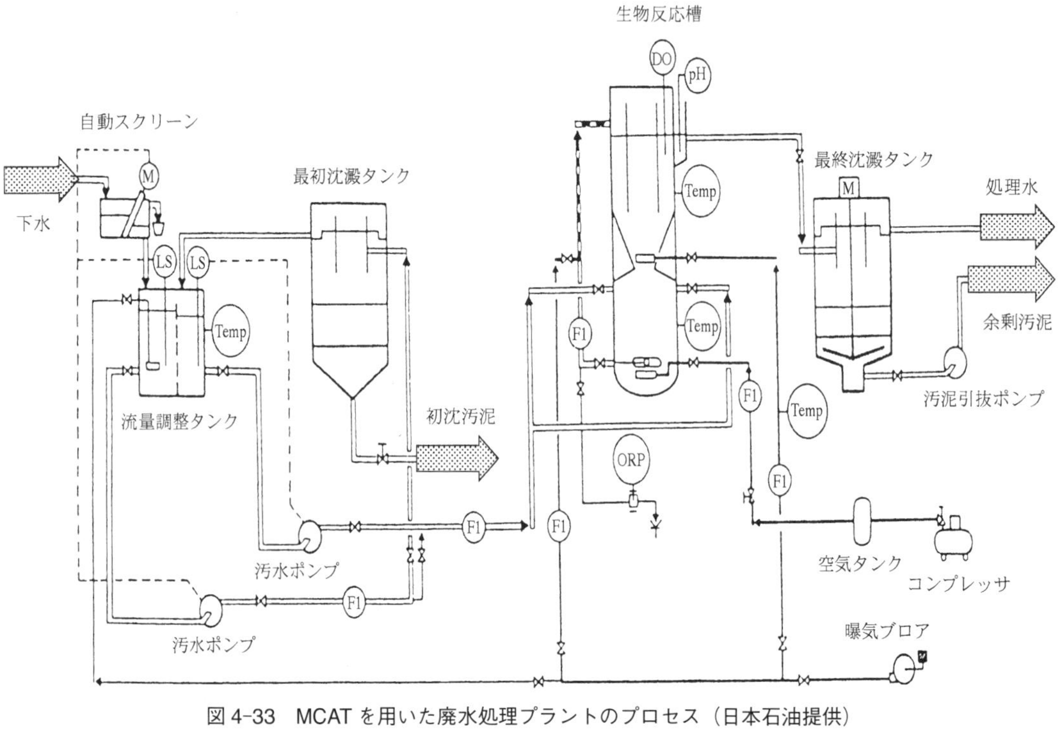

図 4-33　MCAT を用いた廃水処理プラントのプロセス（日本石油提供）

可能性が考えられる（4-6 参照）.

4-5　繊維・製紙

4-5-1　繊維・製紙業界

繊維業界では，繊維部門の生産拠点を，コストダウンのため，東南アジア諸国などに移しており，国内では非繊維部門が大きくなっているのが現状である．特に大手企業においては医薬品部門，診断薬部門，酵素部門といったバイオ部門への進出が多くあり，繊維部門を越える売上げを出している企業も多い．一方，環境分野への進出もあり，今後ますます他部門への展開が予想される．しかしながら，繊維部門においても，航空機などの産業用途に需要が高い炭素繊維といった高付加価値の繊維の研究開発も積極的に行われている．繊維・製紙業界の主要企業を表 4-16・17 に示す．

表 4-16　繊維業界の主要企業（1998 年調べ）

企業名	資本金	売上高	従業員数（人）
旭化成工業	1033 億 8800 万円	1 兆 0697 億 7100 万円	14586
東レ	969 億 3700 万円	6008 億 3200 万円	9650
帝人	707 億 8700 万円	3197 億 8000 万円	6130
東洋紡	433 億 4100 万円	2984 億 6600 万円	5750
クラレ	737 億 4900 万円	2824 億 3100 万円	4718
鐘紡	313 億 4100 万円	2572 億 9100 万円	4161
三菱レイヨン	519 億 2600 万円	2484 億 6600 万円	4718
ユニチカ	237 億 9800 万円	2312 億 1600 万円	3667
日清紡	275 億 8700 万円	1703 億 1800 万円	5102
グンゼ	260 億 7100 万円	1584 億 6300 万円	3384
ワコール	132 億 6000 万円	1373 億 7700 万円	5022
クラボウ	220 億 4000 万円	1238 億 2200 万円	2361
日東紡	196 億 9900 万円	962 億 3200 万円	2594
福助	33 億 8000 万円	751 億 6600 万円	1509
富士紡績	54 億 0000 万円	727 億 5100 万円	1809
住江織物	95 億 5400 万円	642 億 1300 万円	1150
セーレン	151 億 5500 万円	597 億 1800 万円	2209
シキボウ	103 億 5800 万円	582 億 2500 万円	1538
日本毛織	64 億 0000 万円	552 億 7000 万円	1303
東邦レーヨン	130 億 6500 万円	481 億 4000 万円	1222
日本バイリーン	98 億 1600 万円	471 億 2100 万円	1237
豊田紡織	45 億 5800 万円	414 億 5100 万円	1307
小松精錬	46 億 8000 万円	310 億 6600 万円	1144

（2012 年調べ）

企業名	資本金	売上高	従業員数（人）	年収（万円）
東レ	1478 億 7300 万円	1 兆 5886 億 0400 万円	（連）40227	648（36.1 歳）
旭化成	1033 億 8900 万円	1 兆 5732 億 3000 万円	（連）25409	923（42.7 歳）
トヨタ紡織	84 億 0000 万円	9642 億 9500 万円	（連）31883	585（35.7 歳）
帝人	708 億 1600 万円	8543 億 7000 万円	（連）16819	737（41.2 歳）
日清紡ホールディングス（旧日清紡）	275 億 8700 万円	3793 億 4000 万円	（連）22304	677（40.4 歳）
クラレ	889 億 5500 万円	3689 億 7500 万円	（連）6776	694（41.0 歳）
東洋紡	517 億 3000 万円	3495 億 0500 万円	（連）10479	585（39.6 歳）

企業名	資本金	売上高	従業員数（人）	年収（万円）
ユニチカ	262億9800万円	1746億6200万円	（連）4745	507（39.1歳）
ワコールホールディングス	132億6000万円	1718億9700万円	（連）16524	698（47.6歳）
クラボウ	220億4000万円	1590億8100万円	（連）5036	516（39.8歳）
グンゼ	260億7100万円	1366億2100万円	（連）8963	525（42.3歳）
日本毛織	64億6500万円	876億5900万円	（連）4699	513（45.1歳）
セーレン	175億2000万円	860億5900万円	（連）5236	487（39.0歳）
日東紡	196億9900万円	826億3800万円	（連）2846	642（43.1歳）
住江織物	95億5400万円	708億9100万円	（連）2282	603（42.4歳）
シキボウ	113億3600万円	458億7000万円	（連）3217	459（43.1歳）
日本バイリーン	98億1600万円	440億0400万円	（連）1532	591（43.4歳）
富士紡ホールディングス	54億0000万円	362億8200万円	（連）1451	677（42.5歳）

三菱レイヨン（三菱ケミカルホールディングス傘下へ移行）

表 4-17　製紙業界の主要企業（1998年調べ）

企業名	資本金	売上高	従業員数（人）
王子製紙	1038億8000万円	9676億9300万円	14044
日本製紙	1048億2900万円	6792億0600万円	7175
大昭和製紙	317億8400万円	3234億3500万円	3657
大王製紙	224億8400万円	3089億0400万円	2998
レンゴー	231億0200万円	2265億7400万円	3592
三菱製紙	308億6500万円	1863億1700万円	3524
北越製紙	218億3500万円	1137億6500万円	1110
中越パルプ工業	172億5900万円	1125億5500万円	1240
セッソ	399億8000万円	611億4700万円	973
日本加工製紙	115億2200万円	578億1900万円	971
紀州製紙	51億4000万円	502億9200万円	957
日本板紙	108億6300万円	420億5200万円	1275

（2012年調べ）

企業名	資本金	売上高	従業員数（人）	年収（万円）
王子製紙	1038億8000万円	1兆2129億1200万円	（連）24683	679（42.7歳）
日本製紙グループ本社	557億3000万円	1兆0424億3600万円	（連）13407	—
レンゴー	310億6600万円	4926億2800万円	（連）12961	681（38.6歳）
大王製紙	304億1500万円	4089億8500万円	（連）3983	573（37.0歳）
北越紀州製紙（旧北越製紙）	420億2000万円	2305億7500万円	（連）4001	586（42.1歳）
三菱製紙	327億5600万円	1948億5600万円	（連）4341	571（43.3歳）
中越パルプ工業	172億5900万円	1006億3700万円	（連）1741	556（38.2歳）

紀州製紙（北越紀州製紙へ移行）
日本製紙（日本製紙グループ本社へ移行）
大昭和製紙（日本製紙グループ本社へ移行）
日本板紙（日本製紙グループ本社へ移行）

4-5-2　臨床検査用酵素開発

繊維業界では，大手企業を中心としてバイオ部門への進出が多い．東レは動物細胞培養を利用したインターフェロンを上市しており，ユニチカは水処理部門への進出を果たしている．東洋紡でも，繊維部門以外への進出として臨床検査酵素，遺伝子工学用試薬，工業用酵素の研究・開発を行っている．ここでは繊維業界のバイオ部門への取り組みの1つとして臨床検査用酵素の最新動向を示す．

臨床検査分野において，基質特異性に優れた酵素が，生化学診断薬の原料として化学試薬に代わって利用されるようになって久しい．これは酵素法が，簡便性，精度・正確性において優れているためである．

また最近は，遺伝子組換え技術の発展に伴い，臨床検査分野の酵素にも遺伝子組換え技術が適用されるようになってきた．現在では，動物や植物由来の酵素を除き，微生物由来酵素のかなりの数が，遺伝子組換え製品となっている．これは，単なる生産性の向上を目的とするだけでなく，酵素タンパク質の機能と構造の関係を解析し，さらにタンパク質工学的技術を用いて，酵素の安定性向上，薬剤抵抗性の改善から基質特異性の改変などの酵素タンパク質の機能改変の段階にまで至っている．表4-18に臨床診断に用いられる組換え酵素を示す．

遺伝子工学やタンパク質工学の最新の技術を用いて，既に上市されている臨床診断薬である変異型サルコシンオキシダーゼの開発について示す．

表4-18　体外診断薬に用いられる組換え酵素

項目名	酵素名
GOT	リンゴ酸脱水素酵素
クレアチニン	クレアチニナーゼ
	クレアチナーゼ
	サルコシンオキシダーゼ
コレステロール	コレステロールオキシダーゼ
トリグリセライド	グリセロリン酸オキシダーゼ
グルコース	ヘキソキナーゼ
	グルコース6リン酸脱水素酵素
	グルコース脱水素酵素
尿酸	ウリカーゼ
尿素窒素	ウレアアミドリアーゼ
無機リン	シュークロースホスホリラーゼ
α－アミラーゼ	α-グルコシダーゼ
胆汁酸	3α-ヒドロキシステロイド脱水素酵素
シアル酸	ノイラミニダーゼ
	N-アセチルノイラミン酸アルドラーゼ
	N-アシルマンノサミン脱水素酵素
ポリアミン	アセチルポリアミン加水分解酵素
その他	ピルビン酸オキシダーゼ
	乳酸オキシダーゼ
	ロイシン脱水素酵素
	アラニン脱水素酵素
	モノグリセリドリパーゼ
	L-フコース脱水素酵素
	ミオイノシトール脱水素酵素
	NAD合成酵素

サルコシンオキシダーゼは，腎透析などの指標となるクレアチニンの測定試薬に用いられる酵素である．クレアチニン測定の原理を図4-34に示す．

本酵素は*Arthrobacter* sp.により産生される酵素であるが，安定性が悪いことやHg^{2+}やAg^{+}に対する

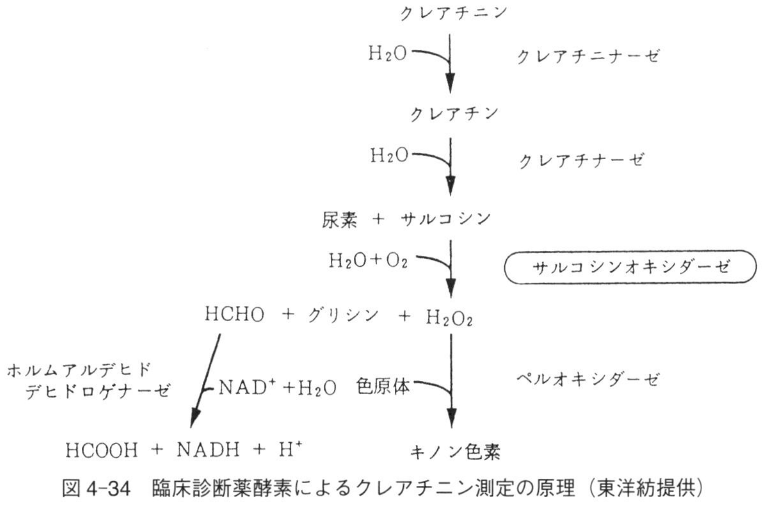

図4-34　臨床診断薬酵素によるクレアチニン測定の原理（東洋紡提供）

表 4-19　変異型クレアチニンの性質（東洋紡提供）

	野生型	C265S	C265A	C265D	C265R
Km（Sarcosine;mM）	3.9	2.8	2.6	3.4	3.6
比活性（U/mℓ）	19.8	19.2	16.3	10.1	20.8
阻害剤（60 分，37℃で放置後の残存活性（%））					
0.1mM NEM	30	80	65	49	37
0.lmM PCMB	3.2	62	58	62	47
10μM $AgNO_3$	2.8	50	67	85	26
10μM $HgCl_2$	5.6	60	60	56	56

抵抗性が低いという欠点があった．東洋紡では，これらの欠点を解決するために本酵素遺伝子を分離し，タンパク質工学の技術を利用して改変サルコシンオキシダーゼの開発を行った．

まず，サルコシンオキシダーゼ遺伝子のクローニングを大腸菌中で行い，遺伝子の全塩基配列を明らかにした．その後，本遺伝子を利用して改変型酵素を作製するため，改変酵素のデザインを行った．東洋紡績では，化学物質との反応性に富むアミノ酸残基を他のアミノ酸に換えることにより安定な改変型酵素を創ることを試みた．

遺伝子配列から予測されたアミノ酸配列から，そのハイドロパシー・プロファイル（hydropathy profile，アミノ酸配列からタンパク質の疎水性の度合いを示したもの）を解析し，タンパク質表面に存在する反応性に富む 2 カ所のシステイン残基を予想した．次に，両システイン残基にセリン，アラニン，アスパラギン酸，およびアルギニンの 5 つのアミノ酸置換を導入した．その結果，318 番目のシステイン残基に変異を導入した変異型酵素は，酵素活性を示さず，酵素機能に対する重要性が示唆された．一方，265 番目のシステイン残基に変異を導入した変異型酵素の酵素特性はほとんど変化せず，Hg^{2+} や Ag^{+} に対する金属イオンや阻害剤に対する抵抗性が向上していた（表 4-19）．

さらにこの 265 番目のシステイン残基に変異を導入した変異型酵素は，基質との親和性が向上し，サルコシンオキシダーゼの阻害剤である p-Chloromercuribennzoate（PCMB）に対しても，著しい耐性が付与された．また酵素自身の安定性の向上も認められた．

このように，遺伝子工学やタンパク質工学の最新の技術を駆使して得られた研究成果が，製品として上市される時代に既に突入している．

4-5-3　酵素産業

酵素産業は，バイオテクノロジー技術を必要とする分野である．先の項で示した東洋紡の新規酵素開発のように，最も新しい技術が製品と直結している分野の 1 つである．

酵素の種類は多く，食品産業分野，洗剤産業分野，繊維産業分野，医療分野など，幅広い分野で使用されている．現段階ではその市場は決して大きいとはいえないが，確実に需要は増大している．日本における酵素市場を表 4-20 に示す．

酵素専業企業は，天野エンザイム，ナガセ生化学工業などがある．最近は，繊維業界から東洋紡，化学業界から旭化成工業，食品業界から宝酒造やキッコーマンなどの企業が参入している．外資系企業としては，ノボノルディスクインダストリーや日本ロッシュなどがある．

酵素の製造は，微生物起源，植物起源，動物起源のものがあるが，微生物起源のものが主である．酵

表4-20　日本における酵素市場（天野エンザイム，東洋紡より資料提供）

酵素市場分類	売上高(億円)	主な酵素
食品分野	90	アミラーゼ，グルコアミラーゼ，プルラナーゼ，ペクチナーゼ，セルラーゼ，キシラナーゼ，グルカナーゼ，プロテアーゼ，パパイン，レンネット，トリプシン，リパーゼ，リゾチームなど
洗剤分野	75	プロテアーゼ，セルラーゼ，リパーゼなど
繊維分野	50	アミラーゼ，プロテアーゼなど
医薬品酵素原料	50	消化酵素（プロテアーゼ，リパーゼなど），消炎酵素（リゾチームなど）などの医薬関連酵素
臨床検査用酵素	50	表4-18参照
遺伝子工学用酵素	50	制限酵素，各種修飾酵素，PCR用酵素など
その他産業用酵素	50	廃水処理用酵素，飼料用酵素など

素の精製は，用途により精製度が異なり，医薬品関連や遺伝子工学用酵素は高い精製が要求されるのに対し，産業用酵素はそれほど高い精製が要求されない．しかしながら，産業用酵素は生産量が重要である．このため大型バイオリアクターを用いた生産が必要である．主な産業用酵素の製造方法を図4-35に示す．

医薬用酵素や遺伝子工学用酵素は，図4-35に示すプロセスの後に，カラムクロマトグラフィーなどを用いて精製することが必要であり，高い比活性と純度が要求される．

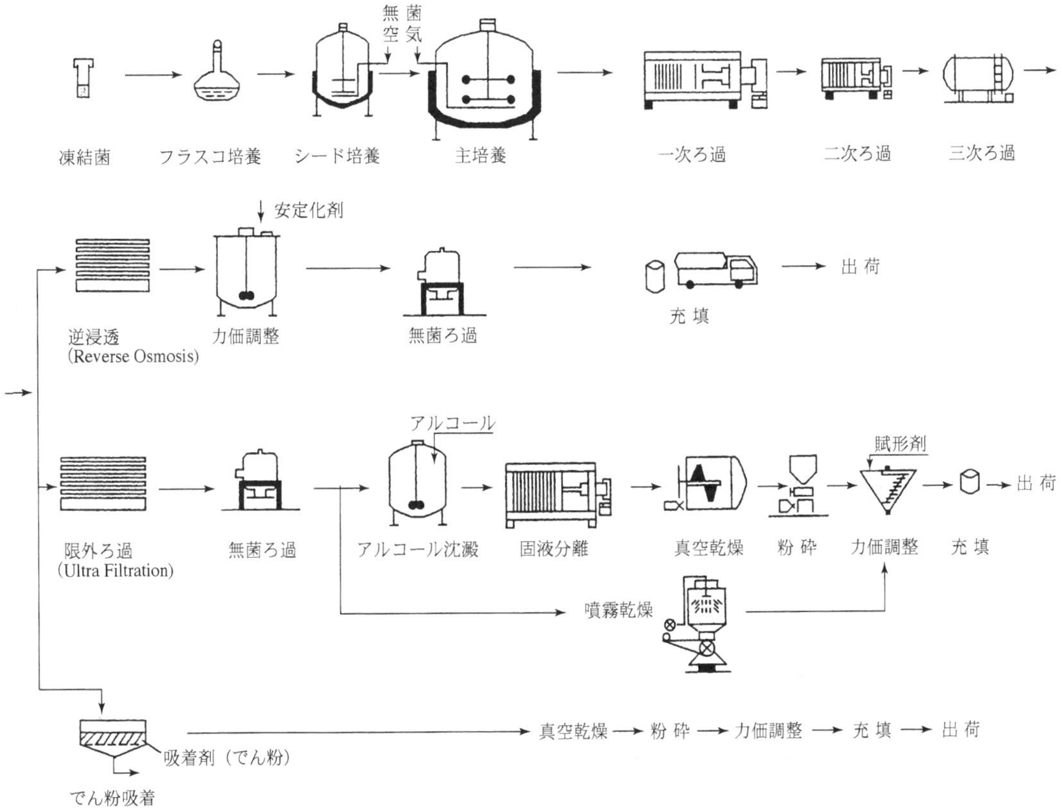

図4-35　微生物酵素の生産プロセス（大和化成提供）

4-6 環境関連

4-6-1 環境関連業界

環境関連企業として分類するには，業種分野が多岐にわたり難しい．ここでは，水処理関連の主要な企業を紹介する．表 4-21 に水処理関係の主要企業を示す．

水処理関連の上記表に挙げている主要企業の多くは，大規模の水処理を主に取り扱っている．その他，水処理を専門にする中小企業は各地に多数存在し，それぞれの独自の技術を有し，中小規模の水処理設備に強みを発揮している．

表 4-21 水処理の主要企業（1998 年調べ）

企業名	資本金	売上高	従業員数（人）
栗田工業	134 億 5000 万円	1238 億 0900 万円	1825
オルガノ	82 億 2500 万円	660 億 7800 万円	939
神鋼パンテック	40 億 2000 万円	441 億 1000 万円	929
(ユニチカ	237 億 9800 万円	2312 億 1600 万円	3667)

(ユニチカは繊維部門でも記載)

(2012 年調べ)

企業名	資本金	売上高	従業員数（人）	年収（万円）
栗田工業	134 億 5000 万円	1937 億 9200 万円	（連）4555	821（40.4 歳）
神鋼環境ソリューション	60 億 2000 万円	711 億 9600 万円	（連）1942	732（43.9 歳）
オルガノ	82 億 2500 万円	685 億 0200 万円	（連）1770	692（40.0 歳）
(ユニチカ	262 億 9800 万円	1746 億 6200 万円	（連）4745	507（39.1 歳）)

(ユニチカは繊維部門でも記載)

4-6-2 廃水処理

廃水処理は，ヨーロッパにおける産業革命以後，都市への過度の人口集中で，従来の河川の希釈自浄作用に限界をきたしたことから，19 世紀後半から欧米を中心として生物学的処理方法の研究がされるようになったのが始まりである．生物学的廃水処理方法の中心技術である活性汚泥法は，1913 年に英国の Arden と Lockett によって開発された．

我が国における下水処理システムは，欧米に比べ立ち遅れていた．これは，戦前まで下水（し尿）を農地に還元するシステムが，ある程度問題なく機能していたためとされる．その後，「公害対策基本法」の制定により，河川，湖沼，海域についての環境基準が示された．また事業所からの廃水基準は，「水質汚濁防止法」や「下水道法」により，厳しく管理されるようになっている．

最近では，「瀬戸内海環境保全特別措置法」など，地域ごとに規制値を設けるところが多く，特に閉鎖性水域における富栄養化の進行を防止するため，COD（Chemical oxygen demand，化学的酸素要求量）や BOD（Biochemical oxygen demand，生化学的酸素要求量）の総量のみならず，廃水からの窒素やリンの除去が求められる状況となっている．今後さらに物質ごとの環境基準が設定される傾向にあり，高度廃水処理の技術開発が必要となってくる．

4-6-3　廃水処理法

廃水の汚染度は，CODやBODが主な指標となっているが，最近では，物質ごとに細かく排出基準が決められている．BODとは，廃水中の汚染源である有機物質が微生物により酸化されるために，5日間，20℃にて消費される酸素の要求量をmg/ℓまたは100万分の1の単位（ppm）で表したものである．CODとは廃水中の有機物により化学的に消費される酸素の量をBODと同一の単位（mg/ℓまたはppm）で表される．

廃水処理は，現在大きく2つの方法が用いられている．1つは生物学的方法と，もう1つは物理・化学的方法である．現在は，生物学的方法が主流を占めている．表4-22に生物学的方法の現状を示す．

生物学的処理法は，現在廃水処理の中核をなすもので，活性汚泥法（activated sludge process）は，我が国の下水処理場において90%以上採用されている最も中心的な処理方法である．

散布ろ床法は（trickling filter process）は，我が国において最初に採用された下水処理システムである．この方法は，処理コストの安い反面，処理水質が活性汚泥法に比べ悪く，また高い容積負荷量をとれないことや，ろ床で目詰りを起こすことなどの問題点があり，最近ではあまり普及していない．酸化池法は，広大な敷地が要求されるため，国土の狭い我が国には不適であるため，一部の工場廃水の処理に機械的曝気式の酸化池が稼働している以外あまり見られないのが現状である．

一方，嫌気性廃水処理法は，酸素とNOx-Nの存在しない条件下（anaerobic）で行う処理法であり，好気条件下（aerobic）で行う活性汚泥法では処理しにくい濃縮下水汚泥や高濃度の工場廃水処理などに用いられている．

表4-22　主な生物学的処理方法の現状

処理名	処理条件	処理物質	代表的な処理方法
活性汚泥法	好気	BOD	標準活性汚泥法，長時間曝気法，ステップエアレーション法，酸化溝法，純酸素活性汚泥法，超深層曝気法
生物膜法	好気	BOD	散布ろ床法，回転円板法，浸漬ろ床法
酸化池法	好気	BOD	好気性池，通性池
好気性消化法	好気	BOD	好気性汚泥消化法
嫌気性消化法	嫌気	BOD	嫌気性汚泥消化法
嫌気分解法	嫌気	BOD	嫌気性ろ床法，嫌気性流動床，嫌気スラッジブランケット法，嫌気性池法

4-6-4　活性汚泥法

活性汚泥法による下水処理プロセスを図4-36に示す．流入下水中の粗大な懸濁性物質はスクリーンにより，また土砂類は沈砂池でそれぞれ除去された後，最初沈澱池に送られ主として沈澱性有機物が除去される．以上の一連の処理プロセスを1次処理と呼び，BOD，SS（suspended solid，懸濁性物質）がそれぞれ30～40%，50～60%程度の効率で除去される．

最初沈澱池流出水は，曝気槽（aeration tank）に送られ，返送汚泥と混合された後，流入水量の3～7倍の空気によって3～8時間曝気される間に，下水中の有機物が活性汚泥中に含まれる微生物によって分解・資化される．曝気槽混合液は最終沈澱池で固液分離され，得られる上澄液は塩素消毒された後，最終処理水として放流される．沈澱汚泥の一部は，返送汚泥として曝気槽に返送されるが，それ以外は余剰汚泥として最初沈澱汚泥とともに汚泥濃縮槽に送られる．濃縮汚泥は嫌気性消化槽（anaerobic

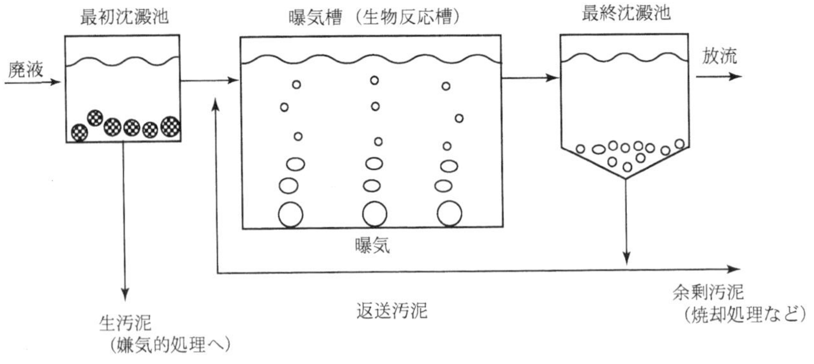

図 4-36　活性汚泥法のプロセス

digester）に送られ，37℃で約 1 月間消化処理（加水分解 → 酸発酵 → メタン発酵）される．消化汚泥は洗浄後，凝集剤を加えて調質し，水分が 75% 程度になるまで脱水された後，肥料化されたり埋め立てあるいは焼却処理により処分されている．以上，汚泥処理まで含めた処理は 2 次処理と呼ばれ，BOD が 80 ～ 95%，T-N（total nitrogen，総窒素量）が 20 ～ 40%，T-P（total phosphorus，総リン量）が 10 ～ 30% の効率で除去され，BOD10 ～ 20mg/ℓ，SS5 ～ 10mg/ℓ，T-N15 ～ 30mg/ℓ，T-P1 ～ 5mg/ℓ 程度の水質の処理水が得られる．

活性汚泥内での食物連鎖（food chain）は，主として細菌と原生動物から構成される混合微生物集団で，100 ～ 1000μm の不定形のフロックから成る．活性汚泥中で細菌は流入廃水中の有機物を好気的に代謝して増殖し，原生動物はこの増殖した細菌を捕食して増殖するという食物連鎖が形成されている．原生動物には発生汚泥を減少させる働きのほか，細菌の凝集を促進してその沈降性を高める．*Vorticella* などの繊毛虫は，活性汚泥フロック外に分散している細菌を捕食し，処理水を透明にするなどの有用な働きが認められている．

4-6-5　バイオレメディエーションによる土壌環境浄化

大気汚染や水質汚染は，目に見える深刻な環境問題であり，我が国では 1960 年代から法整備がなされてきた．一方，土壌汚染は目に見えない汚染であり，法整備は遅れていたが，2003 年に「土壌汚染対策法」が施行され，また 2010 年に大幅に改訂され，現在に至っている．

汚染土壌の処理法には，掘削除去や盛土，舗装，封じ込め，化学的分解など多数の選択肢があり，各汚染環境に適した処理法が選択されている．現在，処理期間の短さと確実性から，国内では約 6 割が掘削除去で浄化が行われている．石油系炭化水素汚染の場合，掘削後，搬出された汚染土壌は，重油を利用して加熱・焼却して浄化する方法が実用化されており，いくつかのプラントが稼働中である．

一方，環境負荷がより小さく，原位置浄化が可能な汚染土壌浄化技術として，生物機能を応用した環境修復技術の研究開発がなされている．この技術は，バイオレメディエーション（bioremediation）と呼ばれている．バイオレメディエーションは，狭義には微生物による環境汚染物質の分解・除去技術を指し，土壌環境の浄化に用いられることが多い．一方，植物を用いた環境修復技術は，ファイトレメディエーションと呼ばれ，バイオレメディエーションとは区別されている．

バイオレメディエーションには，微生物の栄養分を投与して，土着の微生物を活性化するバイオスティミュレーション（biostimulation）と，汚染物質を分解する微生物を外部から投入するバイオオーグメンテーション（bioaugmentation）がある．

現在までに，土木工学や環境工学の技術を活用した，微生物の活性化法が実用化されている．例えば，土壌を切り返して通気するランドファーミング法や，山積みにした汚染土壌中に配管を通し，空気や水分，栄養分を供給するバイオパイル工法などがよく使われている．

バイオレメディエーションに必要なエネルギーは，加熱や焼却処理法に比べて大幅に少ないことから，アメリカやオランダでは積極的に導入されており，環境浄化事業の約半分にも達している．

近年，我が国ではバイオレメディエーションが及ぼす生態系への影響などを考慮して，環境省および経済産業省からバイオレメディエーション利用指針が発表された．現在7件の工法が大臣確認を受けている（2011年5月31日現在）．ここでは，本適応を受けた日工および熊谷組の石油汚染土壌浄化に関する新技術を紹介する．

石油系炭化水素の土壌汚染では，長鎖アルカンやシクロアルカンが長期にわたり残存する．また，バイオレメディエーションでは，半年から1年程度の処理工期が必要であるため，残存しやすい炭化水素の効率の良い除去方法が求められていた．

土壌環境中に残存しやすい長鎖アルカンやシクロアルカンを効率よく分解する微生物を環境中からスクリーニングしたところ，*Rhodococcus erythropolis* と *Gordonia terrae* が非常に効率よく分解することを見いだした．これら2菌株は，土壌環境下でも効率よく長鎖アルカンやシクロアルカンを分解し，バイオオーグメンテーションに適した石油分解菌であった．

一方，実験室では汚染土壌と石油分解菌や栄養塩を均一に撹拌することは容易であるが，実際の汚染現場で大量の汚染土壌を処理するためには，新しい技術構築が不可欠であった．従来は重機を用いた混合を行っていたため，微生物等が均一に分散せず，確実なバイオレメディエーションが行えなかった．そこで，大量の汚染土壌を実験室と同レベルまで撹拌が行える高効率バイオレメディエーション装置を設計・製作した（図4-37）．本装置は，一定量の土壌に対し，石油分解菌や栄養塩を正確に投入できる装置を搭載しており，均一な撹拌が可能となり，処理時間の大幅な短縮が実現した．

バイオレメディエーションの高効率化には，石油分解菌や環境微生物のモニタリングも不可欠である．また，バイオレメディエーション利用指針には，環境浄化後，投与する微生物の残存性や環境微生物に及ぼす影響評価が求められている．そこで，石油分解菌に共通するアルカンヒドロキシラーゼ遺伝子（*alkB gene*）と定量PCRシステムを用い，投与する石油分解菌のモニタリングの技術を構築した．さらには，土壌中のeDNA量により，環境中に存在するバクテリア量を定量する新たな技術構築を行った．

図4-37　高効率バイオレメディエーション装置

本技術により，環境中に棲息する石油分解菌数を正確に把握することが可能となり，石油分解菌の追加投与が正確に行えるようになったた

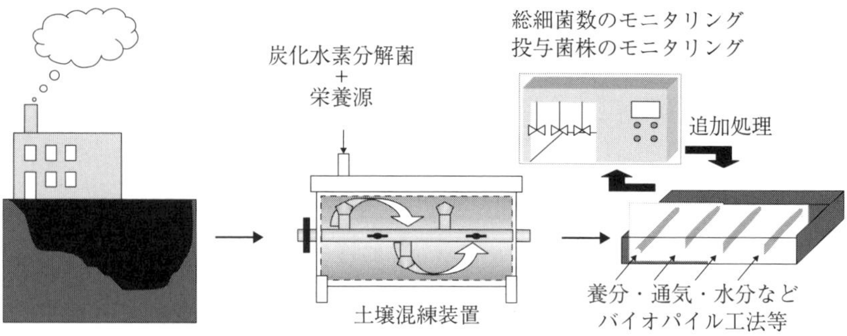

図 4-38　高効率バイオレメデイエーションシステムの概略図

め，浄化効率が向上した．また，環境中に棲息するバクテリアもリアルタイムに把握することが可能となり，環境影響評価にも耐えうる，新しいバイオレメディエーション技術が完成した（図 4-38）．

4-6-6　産業廃棄物処理

産業廃棄物処理は，各企業にとって大きな問題となっている．ここでは最近行われた，企業の産業廃棄物の処理の一例を紹介する．

焼酎は穀物を原料とした蒸留酒（第 4 章食品分野参照）で，アルコール発酵に使用されなかった未分解産物が発酵粕として大量に生じる．これは，ビール，ウイスキー，清酒などにおいても同様である．これまでに，ビール酵母は，整腸剤や微生物培養用培地として再利用されているが，焼酎の発酵粕はほとんど利用されていないのが現状である．

これまで，焼酎の発酵粕はタンパク質やビタミンなどの栄養源に富む未利用資源であることから，海洋生物の餌になるとの考え方に立って海洋投棄を行っていた．これは，国内外の法律でも認められている．しかしながら，環境問題に対する意識の高揚や継続中のロンドン条約締結国会議の動向などにより，焼酎を製造している大手メーカーである協和発酵では海洋投棄の中止を目指し，本システムの開発に取り組んだ．

焼酎を製造する際に生じる発酵粕（協和発酵において，年間 4,000kℓ，乾物で 400 トンの規模）について，地球環境保護最優先の立場から，焼酎粕（穀物系，芋はやや困難）を再資源化するシステムが確立された．協和発酵では，焼酎の発酵粕を動物用の飼料として資源化するため，大量に処理できる工業的システムを開発した．その製造プロセスを図 4-39 に示す．

焼酎由来発酵粕は豊富なタンパク質やビタミンなどの栄養源を含んでいる反面，微生物のアルコール発酵で使用されなかった成分，例えば繊維分などが多く含まれる．そこで動物飼料での消化性などを考慮して，まず酵素（主として自社開発のセルラーゼ）によるセルロース成分の低分子化を行うことにより，従来にはない余剰バイオマス資源の付加価値を付けた．次に，焼酎の発酵粕は，多量の水分を含んでおり動物用飼料として用いるためには水分の除去が必要である．そこで，粘度が高くて濃縮し難い約 90% の水分を含む発酵粕を最終的に約 70% まで濃縮する技術構築を行った．

最終段階として，焼酎由来発酵粕中に比較的乏しい成分であるタンパク質を補うことを試みた．タンパク質源として，やはり植物由来の植物油搾取後の廃棄物である油粕を加えることにより，タンパク質を補充していることも 1 つの特徴である．

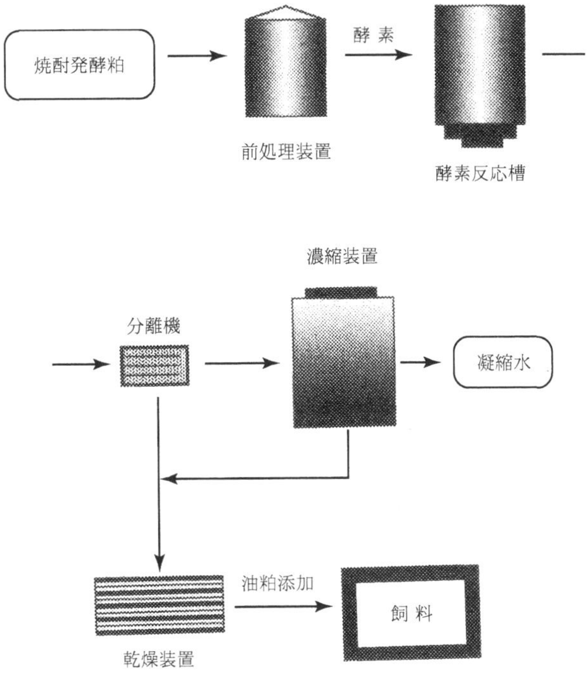

図 4-39　焼酎粕資源化プラントのプロセス（協和発酵提供）

製造プロセスは，上述のように 3 段階の処理から成り立っており，廃棄物を新たな動物用飼料に付加価値化し，新しいバイオマス資源を開発した．

我が国においては，今後企業の環境に対する取り組みが一段と活発になってくるものと予想される．今回紹介した協和発酵の廃棄物の資源化は，比較的資金に余裕のある大手企業の取り組みではあるが，21 世紀を迎える今，企業におけるこのような取り組みはますます重要になってくるものと思われる．本システムは，廃棄物をバイオマス資源と位置づけ，新たな付加価値を付けた形で資源化するとともに，環境浄化を目指した試みとして，環境をビジネスに結びつける点と企業の社会に対する貢献という意味において注目される．

4-6-7　食品製造廃液の新処理技術

デンプン製造業は，食品業界において主要な産業の一つである．我が国においては北海道が，馬鈴薯デンプン製造の一大基地になっている．馬鈴薯からのデンプン製造は，収穫した馬鈴薯をすりつぶし，これに大量の水を加えデンプン質を沈殿させ，この沈殿物を乾燥させることでデンプンを得ている．そのため馬鈴薯残渣物として，高濃度のタンパク質を含む水溶液（デカンター廃水）が排出される．図 4-40 に示すように馬鈴薯デンプン専業地帯のほとんどの工場では，コストの観点から，デンプン生産量に対して規模の小さい嫌気処理施設にて，デカンター廃水を処理している．このため，デンプン製造期間内に処理できなかったデカンター廃水は，一時的に調整池にて貯留することになり，馬鈴薯デンプン工場が稼働していない春先から夏にかけて，嫌気処理施設を稼働させて対応している．この方法では，調整池に貯留されたデカンター廃水が腐敗し悪臭を放つなど，環境問題を引き起こしていた．

ここでは，馬鈴薯デンプン工場におけるデンプン製造および北海道 JA こしみずと沼津高専で開発し

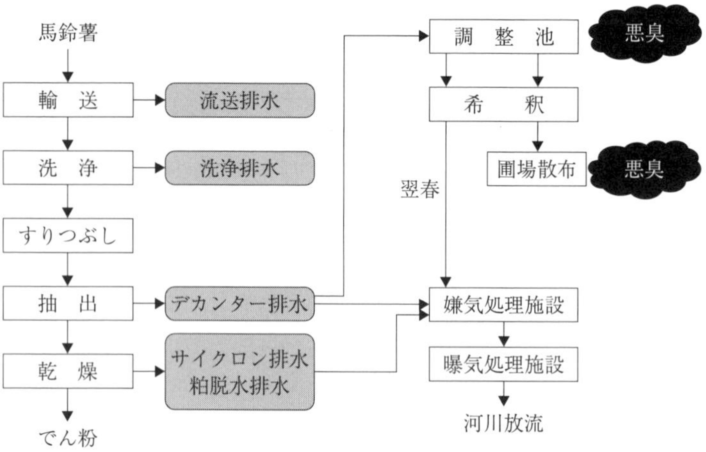

図 4-40　馬鈴薯でん粉製造工程と排水処理工程

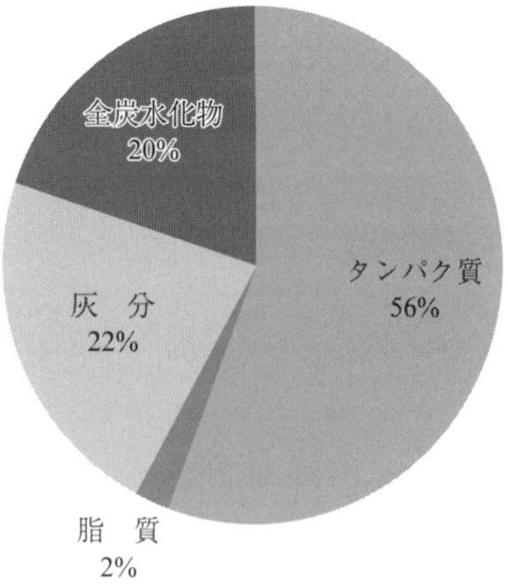

図 4-41　デカンター廃水固形物成分

たデカンター廃水の新規な処理技術を紹介する.

この悪臭の原因物質を特定するため，馬鈴薯デンプン工場のデカンター廃水について成分調査を行った．その結果，水分含量（常圧熱乾燥法）が 95.5%，固形物含量が 4.5% であった．また，固形物中の半分以上がタンパク質であり，デカンター廃水中の主要成分であることが明らかとなった（図 4-41）.

デカンター廃水の貯留池は曝気を行わないため嫌気状態となり，嫌気性微生物が高濃度タンパク質を栄養分として増殖し，その代謝産物であるメチルメルカプタン，アンモニア，トリメチルアミン等が悪臭成分として放出されていた．廃水中に含まれる大量の馬鈴薯由来タンパク質を除去すれば，悪臭を抑えられることが示唆されたことから，新たに廃水からタンパク質除去技術の構築を行った.

廃液処理は，出来る限り簡易で効率の良い処理方法が求められることから，pH 制御による処理方法の可能性を検討した．デカンター廃水原液に塩酸を加え種々の pH に 24 時間放置後，生じた沈殿物を遠心分離し得られた上清の可溶性タンパク質濃度を測定した．その結果，デカンター廃水を酸処理することにより可溶性タンパク質を回収可能なことが明らかとなり，pH 3 以下では可溶性タンパク質の約 8 割が沈殿することがわかった．また，コスト面を考慮し，酸として硫酸，ギ酸，乳酸，酢酸を用いたところ，いずれの酸についても塩酸と同様の効果が得られた.

この方法によれば，少ない費用とエネルギー負担で効率的にデカンター廃水から馬鈴薯由来タンパク質が回収可能となり，悪臭に対する新規な処理技術が構築された．その後回収されたタンパク質の有効利用に関する研究を行ったところ，馬鈴薯由来タンパク質はデンプン粕と混合し乳酸発酵を行うことで，良質な乳牛用飼料（サイレージ）となることが明らかとなり，悪臭処理と共に新たなバイオマス利用の道筋が開かれた.

4-7　その他の異種業界でのバイオテクノロジー

4-7-1　その他の異種業界でのバイオテクノロジーの状況

各企業をとりまく状況は，最近の経済情勢や国際競争の激変により，一段と厳しさを増している．新規事業への展開は，企業の生き残りを含め，多くの企業で模索されている．

自動車業界のトヨタは，車と環境問題が切り離せないという認識のもとで，環境分野への展開を始めている．自動車業界だけでなく，他業種の大手企業から環境分野への参入は少なくない．一方，環境分野だけでなく，バイオテクノロジーとは全く関係ない企業が，農業分野や食品分野へ進出するなど，異業種からのバイオテクノロジー関連への進出はますます増加している．

ここでは，本業とは違う業種から，バイオテクノロジー関連に進出し，すでに製品化している2つの企業を紹介する．

4-7-2　杜仲茶とその培養細胞による二次代謝物質

杜仲は，中国の四川省を原産地とする1科1属1種の落葉樹で，その樹皮は漢方薬の中でも最も高貴なものといわれる．杜仲の学名は「*Eucommia ulmouides*」で「ニレに似た良質のゴム」を意味している．日本では，1912年日本軍が中国から杜仲の木を持ち帰ったことが始まりとされている．このときの目的は，杜仲由来の漢方薬ではなく，糸を引くゴム状物質のグッタペルカであったといわれる．このグッタペルカは，フッ酸にもおかされない耐蝕性を持ち，非常に高い電気絶縁性を示すため，兵器などの各種機器への適用のためであった．

日立造船では，造船以外の新規事業展開として，バイオ事業へ1986年から参入し，産業開発のためのバイオ素材に対する可能性を模索した．その中の1つとして取り上げたのが，杜仲茶事業であった．それは杜仲の漢方薬成分に着目し，従来は漢方薬として用いられていた杜仲を現在のように広くお茶として飲めるように工夫した．その結果，1994年頃から，杜仲茶ブームを引き起こし新規事業として定着した．これは，自社において杜仲の成分分析法を確立したことが引き金になり，品質管理や機能性研究から杜仲茶への可能性が見いだされ，最終的に今までにない商品開発へと結びついたものである．

さらに日立造船では，植物培養技術を利用した杜仲由来二次代謝産物の生産の研究も行っている．これは杜仲の二次代謝産物であるゲニポシド酸を大量に生産させ，漢方薬の成分を特異的に取り出そうというものである．杜仲のカルスとバイオリアクターによる培養

a）
b）

図4-42　杜仲のカルス培養（日立造船提供）
a)：フラスコを用いた杜仲のカルス，b)：バイオリアクターを用いた杜仲カルスの大量培養

装置を図 4-42 に示す.

その結果，仕込み 100g の杜仲カルスを約 1 カ月の培養で 2kg 生産するに至っている．またそのカルスは，エリシターという杜仲成分の基質を添加することにより，通常栽培される約 4 倍のゲニポシド酸を生産することも明らかにした．また 1999 年からは，このカルス培養技術を応用したグッタペルカ生産の試みが展開されている.

4-7-3 バイオテクノロジーにおける光技術の利用

バイオテクノロジーにおいては，視覚的に確認しにくいものが多く，画像などによる認識が多くの分野で望まれていた．光技術を得意とする浜松ホトニクスは，これを応用してバイオテクノロジーの解析

a)

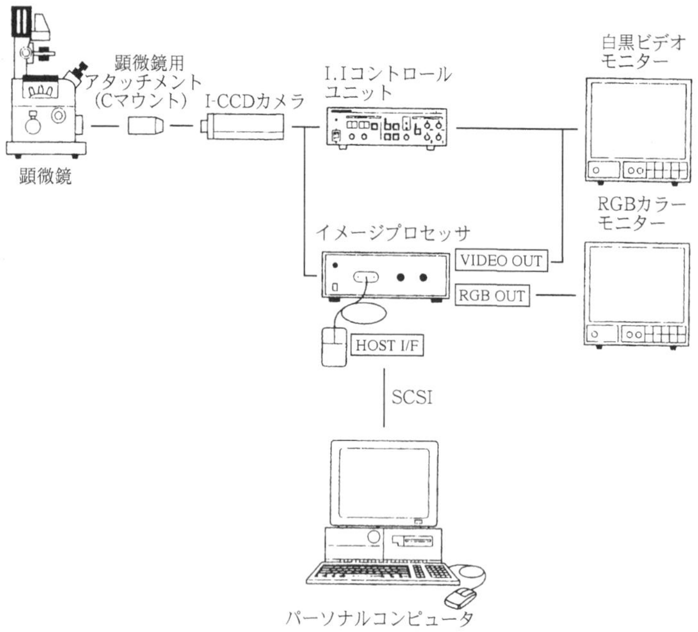

b)

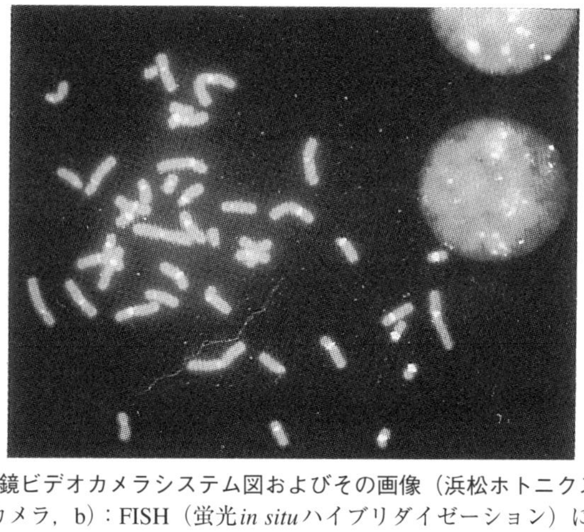

図 4-43　顕微鏡ビデオカメラシステム図およびその画像（浜松ホトニクス提供）
a)：顕微鏡ビデオカメラ，b)：FISH（蛍光 *in situ* ハイブリダイゼーション）による人全染色体のセントロメア

に取り組んでいる．微細形態の動的観察や細胞内の金属イオンの測定などがその応用例で，光技術を用い直接目で見る形で確認でき，また動的に観察できることから，今後ますます有効な技術となってきている．ここでは，現在最も進んでいる微細形態を動的に見る技術を紹介する．

TVに代表されるビデオ画像技術の発展に伴い，従来の肉眼や写真で直接観察することを前提とした顕微鏡の光学理論の限界を超えることが可能になってきた．画像を電気信号に変えることで，電気的に増幅，レベルシフト，フィルターなどの処理を自由に行い，その後再び画像に変換する技術は普遍的なものとなっている．最近では電気信号のまま画像処理する技術が開発され，画像処理だけでなく画像データの保存や他の画像データとの加算，減算，乗算などの処理が比較的簡単に行えるようになってきた．

これらのビデオ画像技術は，1980年代になり光学顕微鏡に積極的に利用されるようになり，ビデオマイクロスコピーと呼ばれる方法が広まってきた．これらの結果，光学顕微鏡の分解能の限界を超えた微少な対象を観察できるばかりでなく，数nmという分子サイズの運動もリアルタイムで計測可能となった．図4-43にその代表的なシステム図とその画像を示す．

これらのシステムは，操作性にも優れ，またリアルタイムで見ることができることから，これからのバイオテクノロジーには欠かせない技術となることが予想される．今後さらなる技術開発により，より簡単にまたさらに微細な対象をリアルタイムで観察できる「1分子生物学」の時代が来るであろう．

以上，異種業界から新たな事業展開としてバイオ関連に参入し，成果を上げている企業を紹介した．異業種からのバイオテクノロジーへの展開は，従来の固定観念を打破することが大いに期待され楽しみである．今後ますます異業種からのバイオテクノロジーへの参入が増えるものと予想される．

4-7-4　新たな食料生産への取り組み

化学農法は，植物の栄養素である無機態の窒素，リン酸，およびカリウムを空気中の窒素，石油，リン鉱石等から化学的に合成した化学肥料を用いる方法である．肥料施肥管理が容易であることや，再現性の高い収穫量が得られることから，20世紀に入り，世界中のほとんどが化学農法に転換した．

しかしながら，化学肥料の継続的な使用により，これまで田畑や水田に生息していた虫や小動物，そして魚類が激減した．また，農地の環境微生物が減少することにより，土壌の団粒化が損なわれ，農地環境が徐々に悪くなっていった．さらには過剰施肥のため，漏えいした化学肥料が原因で，地下水汚染や湖沼の富栄養化が生じ，農地の周辺環境にも悪影響を及ぼしている．

21世紀に入り，食の安全・安心が強く求められるようになった．また近年，環境への配慮や化学肥料の原材料が高騰している背景から，有機肥料を使う有機農法（organic farming）が見直されている．特にヨーロッパ諸国においては，21世紀に入り有機農法による食料生産が確実に増加している（表4-23）．しかしながら，有機農法は経験に頼るところが

表4-23　EU各国における有機農業の割合

国　名	有機農業割合（%）
オーストリア	11.7
スウェーデン	9.9
ラトヴィア	9.8
イタリア	9.0
エストニア	8.8
チェコ	8.3
ギリシャ	6.9
ポルトガル	6.7
フィンランド	6.5
スロバキア	6.1
スロベニア	6.0
デンマーク	5.2
ドイツ	5.1
（参考）日本	0.2

Eurostat, 2007をもとに作成

多々存在するのが現状で，確実な収穫量が得られる新たな有機農法システムが強く求められている．

確実な食料生産を行うためには，農地の診断が必須である．農地を診断する場合，土壌の粒状や透水性，さらにはイオン吸着能等を測定する物理的診断，また土壌中に含まれる肥料成分である無機態の窒素，リン酸，カリウムや微量金属などを分析する化学的診断が主として行われている．有機的環境下で食料生産を効率的に行う有機農法の場合，土壌環境中の物質循環活性に関与する微生物量の測定や，微生物の維持に必要な全炭素量や全窒素量といった微生物活性に関連する分析が不可欠となる．

筆者らは，土壌中の複雑な物質循環をできるだけ整理して，重要な反応を定量的に理解するため，環境微生物に関連した生物活性を中心とした，土壌肥沃度指標（Soil Fertile Index; SOFIX）を考案した．

この新たな評価法は，これまでの化学的分析に加え，土壌バクテリア量，窒素循環活性，リン循環活性と共に，土壌微生物の生育・維持に関与する全炭素量，全窒素量などの有機物の解析を行うのが特徴である．

この手法により，化学農法農地と有機農法農地を分析した結果を表 4–24 に示す．

表 4–24　土壌肥沃度指標（SOFIX）による化学農法農地と有機農法農地の比較

物質循環に関する測定項目	化学農法農地	有機農法農地
全炭素量（mg/kg）	5,000	45,000
全窒素量（mg/kg）	300	4,000
全リン酸量（mg/kg）	600	3,500
C／N 比	16.7	11.3
総細菌数（億個 / g）	2	15
窒素循環活性（点）	20	100
リン循環活性（点）	20	100

その結果，総細菌数に関連する項目に大きな差が認められ，化学農法農地では，著しく総細菌数が少ないことが明らかとなった．これは，土壌微生物の生長には関係ない無機物を与える化学農法に対し，バイオマスを中心とした有機物を与える有機農法では，土壌微生物の栄養分を十分に供給しているため，これほどの大きな差が出たものと考えられる．

この手法により農地を分析・評価したあと，適切な有機資材を用いた施肥設計を行い，一定基準で投入すると，顕著に窒素循環活性やリン循環活性が向上する．言いかえると，環境微生物が生育しやすい農地環境にすることで，その生育が活性化され，投与されたバイオマス等から硝酸態窒素などの肥料成分の供給が向上していくのである．最終的には，有機農法でも化学農法と同等以上の収穫量が得られるのである（図 4–44）．

これまで有機農法は経験的に行われてきたが，科学的なデータに基づいた適切な処方を行うことにより，高品質な農作物の安定的な収穫が可能となり，また収穫量の再現性も期待できる．今後の有機農法の展開には，環境微生物の把握と維持・活性化がカギになると考えられる．

20 世紀の食料生産は，化学肥料の普及により化学農法が一般的となった．しかし，持続的な食料増産を考えなければならない今，バイオマス資源や環境微生物をうまく利用した物質循環系の活性化が重要となるであろう．

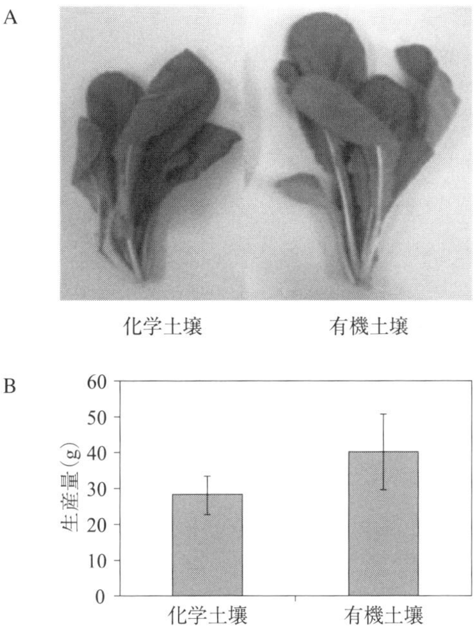

図 4-44　化学農法と有機農法（SOFIX 管理）による小松菜の生育

【参考文献】

・天羽幹夫他：『精説応用微生物学』（1979）光生館.

・児玉　徹他：『食品微生物学』（1997）文永堂出版.

・薄葉　久他：『農芸化学会誌』Vol.67 1379–1384（1993）.

・鷹羽武史他：『ジャパンフードサイエンス』Vol.36 49–55（1997）.

・H. Takata *et al.*：J. Bactriol., Vol.178 1600–1606（1996）.

・H. Takabe *et al.*：J. Ferment. Bioeng., Vol.71 110–113（1991）.

・H. Takabe *et al.*：J. Ferment. Bioeng., Vo1.71 433–435（1991）.

・H. Takabe *et al.*：J. Ferment. Bioeng., Vol.78 93–99（1991）.

・武部英日他：『生物工学会誌』Vol.73 413–425（1995）.

・田中信男，中村昭四郎著：『抗生物質大要[第 4 版]』（1992）東京大学出版会.

・大村　智，上野芳夫編：『微生物薬品化学[改訂第 2 版]』（1986）南江堂.

・貫島静正著：『続・新薬の話（I）』（1996）裳華房.

・添田愼介他：『生物工学会誌』76 巻，9 号，p.389–397（1998）日本生物工学会.

・遠藤　章著：『微生物の機能開発』（山田秀明他編），p.87–95（1992）学会出版センター.

・中村祐輔他編：『DNA 診断と疾患の分子生物学』（実験医学増刊），9 巻，10 号，（1991）羊土社.

・新津洋司朗他編：『遺伝子治療』（蛋白質・核酸・酵素増刊），40 巻，17 号，（1995）共立出版.

・クローン技術研究会著：『クローン技術』（1998）日本経済新聞社.

・W. F. Bennett *et al.*:J. Biol. Chem., Vol. 266, 5191–5201（1991）.

・小山清孝：BioIndustry Vol.2, 693–699（1985）.

・半澤　敏：『東ソー研究報告』Vol.41, 3–12（1997）.

・M. Kubo *et al.*:J. Gen. Microbiol., Vol.134, 1883–1892（1988）.

・本多泰揮：『バイオサイエンスとインダストリー』Vol.53, 789–790,（1995）.

・A. Fuji *et al.*:J. Soc. Cosmet, Chem. Japan, Vol.30, 77–83,（1996）.

・坂田修作：『化学装置』8 月号，44–48,（1997）.

・藤沼茂他：『石油の実際知識』（1986）東洋経済.
・Y. Nishiya *et al*.:J. Fermlent. Bioeng., Vol.75, 239–244, （1993）.
・Y. Nishiya *et al*.:Appl. Environ, Microbiol., Vol.61, 367–370, （1995）.

索　引

▶か行

▶さ行

▶ま行

■著者紹介

久保　幹（くぼ　もとき）
1959年　広島県生まれ
1985年　広島大学大学院工学研究科博士課程前期課程修了
現在　立命館大学生命科学部教授
専門　生物工学、環境バイオテクノロジー
博士（工学）

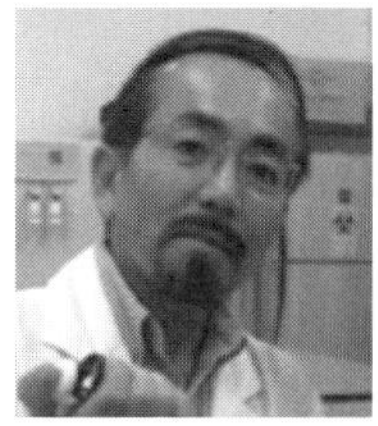

新川　英典（しんかわ　ひでのり）
1959年　広島県生まれ
1988年　広島大学大学院工学研究科博士課程後期課程修了
現在　広島国際学院大学工学部教授
専門　分子生物学、応用微生物学
工学博士

竹口　昌之（たけぐち　まさゆき）
1970年　静岡県生まれ
1999年　東京工業大学大学院生命理工学研究科博士課程修了
現在　沼津工業高等専門学校物質工学科教授
専門　生物化学工学
博士（工学）

蓮実　文彦（はすみ　ふみひこ）
1954年　栃木県生まれ
1982年　東京理科大学理学部化学科卒業
現在　北見工業大学学長補佐特任教授
専門　応用微生物学、酵素化学
博士（工学）

バイオテクノロジー 第2版
— 基礎原理から工業生産の実際まで —

1999年 9月10日　初　版第1刷発行
2012年 4月 2日　初　版第5刷発行
2016年 6月20日　第2版第2刷発行

■著　　者——久保　幹・新川英典・竹口昌之・蓮実文彦
■発 行 者——佐藤　守
■発 行 所——株式会社**大学教育出版**
〒700-0953　岡山市南区西市855-4
電話(086)244-1268㈹　FAX(086)246-0294
■印刷製本——モリモト印刷㈱

ISBN978-4-86429-209-2